稀土掺杂锡基烧绿石发光材料

杨锦瑜　苏玉长　陈 卓　著

U0205682

化学工业出版社

·北京·

本书主要对 $La_2Sn_2O_7$：Eu^{3+}、Ce^{3+}/Tb^{3+} 掺杂 $La_2Sn_2O_7$、稀土掺杂 $Y_2Sn_2O_7$、稀土掺杂 $Gd_2Sn_2O_7$ 烧绿石结构稀土锡酸盐微/纳米发光材料的合成及发光性能进行了介绍，主要包括物相结构、微观形貌、成核与生长规律及光学性能等。

本书可供从事发光材料研究、生产及应用的各类技术人员参考。

图书在版编目（CIP）数据

稀土掺杂锡基烧绿石发光材料/杨锦瑜，苏玉长，陈卓
著. —北京：化学工业出版社，2018.4
　ISBN 978-7-122-31627-1

　Ⅰ.①稀…　Ⅱ.①杨…②苏…③陈…　Ⅲ.①烧绿石-
发光材料　Ⅳ.①TB34

中国版本图书馆 CIP 数据核字（2018）第 040758 号

责任编辑：赵卫娟　　　　　　　　美术编辑：王晓宇
责任校对：王素芹　　　　　　　　装帧设计：仙境设计

出版发行：化学工业出版社（北京市东城区青年湖南街 13 号　邮政编码 100011）
印　　刷：三河市航远印刷有限公司
装　　订：三河市宇新装订厂
710mm×1000mm　1/16　印张 11¾　字数 260 千字
2018 年 6 月北京第 1 版第 1 次印刷

购书咨询：010-64518888（传真：010-64519686）　售后服务：010-64518899
网　　址：http://www.cip.com.cn
凡购买本书，如有缺损质量问题，本社销售中心负责调换。

定　　价：68.00 元

前 言
FOREWORD

近二十多年来，纳米材料以其奇特的物理和化学性质在全世界范围内正引起科研工作者的高度关注。但是，纳米材料的特性受晶体结构、维度和表面结构等的影响，因此，这些因素与发光性能之间的关系更是关注的焦点。

在众多的纳米发光材料中，以烧绿石结构复合氧化物（$Ln_2Sn_2O_7$, Ln = Y, La, Gd, Lu）为基质的稀土掺杂纳米发光材料在紫外光以及真空紫外光的激发下具有优异的发光性能，而且在恶劣工作环境下也具有很好的物理化学稳定性，因而在照明和显示等领域具有广泛的应用前景。烧绿石结构稀土锡酸盐纳米材料的发光性能与该材料的维度、尺寸、形貌和表面结构密切相关，通常采用高温固相合成法制备，但该方法很难获得纳米尺寸的烧绿石结构而影响到其在光学领域的应用。为了更好地对烧绿石结构稀土锡酸盐纳米材料的荧光特性进行研究和利用，必须开发新的合成方法，以获取特定尺寸、形貌、维度、单分散性的烧绿石结构稀土锡酸盐微/纳米材料，并探索其形成机制，深入研究物相结构、尺寸、形貌等与发光性能的关系，最终实现烧绿石结构稀土锡酸盐发光材料在工业上的应用。

本书以 Eu^{3+}、Ce^{3+} 和 Tb^{3+} 等稀土离子掺杂的立方烧绿石结构 $La_2Sn_2O_7$、$Y_2Sn_2O_7$ 和 $Gd_2Sn_2O_7$ 等为对象，着重介绍烧绿石结构稀土锡酸盐微/纳米发光材料的物相结构、微观形貌、成核与生长规律及光学性能等。全书共分为5章，第1章介绍了稀土掺杂发光材料的发展与研究现状，第 2~5 章分别介绍了 $La_2Sn_2O_7$：Eu^{3+}、Ce^{3+}/Tb^{3+} 掺杂 $La_2Sn_2O_7$、稀土掺杂 $Y_2Sn_2O_7$、稀土掺杂 $Gd_2Sn_2O_7$ 纳米晶体的合成及发光性能。

本书是作者多年来在该领域的研究成果的总结。 本书的出版得到了贵州师范大学化学与材料科学学院及贵州省功能材料化学重点实验室的大力支持。

由于时间仓促，书中不妥之处，敬请读者批评指正。

杨锦瑜

2018 年 3 月

目 录
CONTENTS

第 **1** 章

绪论

1.1 引言

最近几十年来，纳米材料的研究得到了迅猛发展。尺寸范围在 $1\sim100nm$ 的材料通常称为纳米材料。由于在纳米尺度下电子的波动性以及原子之间的相互作用受到尺度大小的影响，使得纳米材料体现出了量子隧道效应、小尺寸效应、量子效应、表面效应等独特的效应，从而使得纳米材料在物理性能、电学性能、磁学性能、光学性能、力学性能和化学反应活性等方面表现出特殊的性质[1~6]。Bhargava 等[7]观察到 Mn^{2+} 掺杂 ZnS 纳米晶体与相应微米材料相比较，纳米晶体中的电子辐射跃迁速率提高了 5 个数量级。以纳米发光材料替代传统的块体发光材料有望提高显示的分辨率，且也可能显著地提高发光量子效率，甚至具有独特的发光性能，因此纳米发光材料的合成及其发光性能正成为发光学研究的热点之一[8~12]。

目前，用于照明和显示领域的稀土发光材料主要有稀土掺杂稀土氧化物体系（如 $La_2O_3：Eu^{3+}$、$Y_2O_3：Eu^{3+}$）、稀土掺杂硫氧化物体系（$Y_2O_2S：Eu^{3+}$、$La_2O_2S：Tb^{3+}$）、稀土掺杂镁钡铝酸盐体系 [$BaMgAl_{10}O_{17}：（Eu^{2+}，Mn^{2+}）$、$BaMgAl_{10}O_{17}：Eu^{3+}$] 等[13~19]。而目前商用发光材料主要存在化学稳定性差、容易分解变质；发光效率较低、色纯度差；耐热性能差；耐紫外激发性能差等不足，使得在实际使用中存在诸多限制。因此寻找具有高化学稳定性、高热稳定性、高发光效率和高色纯度的新型发光材料始终都是科学工作者孜孜以求的目标。

最近十多年来，复合金属氧化物由于具有优异的热稳定性和抗氧化性等性能而成为重要的功能材料并被广泛地研究[20~22]，它们在导体-绝缘体转换、磁阻挫[23]、自旋冰[24]、磁致电阻[25]、超导体[26]、铁电体[27]、离子导体[28]、混合导体[29]、抗核辐射材料[30]、发光材料[31]、高温颜料[32]和催化剂[33]等领域具有潜在的应用价值。

在发光材料领域，烧绿石结构稀土复合氧化物[34,35]纳米材料具有特殊的物理化学性能，有望在平板显示器、光信传递、太阳能光电转换、X射线影像、激光、远程闪烁探测和飞点扫描仪等领域得到广泛的应用，其中，稀土掺杂烧绿石结构稀土锡酸盐（$Ln_{2-x}R_xSn_2O_7$，$Ln=Y$，$La\sim Lu$；$R=Ce\sim Yb$；$x=0\sim2.0$）纳米材料由于其具有稳定的物理化学性能、优异的光电性能、相对较低的成本等优点而成为研究的热点[24]。由于纳米材料的特性受晶体结构、维度和表面结构等因素的影响，如能对各种因素进行有效的调控，不仅可以实现材料性能的"人工裁剪"，而且对深入系统地研究材料结构与性能的关系具有重要意义。而这些调控最根本的措施在于通过化学手段在材料的制备过程实现，因此本书主要介绍了烧绿石结构稀土锡酸盐纳米发光材料的合成、结构及光学性能。

1.2　发光与发光材料

1.2.1　发光与发光材料的定义

当物体受到光的照射、外加电场或电子束轰击后，物体只要不因此而发生化学变化，总要恢复到原来的平衡状态。在恢复到原来平衡状态的过程中，一部分多余的能量通过光或热的形式释放出来。如果这部分释放出来的能量是以可见光或近可见光的电磁波形式发射出来，那么这种现象就称为发光（luminescence）。也就是说，发光是物质在热辐射之外以光的形式释放出多余的能量的一种物理现象[36]。发光材料是一类具有吸收高能辐射、紧接着发射出光，并且其发射出的光子能量比激发辐射能量低的物质，发光材料又称发光物质或磷光材料[36,37]。

1.2.2　发光材料的分类

发光材料可以被多种形式的能量激发而发光。根据能量激发方式的不同，可以将发光分为光致发光、阴极射线发光、电致发光、摩擦发光、高能粒子发光、化学发光、放射发光和生物发光等几类[36]。

光致发光（photoluminescence）是指用紫外光、可见光或红外光激发发光材料而产生的发光现象。它大致经历了吸收、能量传递和光发射三个主要阶段。光的吸收和发射都是发生在能级之间的跃迁，都经过激发态，而能量传递则是由于激发态的运动。激发光辐射的能量可以直接被发光中心（激活剂或杂质）吸收，也可以被发光材料的基质吸收。不同的基质结构，发光中心离子在禁带中形成的局域能级的位置不同，从而在光激发下，会产生不同的跃迁，导致发射出不同颜色的光。

阴极射线发光（cathodoluminescence）是指由高能电子束激发发光材料而产生发光的现象。高能电子束照射发光材料，使得电子激发进入发光材料的晶格，由于一系列的非弹性碰撞而形成二次电子，其中一小部分由于二次发射而损失掉，而大部分电子激发发光中心，以辐射或无辐射跃迁形式释放出所吸收的能量。

电致发光（electroluminescence）是由电场直接作用在物质上所产生的发光现象，在该过程中电能转变为光能，并且没有热辐射产生，是一种主动发光型冷光源。电致发光器件可分为两类：注入式发光和本征型发光。

摩擦发光（triboluminescence）是由机械应力能激发发光材料所引起的发光现象。

高能粒子发光（high-energy particle luminescence）是指在 X 射线、γ 射线、α 粒子和 β 粒子等高能粒子激发下，发光物质所产生的发光现象。发光物质对 X 射线和其他高能粒子能量的吸收包括三个过程：带电粒子的减速、高能光子的吸收和电子-正电子对的形成。

化学发光（chemiluminescence）是指由化学反应过程中释放出的能量激发发光物质所产生的发光现象。

生物发光（bioluminescence）是指在生物体内由生化反应释放出的能量激发发光物质而产生的发光现象。

1.2.3 稀土发光材料

在现有的各种各样的发光材料中，基本上都可以观察到稀土元素的身影，稀土元素在发光材料中起着非常重要的作用。由于稀土元素的原子特殊的电子构型中存在 4f 轨道，因此，稀土元素原子具有丰富的电子能级，为多种能级间的跃迁创造了条件，从而可以获得多种发光性能，因此稀土元素被广泛用于发光材料中。在发光材料中稀土元素无论是被用作发光材料的基质成分，还是被用作激活剂、共激活剂、敏化剂或掺杂剂，这些发光材料一般统称为稀土发光材料。无论是在发光效率还是光色等发光性能方面，稀土发光材料几乎都比非稀土发光材料优秀。

1.2.3.1 稀土发光材料的发光机理与特性

稀土发光材料的发光机理是指稀土发光材料在受到紫外光、X 射线、电子轰击等激发作用而产生辐射的一种去激发物理过程，该过程分别包含了激发、能量传递和发光等三个过程，其中发光过程又可以分为激活剂发光过程和非辐射跃迁回到基态的过程，其中非辐射跃迁回到基态的过程降低了发光效率。能量传递包含了辐射能量传递和无辐射能量传递两种方式，其中一个离子的辐射光被另一个离子再吸收的过程属于辐射能量传递过程，其发射的能量谱带与吸收谱带部分重叠，由于稀土离子之间的 f-f 跃迁相对较弱，从而使得辐射能量传递也相对较弱，而无辐射能量传递则是稀土离子发光的主要过程。

由于稀土离子含有特殊的 4f 电子组态能级，因此稀土离子受到激发时，电

子可以在不同能级间发生跃迁。当去激发时，跃迁到不同能级的激发态电子则又会跃迁回到原来的 4f 电子组能态而产生能级间跃迁发光（也就是 4f-4f 和 4f-5d 跃迁）。稀土离子中的电子能级跃迁遵循能级跃迁选择定律，电偶极和磁偶极跃迁是稀土离子的 f-f 跃迁的主要方式。f 组态的轨道量子数 $I=3$，由于 f-f 跃迁的 $\Delta I=0$ 而不涉及宇称性的变化。按照电偶极跃迁的选定规则：$\Delta I=\pm 1$，$\Delta S=0$，$|\Delta L|\leqslant 2l$，$|\Delta J|\leqslant 2l$，所以 f-f 跃迁属于宇称禁戒跃迁。但是有时在基质晶体内由于稀土离子受到周围晶体场的影响，较高能量的相反宇称组态混入了 $4f^n$ 组态，引起 J 混效应致使电子组态发生混乱，这种宇称禁戒会部分解除或完全解除而观察到相对应跃迁的光谱，这种光谱通常称为诱导电偶极跃迁或强迫电偶极跃迁，其强度比 f^n 组态内的磁偶极跃迁强 1～2 个数量级。磁偶极跃迁的宇称选择定则刚好和电偶极跃迁相反，其选择规则为：$\Delta I=0$，$\Delta S=0$，$\Delta L=0$，$\Delta J=0$，± 1。因此只有基态光谱项的 J 能级之间是允许跃迁的，也就是说只能在宇称性相同的状态之间发生跃迁，磁偶极的跃迁属于强度较弱的跃迁。由于在稀土三价离子中存在较强的自旋轨道偶合，从而使得 S 和 L 的选择并没有严格遵循跃迁选择规则。另外，f 能级受到外层电子轨道的屏蔽作用，从而使得外界晶体场基本上没有影响到 f-f 跃迁，因此其谱线通常表现为尖锐的线状谱。

由于稀土离子的 4f 激发能级的上限高于其 5d 能级的下限，激发态的电子可以跃迁到较高的 5d 能级而产生 f-d 能级跃迁。根据光谱选择定则，f-d 电子跃迁是允许跃迁，其吸收强度比 f-f 跃迁约大 4 个数量级。而 d 电子由于裸露于离子表面，使得外在晶体场对其能级分裂具有强烈的影响作用，因此 f-d 电子跃迁带通常表现出宽带峰特征。

稀土离子的无辐射跃迁一般认为存在着稀土离子与基质间的作用和稀土离子间的相互作用两种方式。稀土离子与基质之间的相互作用普遍认为是一种多声子弛豫过程，它的无辐射概率通过如下公式[36]得到：

$$W_{MP}=C\exp(-\alpha\Delta E)\left[\bar{n}(T)+1\right]^{\frac{\Delta E}{h\gamma}} \tag{1-1}$$

式中，C、α 是与基质相关的常数；ΔE 为相邻能级间隔；h 为普朗克常数，$h\gamma$ 为声子能量；$\Delta E/(h\gamma)$ 是声子阶数；$\bar{n}(T)$ 是声子模函数，随温度变化遵循 B-E 分布规律，即 $\bar{n}=\left[\exp(h\gamma/kT)-1\right]^{-1}$，其中 k 为玻尔兹曼常数。因此，多声子无辐射跃迁概率主要取决于声子阶数，即能级间能量和声子能量，对稀土离子而言，前者取决于稀土离子的能级结构，后者则取决于离子掺杂的基质结构。

1.2.3.2 稀土发光材料的优点

稀土发光材料的优越性在于它具有的特征光学性质，这主要归因于稀土离子有不完全充满的 4f 层的存在。对于稀土离子而言，其光谱特征表现为稀土族中间元素的发射以及线状的吸收谱峰，而两端元素（Ce、Yb）则是连续的。在光谱的远紫外区所有的稀土元素都有连续的吸收带。线状光谱是 4f 层中各能级间电子跃迁的结果，而连续谱则是 4f 层中各能级与外层各能级间电子跃迁而产生的。

稀土元素所具有特殊的发光特性源自于其所具有的独特的电子结构，从而使得稀土元素被广泛地应用于各种发光材料。总结起来，稀土元素具有如下优点。

（1）与一般元素相比，稀土元素独特的 4f 电子层构型，使其化合物具有多种发光特性。在稀土离子中，除了 Sc^{3+} 和 Y^{3+} 没有 4f 亚层，La^{3+} 和 Lu^{3+} 的 4f 亚层为全空或全充满之外，其他稀土离子的 4f 电子可在 7 个 4f 轨道之间排布，从而存在丰富的能级，可以吸收或者发射出从紫外光、可见光一直到近红外光等各种不同波长的电磁波辐射，从而使得稀土发光材料呈现出丰富多变的发光特性。

（2）稀土元素由于 4f 电子处于内层电子轨道，外层 s 轨道和 p 轨道可以对其产生有效的屏蔽作用，使其受到外部环境的干扰较少，同时 4f 能级差较小，从而使得 f-f 跃迁呈现出尖锐的线状光谱特征，发光的色纯度高。

（3）稀土离子处于激发态的电子寿命比普通离子激发态的电子寿命要长。

（4）稀土离子在固体中，特别是在晶体中会形成发光中心。当发光材料吸收能量被激发时，晶体中会出现电子和空穴，激发停止后发光体仍然可以发光，即存在长余辉过程。

（5）稀土离子容易掺杂进入发光材料晶格中，并且容易出现敏化发光现象。

（6）可以制备出不同余辉、不同颜色等各种不同特征的发光材料。

（7）稀土发光材料具有制备工艺简单、亮度高、耐烧伤、化学稳定性好等特点。

对于 4f 电子轨道未完全充满的 13 个三价稀土离子（从 Ce^{3+} 到 Yb^{3+}）的 $4f^n$（$n=1\sim13$）电子组态中，一共存在着 1639 个能级，并且在不同能级之间发生跃迁的可能数目高达 192177 个[38]，从而使得稀土离子掺杂的发光材料的吸收光谱、激发光谱和发射光谱都展现出了范围宽广并且内涵丰富的光学特征，从真空紫外区延伸到近红外光谱区，构成了取之不尽的光学宝库，但目前主要有 48 个跃迁用于激光材料，为数很少的跃迁适用于发光材料。

总而言之，稀土元素因其特殊的电子层结构，具有一般元素所不具有的光谱性质，使得稀土离子掺杂发光材料具有线状发光谱带，色纯度高，颜色鲜艳；光吸收能力强，光转换效率高；发光波长分布区域宽；荧光寿命跨度大；物理和化学性能稳定，耐高温高压能力强；可承受大功率电子束、高能辐射和强紫外光的辐射作用等特点。也正因为稀土发光材料具有这些优异的性能，从而使得其成为发展新型发光材料的主要研究对象。随着现代纳米技术研究的不断深入，对稀土发光材料的研究也已经开始趋向纳米化。纳米稀土发光材料除具有上述的稀土发光材料的特性之外还具有纳米粒子所具有的一些新的性质，如量子尺寸效应、小尺寸效应、表面效应和宏观隧道效应等。因此，纳米稀土发光材料的研究有望开发出新型的发光材料和发现新的发光特性。

1.2.4 稀土发光材料的应用

稀土发光材料由于具有优异的发光性能，已经成为日常生活中不可或缺的材料，被广泛地应用于照明、显示、安检和医疗诊断等诸多领域。此外，稀土发光材料也可用于工业、农业、国防、市容建设、核能物理以及高能物理等领域，特别是在照明、显示和信息等领域的应用尤为广泛[36~41]。

照明用稀土发光材料自 20 世纪 70 年代末实用化以来，稀土节能荧光灯逐渐向大功率、小型化、低光衰、高光效、高显色、无污染、无频闪、实用化、智能化、艺术化等方向发展。其中由三基色稀土荧光粉制备而成的稀土节能灯，由于光效高于白炽灯 2 倍以上并且光色性能也好，而受到世界各国普遍的重视。稀土节能荧光灯是绿色照明工程的重要组成部分，推广使用稀土三基色节能灯是节约能源、保护环境的有效措施之一。

显示用稀土发光材料主要用于电视机、示波器、雷达和计算机等各类荧光屏和显示器。稀土红色荧光粉（Y_2O_3：Eu 和 Y_2O_2S：Eu）用于彩色电视机荧光屏，使彩电的亮度达到了更高水平。现在彩色电视机统一使用 EBU（欧洲广播联盟）色，红粉为 Y_2O_2S：Eu。计算机不像电视机那样重视颜色的再现性，而优先考虑亮度，因而采用比橙色更强的红色。蓝色和绿色仍使用非稀土的荧光粉，但 La_2O_2S：Tb 绿色荧光粉发光特性较好，有开发前景。此外，稀土飞点扫描荧光粉 Y_2SiO_5：Ce^{3+} 已广泛用于彩色飞点扫描管、电子显示管、扫描电镜观察镜。

医用 X 射线照相时，为将 X 射线图像转换为可视图像，需使用增感屏。增感屏也有多种，其中高灵敏度增感屏使用 Gd_2O_2S：Tb^{3+} 荧光粉。与其他荧光粉相比，Gd_2O_2S：Tb^{3+} 可通过 X 射线励磁发出高效率的白光或绿光。

1.3 烧绿石结构化合物及其晶体结构

烧绿石旧称黄绿石，化学成分为 $(Ca，Na)_2Nb_2O_6(OH，F)$，属等轴晶系的氧化物矿物，由于这类矿物置于火上灼烧后会变成绿色，因此被称为烧绿石。烧绿石成分中的铌可被钽类同相代替，与细晶石形成完全类质同相系列晶体。烧绿石晶体中还可含有数量不定的稀土、铀、钍、锆、钛等元素。

烧绿石结构化合物的化学成分可以用通式 $A_2B_2O_7$（A 和 B 为金属）来表示[42]。这些具有 $A_2B_2O_7$ 通式的烧绿石结构化合物，在自然界中大约有 150 种，主要以立方结构存在。而且，只要满足离子半径和电中性原则，这些化合物在 A 位、B 位和 O 位可以进行广泛的化学替代。A 位可以被具有正三价或者正二价的、离子半径为 $0.87\sim1.51\text{Å}$（$1\text{Å}=10^{-10}\text{m}$，下同）的阳离子或具有惰性孤电子对的元素所占据（Bi，In，Tl，Pb^{2+}，Sc，Cd，Hg^{2+}，Ca，Sr，Mn^{2+}，

Sn^{2+} 或者稀土金属）；而 B 位则可以容纳具有正四价或正五价的具有八面体配位的、离子半径在 $0.40 \sim 0.78\text{Å}$ 的过渡金属离子（Ru，Sn，Ti，Mo，Mn，V，Ir，Te，Bi，Pb，Sb，Zr，Hf，Mg，Cu，Zn，Al，Cr，Ga，Rh 等）；O 位则一般是 O^{2-}、OH^- 和 F^- 等阴离子[20,43]。当 A 位为稀土元素，B 位为锡元素，O 位为 O^{2-} 时可以形成系列晶体同构的烧绿石结构稀土锡酸盐复合氧化物。烧绿石型 $A_2B_2O_7$ 化合物具有优秀的高温热稳定性、化学稳定性、离子导电性、磁性等许多有趣的物理化学性质，而这些性质都与其所具有的特殊的烧绿石晶体结构密切相关。

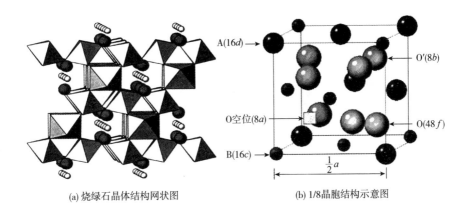

(a) 烧绿石晶体结构网状图　　　　　　(b) 1/8晶胞结构示意图

图 1-1　烧绿石晶体结构网状图[44]和 1/8 晶胞结构示意图[45]

烧绿石结构化合物的晶体结构已经被广泛研究[20,46]。烧绿石结构化合物属立方面心晶系，理想的烧绿石结构属 $Fd\text{-}3m$（O_h^7，$Z=8$，227）空间群[43,47~49]，可以认为是由共顶点的六边钨青铜结构的 B_2O_6 八面体和有类赤铜矿（Cu_2O）结构的 A_2O' 相互交叉穿插而成的网络结构，如图 1-1（a）所示[44]。理想的烧绿石结构化合物中每个晶胞里含有 8 个 $A_2B_2O_7$ 分子［图 1-1（b）］[45,50]。在烧绿石结构中，具有较大离子半径的 A^{3+} 通常占据 16d（1/2 1/2 1/2）位置，如稀土离子，可以与八个阴离子 O^{2-} 配位，其中六个 O 原子属于［B_2O_6］八面体，它们构成了一个折叠的六边形的环，剩余的两个 O′原子与 A 原子共同组成 O′—A—O′链，该链与六边形环相互垂直形成畸变扭曲的立方体。结晶位置 16c（000）通常被具有较小离子半径的阳离子 B^{4+} 所占据，与六个阴离子 O^{2-} 配位并形成畸变八面体［B_2O_6］，六个阴离子以等间距围绕在中心阳离子 B^{4+} 周围。［B_2O_6］八面体共用所有顶点形成三维结构，四个八面体共用顶点，堆积成四面体，然后 A 以 A_2O' 单元的形式占据所形成四面体的中心。根据所处的晶体位置和化学环境的不同，烧绿石结构中有三种不同的氧离子晶格位置：8b（3/8 3/8 3/8）、48f（x 1/8 1/8）和 8a（1/8 1/8 1/8），其中，O（1）

位于 $48f$ 位置，而位于 $48f$ 位置的 O 则分别与两个 A 阳离子以及两个 B 阳离子配位，$48f$ 位置的 O 在晶格位置中的 x 被称为氧参数（oxygen parameter），x 值的大小决定了 $[B_2O_6]$ 八面体无序度，并且烧绿石结构化合物的 x 值处在 0.3125 和 0.375 之间；O（2）位于 $8b$ 位置，位于 $8b$ 位置的 O 分别与四个 A 阳离子配位；而处于 $8a$ 位置的则是 O 空位，O 空位处于四个阳离子 B^{4+} 所形成的四面体中[51~55]。烧绿石结构中 O 离子的局部环境如图 1-2 所示[54]。对于理想的烧绿石结构，所有的 A 阳离子是等价的，并且所有的 B 也是等价的，但是由于存在着两种类型不同的氧，因此，有时烧绿石型化合物的化学式也常写成 $A_2B_2O_6O'$ 或者 $B_2O_6 \cdot A_2O'$。

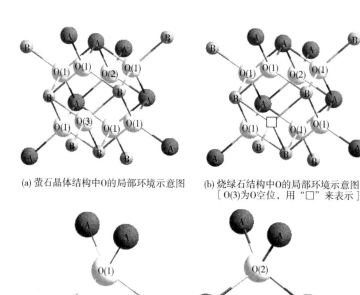

(a) 萤石晶体结构中O的局部环境示意图

(b) 烧绿石结构中O的局部环境示意图
［O(3)为O空位，用"□"来表示］

(c) 烧绿石结构中O的局部配位环境示意图[54]

图 1-2　萤石结构和烧绿石结构 O 的局部环境示意图

对于具有 $A_2B_2O_7$ 通式的化合物可能具有烧绿石的晶体结构，也可能具有缺陷萤石的晶体结构。在何种条件下形成稳定的立方烧绿石结构并不取决于 A^{3+} 与 B^{4+} 的化学性质，而是取决于 A^{3+} 和 B^{4+} 的离子半径之间的比例[56]。Subramanian 等[20]认为 A^{3+} 和 B^{4+} 的离子半径之间的比例满足 $1.29 < r_A/r_B < 2.30$ 的条件时可以形成稳定的烧绿石结构晶体。比如对于化学成分组成为 $RE_2Ti_2O_7$（RE＝La～Lu，Y）的系列化合物，RE^{3+} 的离子半径大于 Sm^{3+} 的离子半径时，形成的是单斜相缺陷萤石结构的层状化合物，空间群为 $P21$（4）；而离子半径小于 Sm^{3+} 的离子半径的稀土离子（Sm～Lu 和 Y）则可以形成立方烧绿石结构的 $RE_2Ti_2O_7$ 晶体[56]。

1.4 烧绿石结构稀土锡酸盐的合成与性能研究进展

烧绿石结构稀土锡酸盐复合氧化物是一类具有独特的热力学[57]、电学[58]、光学[59]、催化性[60]、离子导电性[61]、铁电铁磁[62,63]等物理化学性能的新型无机功能复合材料。由于其良好的高温稳定性、高的化学稳定性、高的熔点、较高的离子电导率[64]，温度传导性能也较钙钛矿型或萤石型氧化物有明显的降低，使其在氢气、水蒸气传感器[65]、氢氧燃料电池[61]、锂离子电池[66]、离子/电子导体[54]、有机物加氢脱氢[67]、高温颜料[32]、放射性废弃物处理[68]以及发光基质材料[69]等方面有着广阔的应用前景，近十多年来引起了广大研究人员的极大兴趣[21]。其中合成粒度均匀的烧绿石结构稀土锡酸盐复合氧化物纳米粒子是众多研究者的研究目标之一。

根据烧绿石结构稀土锡酸盐制备过程中原始物质状态的不同，其制备方法可以简单地分为三大类：固相法、气相法和液相法。

1.4.1 固相法

固相法是指材料由固相原料制备而得的方法，按其加工的工艺特点又可分为机械活化法和固相反应法两类。

1.4.1.1 机械活化法

机械活化法是一种操作工艺简单、成本低廉、制备效率高的方法，但是该方法也存在着制备的粉体粒径控制较难、容易团聚、容易引入杂质等缺点，在烧绿石结构稀土锡酸盐的制备研究方面尚少有文献报道。Moreno 等[70]采用机械活化反应法对化学计量比的 Gd_2O_3、SnO_2 和 ZrO_2 的混合物经高能球磨 18h后制备了系列烧绿石结构纯相 $Gd_2(Sn_{1-y}Zr_y)_2O_7$ 粉末并对其离子传导性能进行了研究。

1.4.1.2 固相反应法

固相反应法是一种在高温条件下固体氧化物直接发生反应制备烧绿石结构稀土锡酸盐晶体颗粒的传统方法，尤其是早期较多文献采用该方法合成烧绿石结构稀土锡酸盐晶体。该方法具有操作工艺简单、设备简单、可以大批量生产等优点，但是也存在着制备产物的粒径较大，粒径分布宽，粒径控制较难，成分控制性差、容易造成成分偏析而含有杂质，能耗高，反应时间长，容易团聚等缺点。

Sharma 等以稀土氧化物和 SnO_2 为原料采用高温固相反应法先在 900℃下反应 25h 后于 1250℃下反应 24h 制备了纯相烧绿石结构 $La_2Sn_2O_7$ 和 $Nd_2Sn_2O_7$ 的复合氧化物。所制备的复合氧化物粒径为 $2\sim10\mu m$，并且发生了严重的团聚；

还对 $La_2Sn_2O_7$ 和 $Nd_2Sn_2O_7$ 用作锂离子电池负极材料的电化学性能进行了研究，发现在电压范围为 $0.005 \sim 1.0V$、电流密度为 $60mA \cdot cm^{-2}$ 条件下，对于 $La_2Sn_2O_7$ 和 $Nd_2Sn_2O_7$，其首次放电容量分别为 $913mA \cdot h \cdot g^{-1}$ 和 $722mA \cdot h \cdot g^{-1}$，首次充电容量分别为 $350mA \cdot h \cdot g^{-1}$ 和 $265mA \cdot h \cdot g^{-1}$ [66]。Bondah-Jagalu[71] 和 Sosin 等[72] 采用高温固相反应法制备了系列纯相烧绿石结构稀土锡酸盐并在 $1.8K$ 条件下测定了样品的磁化率。Matsuhira 等[73] 也对烧绿石结构稀土锡酸盐的磁性进行了研究。Gardner 等[74] 在 $1350℃$ 下反应数天制备烧绿石结构 $Gd_2Sn_2O_7$ 样品并对其磁性进行了探索。Glazkov 等[75] 采用电子自旋共振技术测定了 $Gd_2Sn_2O_7$ 的磁性各向异性参数，发现 $Gd_2Sn_2O_7$ 的磁性各向异性参数较 $Gd_2Ti_2O_7$ 小约 35%。Rule 等[76] 采用高温固相法以 Tb_4O_7 和 SnO_2 为起始原料合成了 $Tb_2Sn_2O_7$ 样品，并采用中子衍射手段对产物的磁学性能进行了研究。Lumpkin 等[77] 在 $1500℃$ 下于空气气氛中反应 $48h$ 合成了 $Y_2Ti_{2-x}Sn_xO_7$（$x=0.4$，0.8，1.2，1.6）样品，并对样品的抗离子辐射性能进行了研究，发现随着 Sn^{4+} 含量的增加保持结晶烧绿石晶体结构的临界温度不断地降低，其中 $Y_2Ti_{0.4}Sn_{1.6}O_7$ 样品在高于 $50K$ 的条件下经过能量密度为 $1.25 \times 10^{15} ion \cdot cm^{-2}$ 的离子辐射，样品的晶体结构无序度随着辐射时间的增长而逐渐增加，最后完全转变为缺陷萤石结构的晶体。

Srivastava[78] 将化学计量比的 Y_2O_3、SnO_2 和 Bi_2O_3 在电炉中于 $800℃$ 下加热 $4h$，再于 $1400℃$ 下加热 $10h$ 制备了 Bi^{3+} 掺杂的烧绿石结构 $Y_2Sn_2O_7$ 晶体并对其发光性能进行了研究，在样品的发射光谱中观察到位于 $385nm$ 和 $515nm$ 的 Bi^{3+} 的发射带，有意思的是在 Bi^{3+} 掺杂 $Y_2Sn_2O_7$ 体系中没有观察到来自 Bi^{3+} 的 d 层电子的发射带；Srivastava 等[79, 80] 采用相似的方法合成了 Cr^{4+} 掺杂 $Y_2B_2O_7$（B＝Sn，Ti）和 Eu^{3+} 掺杂的 $Ln_2B_2O_7$（Ln＝La，Gd，Y，Lu；B＝Sn，Ti）晶体并对其发光性能进行了研究，发现在烧绿石晶格中占据 $48f$ 位置的 O 的电子云的极化度影响着 Cr^{4+} 和 Eu^{3+} 的发光性能；Matteucci 也以类似的方法制备了 Cr^{4+} 掺杂 $Y_2Sn_2O_7$，对其光学性能进行研究，发现 Cr^{4+} 掺杂 $Y_2Sn_2O_7$ 晶具有明显的红外吸收效果，并且随着掺杂量的增加红外吸收强度增大，但是如果掺杂量过大，容易形成 $YCrO_3$ 第二相[69]。刘泉林等[81, 82] 采用高温固相法合成了 $(Y_{1-x}Eu_x)_2Sn_2O_7$ 和 $Y_2Ti_{2-x}Sn_xO_7$ 样品，对 Y_2O_3-Eu_2O_3-SnO_2 和 Y_2O_3-TiO_2-SnO_2 三元体系的相图及其发光性能进行了研究。Hosono 在 LaOF：Eu^{3+} 表面包覆了 SnO_2 层，经高温热处理后形成 La_2O_3：Eu^{3+}-$La_2Sn_2O_7$ 核壳结构纳米颗粒，并对其发光性能进行研究，发现该核壳结构样品的发光性能类似于 La_2O_3：Eu^{3+} 的发光性能，但是克服了 La_2O_3：Eu^{3+} 荧光粉对潮气和 CO_2 不稳定的缺点[83]。Hirayama 等[84] 在 $1200 \sim 1400℃$ 温度范围内采用固相合成法合成出纯相 Eu^{3+} 掺杂烧绿石结构 $La_2M_2O_7$（M＝Zr，Hf，Sn）晶体，发现随着 M^{4+} 离子半径的降低，$[EuO_8]^{n-}$ 扭曲变形程度增加，同时 Eu^{3+}

的 $^5D_0$-$^7F_1$ 跃迁的劈裂能差也随之增大；随着煅烧温度的增加，样品的晶化程度增加，反对称比降低，Eu^{3+} 的发光色纯度随之增加。

1.4.2 气相法

气相法是指反应物质在气体状态下发生了物理变化或者化学反应，最后气相物质在冷却的过程中形核凝聚长大而制备出纳米粒子或薄膜的方法。该方法容易获得纯度高、组分易控制、颗粒分散性好、粒径分布窄、粒径小的粒子或薄膜，但是对制备设备要求较高。

Suzuki 等[85]采用金属有机化合物气相沉积法合成了具有立方烧绿石结构的 $Bi_2Ti_2O_7$ 薄膜，发现具有亚单胞的 Pt 的面心立方结构对 $Bi_2Ti_2O_7$ 薄膜的（111）晶面的定向生长有重要的作用。Hou 等[27]在 $Pt/Ti/SiO_2/Si$ 基底材料上采用相似的方法制备了 $Bi_2Ti_2O_7$ 薄膜，并对薄膜在（111）方向上的定向介电函数性质进行了研究。Saruhan 等[86]采用电子束物理气相沉淀法合成了 $La_2Zr_2O_7$ 和 Y_2O_3 掺杂的 $La_2Zr_2O_7$，通过控制反应气体的组成、压力以及反应的温度，可以对所制备材料的结构、组成和形貌进行精确控制，并且能够通过精确的控制过程实现产物的结构、组成和形貌的连续变化，得到设计要求的目标产物。

虽然气相法在烧绿石结构化合物的制备上得到了一定的应用，但是到目前为止尚未发现采用气相法制备烧绿石结构稀土锡酸盐复合氧化物的文献报道。

1.4.3 液相法

目前实验室和工业上广泛采用液相法制备金属氧化物粉体，其基本过程为：首先按照所制备材料的需求合理地选择一种或多种合适的可溶性金属盐，按所制备材料的化学计量比配制成混合溶液；其次采用蒸发、升华、水解等操作或者加入一种或多种合适的沉淀剂形成沉淀，使得金属离子以盐的形式均匀地结晶或沉淀出来；最后收集结晶或沉淀进行脱水或者热分解反应而得到金属氧化物粉体。为了提高合成金属氧化物粉体的质量，人们开发了沉淀法、溶胶-凝胶、水热合成法等多种液相合成法。上述方法都可以应用到烧绿石结构稀土锡酸盐的合成中。

1.4.3.1 沉淀法

沉淀法是利用生成沉淀的液相反应来制备沉淀物前驱体，后沉淀物经干燥、高温煅烧制备金属氧化物粉末。该方法工艺简单，适合制备微米/纳米氧化物粉体等材料，在烧绿石结构稀土锡酸盐的制备上也有较多的文献报道。

Lu 的研究组对通过沉淀法合成 $La_2Sn_2O_7$ 晶体进行了一系列的研究[87]，发现纯相烧绿石结构 $La_2Sn_2O_7$ 颗粒的粒径随着沉淀剂的加入方式的变化而发生变化[88]；他们在乙醇溶液中采用沉淀法制备了 $La_2Sn_2O_7$ 的前驱体，对所制备的前驱体在不同的温度下进行热处理分别制备了针状、棒状和颗粒状 $La_2Sn_2O_7$ 纳米晶体，所制备 $La_2Sn_2O_7$ 纳米晶体的形貌如图 1-3 所示[89]；他们还采用相似的合成方法制备了铕掺杂和铕镝共掺杂的 $La_{2-x}RE_xSn_2O_7$（RE＝Eu，Dy）纳米颗粒并对其发光性能进行研究，发现在 Eu^{3+} 掺杂量为 12%（摩尔分数）时并未观察到前人报道的浓度猝灭现象[90]。Lu 等[91]还将共沉淀法与燃烧法相结合，将共沉淀制备的沉淀加入到硝酸铵和尿素的比例为 2∶3 的混合溶液中，加热浓缩，在 600℃ 电炉中燃烧 10min，制备了 $La_2Sn_2O_7$：Dy^{3+} 纳米颗粒，该制备方法简单快捷，但是样品的晶化程度较低，在对所合成的 $La_2Sn_2O_7$：Dy^{3+} 纳米颗粒的发光性能进行研究发现样品的晶化度不高严重地影响到样品的发光性能。

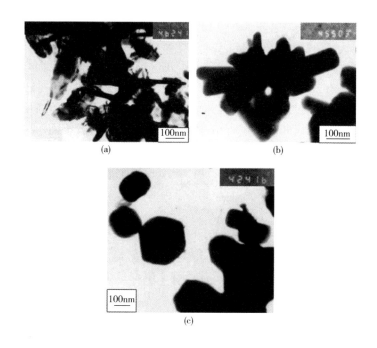

图 1-3   不同温度下制备的 $La_2Sn_2O_7$ 样品的 TEM 照片[89]

(a) 900℃；(b) 1000℃；(c) 1200℃

马忠乾等[92]采用共沉淀法制备了前驱体沉淀物后对其进行高温热处理获得 $Y_2Sn_2O_7$ 晶体。赵明忠等[93]采用相似的方法合成了 $La_2Sn_2O_7$：Bi^{3+} 粉末并对其发光性能进行了研究。董相廷等[94]在乙醇溶液中以氨水为沉淀剂采用沉淀法结合高温固相法制备了 $La_2Sn_2O_7$ 微粉，所制备的产物为粒径小于 $0.5\mu m$ 的球状颗粒。Lopez-Navarrete 等采用共沉淀法制备了 Cr^{4+} 掺杂锡酸钇气凝胶，再对气凝胶于 1100℃ 下进行高温分解制备了无须球磨的微米级烧绿石结构红色高温颜料，与传统陶瓷制备方法相比较，煅烧温度降低了 300℃[95]。Cheng 等[96]以共沉淀法制备了系列 Co^{4+} 掺杂烧绿石结构锡酸镧并对其在甲烷燃烧反应中的催化活性进行了研究，实验结果表明：少量 Co^{4+} 的部分取代并没有改变烧绿石型晶体结构，随着 $La_2Co_xSn_{2-x}O_{7-\delta}$ 样品中 Co 含量的增加，烧绿石相的形成温度以 50~100℃ 的速度减少；Co^{4+} 的掺杂在样品中形成了氧空位，掺杂后的样品改善了还原和再氧化性能，增强了甲烷燃烧反应的催化能力。

1.4.3.2　溶胶-凝胶法

溶胶-凝胶法是含高化学活性组分的化合物在液相下进行水解和聚合反应制备金属氧化物或金属氢氧化物的均匀溶胶，然后利用溶剂、催化剂、配合剂等将溶胶浓缩成凝胶，凝胶经过干燥、烧结固化制备出所需微粒。该方法具有反应温度相对较低、反应条件温和、合成产物纯度高、粒径小且粒度分布窄、比表面积较大、分散性好等优点，不足之处是原料价格高、所用有机溶剂有毒以及在高温下进行热处理时会使纳米颗粒快速团聚，工艺过程较难放大，制备过程中对溶液的 pH 值、灼烧温度、溶液浓度等条件要求较严，但是溶胶-凝胶法依然是制备烧绿石结构稀土锡酸盐比较有效方法之一。

Teraoka 等以水合 SnO_2 为锡源制备了烧绿石结构稀土锡酸盐并对氮氧化物的光催化降解性能进行了研究，发现烧绿石结构中 Sn—O 键长与氮氧化物的光降解催化活性线性相关[97]。Cheng 等[98]在水溶液中加入十六烷基三甲基溴化铵表面活性剂通过溶胶-凝胶方法制备了一系列烧绿石结构纯相稀土锡酸盐纳米晶体，并对 Eu^{3+} 掺杂的稀土锡酸盐纳米晶体的发光性能进行了研究，发现 Eu^{3+} 掺杂锡酸盐晶体发射出暖色调红光，而且不同的稀土锡酸盐晶体中 Eu^{3+} 的激发带和发射带位置各不相同；在对所合成系列稀土锡酸盐纳米晶体对 CO 的催化氧化活性的研究发现稀土离子半径对催化活性具有显著的影响；Lu 等[99]采用类似的方法制备了烧绿石结构锡酸钇纳米晶体并对其发光性能进行研究，发现 Eu^{3+} 掺杂的锡酸钇在 589nm 处具有强烈发射。Fujihara 与 Tokumo[100]以 $Y(CH_3COO)_3 \cdot 4H_2O$、$Eu(CH_3COO)_3 \cdot 4H_2O$ 和 $SnCl_4 \cdot 5H_2O$ 为原料，溶解在含 HNO_3 的乙醇溶液中制备了前驱体溶液，向前驱体溶液中加入柠檬酸和聚乙二醇，经 800℃ 以上热处理 1h 后制备了 Eu^{3+} 掺杂的烧绿石结构的橙红色发光锡酸钇薄膜。史启明等[101]采用柠檬酸络合法制备了 $(Y_{1-x}La_x)_2Sn_2O_7$ 粉体。孟和[102]采用溶胶-凝胶法结合共蒸馏法制备了 $La_2Sn_2O_7$ 并对其在甲烷燃烧以及甲烷重整反应中的催化性能进行了研究。其制备方法为：配制化学计量比的 $La(NO_3)_3$ 与 $SnCl_4 \cdot 5H_2O$ 溶液，以金属离子和尿素的比例为 1:4 加入尿素，加热回流 3h，离心除水得凝胶。将凝胶在强力搅拌下与正丁醇混合，进行共沸蒸馏除水，蒸馏后的胶体在 500℃ 分解制备前驱体，将前驱体在 900℃ 或更高温度下焙烧 3h 制备得到纳米 $La_2Sn_2O_7$ 晶体。Tong 等[103]将等摩尔的 $Er(NO_3)_3$ 和 $SnCl_4 \cdot 5H_2O$ 的混合溶液加入甘氨酸溶液中，蒸发多余的水分获得胶体前驱体，在 500~700℃ 煅烧前驱体成功制备出均匀、高分散的 $Er_2Sn_2O_7$ 纳米晶体，研究发现煅烧温度和纳米晶体的尺寸密切相关。

1.4.3.3 水热合成法

水热合成法是指在特制的密闭反应器（高压釜）中，采用水溶液作为反应溶剂，通过对反应体系加热、加压（或自生蒸气压），创造一个相对高温、高压的反应环境，使得通常难溶或不溶的物质发生溶解并且重结晶而合成出无机材料的一种有效方法。水热合成法一方面可以得到处于非热力学平衡状态的亚稳相物质；另一方面，由于反应温度相对较低，更适合于工业化生产和实验室操作，而且还具有合成条件温和、产物纯度高、晶粒发育完整、粒径小且分布较均匀、无明显团聚、形貌可控、反应设备相对简单、反应气氛可控、反应条件可调性高、产物物化性能均一等优点，非常适合于纳米功能材料的制备。水热合成法目前已广泛应用于烧绿石结构稀土锡酸盐的制备与应用研究领域。

Feng 等采用水热法成功合成了 $M_2Sn_2O_7$（M=La，Bi，Gd，Y）纳米晶，他们研究了试剂的种类、浓度、反应温度和碱的浓度等在水热反应制备 $M_2Sn_2O_7$（M=La，Bi，Gd，Y）纳米晶体中的影响，发现碱的浓度是制备纯相烧绿石结构的关键因素，需要非常精确地控制反应体系的 pH 值，否则容易出现其他杂相；他们还发现所制备的样品在高温下具有优秀的稳定性与离子传导性[28]。Moon 等[104]的研究也发现碱的浓度是水热合成法制备纯相烧绿石结构稀土锡酸盐的关键因素。

Zhu 等的研究组[105]对水热合成法制备烧绿石结构稀土锡酸盐进行了系列卓有成效的研究，他们制备了纯相烧绿石结构 $La_{2-x}Eu_xSn_2O_7$（x=0.0，0.5，1.0，1.5，2.0）系列样品[106]，发现样品中 Eu^{3+} 的含量对样品的形貌具有重要的影响（图 1-4）；在 325nm 紫外光的激发下，含 Eu^{3+} 的 $La_{2-x}Eu_xSn_2O_7$ 样品发射出明显的红色光，可能是由于晶体尺寸和形貌的影响，样品的发射光谱中 $^5D_0$-$^7F_1$ 发射峰劈裂为三个线状发射峰，并且在 $LaEuSn_2O_7$ 样品中观察到相对强度最强的红光发射，其发生浓度猝灭的 Eu^{3+} 掺杂量远大于其他文献报道的猝灭浓度[90]。Zhu 等[107]还通过水热合成法合成了平均颗粒尺寸约为 20nm 的 $Eu_{2-x}Sm_xSn_2O_7$（x=0.0，0.1，0.5，1.0，1.5，2.0）纳米晶体，对该系列样品的发光性能的研究中发现了明显的从 Sm^{3+} 到 Eu^{3+} 的能量传递现象，使得 Sm^{3+}、Eu^{3+} 共掺杂稀土锡酸盐样品呈现出很强的 Eu^{3+} 在 $^5D_0$-$^7F_1$ 跃迁的发光，样品的发光单色性能好、失真度低。Zhu 等[108]还创新性地在弱酸性/弱碱性条件下以稀土硝酸盐和 Na_2SnO_3 为原料通过水热合成法成功合成了系列纯相烧绿石结构 $Ln_2Sn_2O_7$（Ln=Y，La~Nd，Sm~Lu）纳米晶体，与其他文献报道[28]需要在碱性/强碱性条件下制备纯相烧绿石结构稀土锡酸盐相比较具有无须调节溶液的 pH 值的优点，在所制备的 $Yb_2Sn_2O_7$ 样品中观察到了 525nm 对应于电荷转移带的发光，有望应用于微中子物理中的灵敏检测器上。Jin 等[109]也以 Na_2SnO_3 为锡源采用水热合成法在 200℃下合成了 Yb^{3+} 掺杂 $Ln_2Sn_2O_7$（Ln=La，Y，Lu，Gd）纳米晶体，并首次在 $Y_2Sn_2O_7$：Yb^{3+} 和 $Lu_2Sn_2O_7$：Yb^{3+} 晶体中观察到了中心分别位于 532nm 和 500nm 的宽带发射峰，而有意思的是在 $La_2Sn_2O_7$：Yb^{3+} 和 $Gd_2Sn_2O_7$：Yb^{3+} 纳米晶体中则未能观察到相应的发光现象。

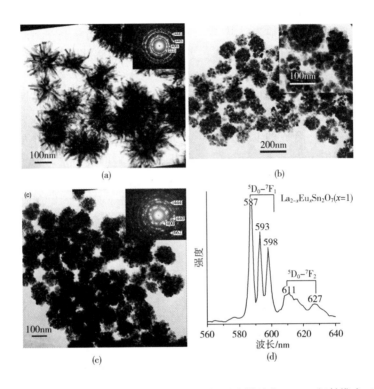

图 1-4　$La_2Sn_2O_7$ 纳米晶体的 TEM 照片，插图为样品的 SAED 衍射模式（a）；$LaEuSn_2O_7$ 样品的 TEM 照片（b）；$Eu_2Sn_2O_7$ 纳米晶体的 TEM 照片，插图为样品的 SAED 衍射模式（c）；$LaEuSn_2O_7$ 样品的发射光谱（$\lambda_{ex}=325nm$）[106]（d）

Wang 的研究组[110~112] 采用水热合成法分别制备 $Y_2Sn_2O_7$、$Y_2Sn_2O_7$：Eu^{3+} 和 $Y_{2-x}Bi_xSn_2O_7$（$x=0$，0.1，0.3，0.5，1.0，1.5，2.0）纳米晶体，他们研究了表面活性剂、pH 值等对样品颗粒尺寸的影响，并对其光催化活性、发光性能等进行了研究。李坤威[113] 通过简单的水热方法，控制反应物的加入、反应体系的温度、时间、填充度等因素，加上不同的有机试剂（聚甲基丙烯酸甲酯 PMMA、十六烷基三甲基溴化铵 CTAB、乙二胺四乙酸 EDTA）的联合使用，在较低的温度下（180℃）合成出颗粒尺寸可控的 $Y_2Sn_2O_7$ 纳米复合氧化物颗粒；他们用同样的方法合成了 Eu^{3+} 掺杂的 $La_2Sn_2O_7$ 纳米颗粒，发现制备的 $La_2Sn_2O_7$ 纳米球由 $La_2Sn_2O_7$ 纳米片自组装而成；对甲基橙的光降解催化活性的研究发现 $Y_2Sn_2O_7$ 和 $La_2Sn_2O_7$ 都具有较好的光催化活性并且光催化活性随着粒径的降低而增大；制备了 Eu^{3+} 掺杂的 $Y_2Sn_2O_7$ 纳米晶颗粒并对其发光性能进行了研究发现该样品发出橘红色光。Alemi 等[114] 采用水热合成法通过 NaOH

调节 pH 值制备了纯相烧绿石结构 $Nd_2Sn_2O_7$ 纳米晶体，并对 $Nd_2Sn_2O_7$ 的光学性能进行研究继而计算出了其带隙处于 3.5～4.5eV 之间。Fu 等[31, 115]采用水热法以水合肼为沉淀剂在 200℃下反应 24h 合成了 $La_2Sn_2O_7$：Eu^{3+} 微纳米球，如图 1-5 所示，他们认为微纳米球状 $La_2Sn_2O_7$：Eu^{3+} 遵循结晶—溶解—重结晶—自组装的生长机理，所合成的样品在紫外光激发下发射出橙红色光。Zeng 与 Wang 等[33]采用水热法成功合成了 $La_2Sn_2O_7$ 纳米立方晶体（图 1-6），研究了碱的浓度、反应时间和水热温度对产品的结构和形貌的影响作用，并提出了立方体状 $La_2Sn_2O_7$ 纳米晶体的形成机理，所合成立方体状 $La_2Sn_2O_7$ 纳米晶体的带隙约为 4.3eV，在对所合成的 $La_2Sn_2O_7$ 立方晶体的光催化活性的研究中发现在长时间的紫外光照射下立方 $La_2Sn_2O_7$ 对甲基橙光降解的分解能力几乎与 Degussa P25 TiO_2 一样，同时还发现立方体状 $La_2Sn_2O_7$ 晶体还具有较好的催化分解水制氢的能力。Zhang 等[116]通过水热合成法在 200℃下反应 24h 合成了系列烧绿石结构稀土锡酸盐纳米晶体，发现稀土锡酸盐纳米晶体的红外光谱和拉曼光谱的振动频率对稀土离子半径非常敏感。

图 1-5　微纳米球状 $La_2Sn_2O_7$：Eu^{3+} 晶体的 FE-SEM 照片[31]

　　Park 等[67]采用氨水和羟基四甲基铵调节水热反应溶液的 pH 值制备了纯相 $Ln_2Sn_2O_7$（Ln＝La，Sm，Gd）并研究了对甲烷燃烧的催化活性，发现锰掺杂的 $Sm_2Sn_{1.8}Mn_{0.2}O_7$ 具有最高的催化活性；Park 还对 $La_2Sn_2O_7$ 在催化降解氮氧化物方面的电化学性能进行了研究[117]。Zahir 等在氮气保护下采用水热合成法合成了系列纯相烧绿石结构化合物：$Y_2Sn_{1.8}Cr_{0.2}O_7$，$Y_{1.8}Sm_{0.2}Sn_{1.8}Cr_{0.2}O_7$，$Y_{1.8}Ce_{0.2}Sn_{1.8}Cr_{0.2}O_7$，$Y_{1.8}Eu_{0.2}Sn_{1.8}Cr_{0.2}O_7$，$Y_2Zr_{1.8}Co_{0.2}O_7$，$Ba_{0.8}Y_{1.2}Sn_{1.8}Cr_{0.2}O_7$，$Ba_{0.6}Y_{1.2}Sm_{0.2}Sn_{1.8}Cr_{0.2}O_7$ 和 $Ca_{0.8}Sm_{1.2}Sn_{1.8}Ni_{0.2}O_7$，所制备的样品为纳米球状颗粒，通过对氮氧化物催化降解和对 CH_4 的催化还原活性研究，发现在氧存在下可以将 NO 完全转换为 N_2[118]；他们采用相似的合成方法合成了 Sr-Ce-Sn-Mn-O 系氧化物和烧绿石结构锡酸盐的混合物，发现 CeO_2、SnO_2 和 $Sr_{2x}Ce_{2-2x}Sn_2O_{7\pm\delta}$ 的混合晶体对 NO 具有很高的还原催化活性[119]。

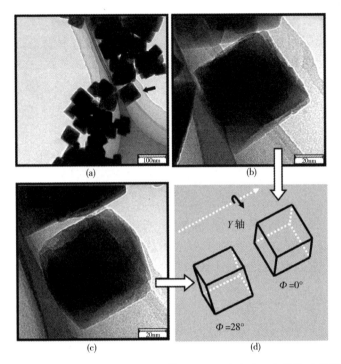

图 1-6 立方体状 $La_2Sn_2O_7$ 纳米晶体的 TEM 照片及立方体的示意图[33]

水热过程中的反应温度、压力、处理时间以及溶媒的成分、pH 值、所用前驱体的种类及浓度等对反应速率、生成物的晶型、颗粒尺寸和形貌等有很大影响，可以通过控制上述实验参数达到对产物性能的"剪裁"。由于 Sn^{4+} 非常容易发生水解以及 Sn^{4+} 和 RE^{3+} 稀土离子之间的物理化学性质差异很大，所以用一般制备纳米材料的液相方法，如溶胶-凝胶法、硬脂酸配合法、共沉淀法、微乳液法等方法来制备烧绿石结构稀土锡酸盐纳米材料比较困难，而水热合成法则成了合成烧绿石结构稀土锡酸盐纳米材料的有效方法。

通过上述分析，可知烧绿石结构稀土锡酸盐在发光、催化和磁性等方面显示了优良的性能和潜在的应用前景。而且，烧绿石结构稀土锡酸盐材料在纳米化后，因纳米材料的量子尺寸效应、小尺寸效应、表面效应和界面效应使得材料在电、磁、光、力学和化学等宏观效应上具有微米级材料无法比拟的优异特性。烧绿石结构稀土锡酸盐纳米材料的光电性能与该材料的维度、尺寸、形貌和表面结构密切相关[10]，而目前，烧绿石结构稀土锡酸盐纳米材料主要采用高温固相合成法制备，该方法存在反应温度高，能耗大，易存在杂相，粒度分布宽，易团聚，无法制备单分散、形貌规整的纳米材料等缺点，使其无法对制备的产物的维度、尺寸、形貌和表面结构等进行有效的调控，严重地影响到具有优异性能的烧绿石结构稀土锡酸盐纳米材料的制备与应用[11~12]。虽然近些年已经在烧绿石结构稀土锡酸盐纳米材料的制备上进行了初步研究，但是调控合成不同维度、尺寸、形貌和表面结构的烧绿石结构稀土锡酸盐纳米材料的研究才刚刚开始，如能通过温和的软化学方法对烧绿石结构稀土锡酸盐纳米发光材料进行调控合成，对发展新型微纳米发光材料及其实用化具有非常重要的意义。

第 2 章

La$_2$Sn$_2$O$_7$: Eu^{3+} 微/纳米晶体的合成和发光性能

2.1 引言

烧绿石结构复合氧化物[34]由于在金属-绝缘体转换、磁阻挫[23]、自旋冰[24]、磁致电阻[25]、超导体[26]、铁电体[27]、离子导体[28]、混合导体[29]、抗核辐射材料[30]、发光材料[31]、高温颜料[32]和催化剂[33]等领域具有广泛的应用前景而日益受到关注。其中烧绿石结构 La$_2$Sn$_2$O$_7$ 由于具有优秀的化学稳定性与热稳定性,特别是可以作为稀土离子掺杂基质而吸引了大量研究人员的关注[69,114]。大量的研究证实,材料的许多性能与其晶体尺寸、形貌和晶体结构密切相关[120~123],而结晶度好、成分均匀、形貌规整和尺寸分布较窄对于材料的性能具有重要的影响。

目前,已有多种方法如传统的固相合成法[124~126]、溶胶凝胶法[98]、共沉淀法[88,90,96]、燃烧法[91]等应用于制备 La$_2$Sn$_2$O$_7$,采用这些方法制备 La$_2$Sn$_2$O$_7$ 不仅能耗高,合成条件苛刻,而且产物团聚严重,缺陷多,成分分布不均匀。研究证明,水热合成法是一种仪器设备简单、合成条件温和、合成产物结晶度高、成分均匀、形貌规则和颗粒尺寸分布较窄的方法,非常适合于合成氧化物和盐类的纳米晶体[127~129]。因而,采用水热合成法是合成具有均一的颗粒尺寸、规整的形貌和单一相的 La$_2$Sn$_2$O$_7$ 纳米晶体的最合适的选择。采用水热合成法已成功合成了具有微纳米球状、花状、立方体状和棒状等形貌的 La$_2$Sn$_2$O$_7$ 晶体[28,31,33,104,106]。同时,目前对于 La$_2$Sn$_2$O$_7$ 的研究,主要集中于 La$_2$Sn$_2$O$_7$ 粉体材料的制备、磁学性能和催化性能等方面,而对其光学性能的探索甚少。

发光材料的基质和掺杂离子对材料的光学性能有非常重要的影响[130,131],其中 Eu^{3+} 掺杂的 La$_2$Sn$_2$O$_7$ 纳米晶作为新型发光材料具有良好的光学性能和应用前景[132]。众所周知，Eu^{3+}是发光材料制备中应用较多的稀土离子，它们在560～630nm区间发射出强烈的橙红色光，且发光的量子效率高。目前，对稀土离子Eu^{3+}掺杂的$La_2Sn_2O_7$纳米晶的可控合成及其发光性能的研究还较少。因此，寻求尺寸、形貌可控的$La_2Sn_2O_7$：Eu^{3+}微/纳米晶体的合成方法，探索材料结构、形貌和表面结构与发光性能之间的关系具有重要的理论意义和应用价值。

本章采用分步沉淀-水热法成功合成了具有不同形貌的纯相烧绿石结构$La_2Sn_2O_7$和$La_2Sn_2O_7$：Eu^{3+}微/纳米晶体材料，并采用了X射线粉末衍射（XRD）、扫描电镜（SEM）、能谱分析（EDS）、透射电镜（TEM）、傅里叶变换红外光谱（FT-IR）、拉曼光谱（Raman）等多种检测方法对产物的物相结构、成分、形貌以及光学性能等进行了表征；在样品的制备工艺参数、物相的形成机理、形貌控制机理和光学性能等方面进行了探索研究，发现所合成的样品结晶度高，能发出橙红色的暖色调光，是一种优秀的新型发光材料，具有广阔的应用前景。

2.2　样品制备

2.2.1　原料与试剂

实验使用的主要原材料与试剂见表2-1。试剂均为分析纯试剂，在使用前未经进一步的纯化；实验过程中所使用的水均为去离子水。

表 2-1　实验所使用的主要原材料与试剂

原料名称	规格	厂家/产地
硝酸镧 [La(NO₃)₃·6H₂O]	分析纯	天津市光复精细化工研究所
硝酸铕 [Eu(NO₃)₃·6H₂O]	分析纯	天津市光复精细化工研究所
硝酸铽 [Tb(NO₃)₃·6H₂O]	分析纯	天津市光复精细化工研究所
硝酸铈 [Ce(NO₃)₃·6H₂O]	分析纯	天津市光复精细化工研究所
硝酸钇 [Y(NO₃)₃·6H₂O]	分析纯	天津市光复精细化工研究所
硝酸钆 [Gd(NO₃)₃·6H₂O]	分析纯	天津市光复精细化工研究所
四氯化锡 (SnCl₄·5H₂O)	分析纯	广东汕头市西陇化工厂
锡酸钠 (Na₂SnO₃·3H₂O)	分析纯	天津市光复精细化工研究所
氢氧化钠 (NaOH)	分析纯	天津市化学试剂厂
氢氧化钾 (KOH)	分析纯	天津市化学试剂批发部
碳酸氢钠 (NaHCO₃)	分析纯	天津市博迪化学有限公司

原料名称	规格	厂家/产地
氨水（NH₃·H₂O）	分析纯	广东汕头市西陇化工厂
碳酸钠（Na₂CO₃）	分析纯	湖南汇虹试剂有限公司
氢氧化镁［Mg(OH)₂］	分析纯	天津市化学试剂厂
脲［CO(NH₂)₂］	分析纯	天津市科密欧化学研发中心
氢氧化锂（LiOH）	分析纯	天津市科密欧化学研发中心
抗坏血酸	分析纯	天津市科密欧化学研发中心
浓硝酸（HNO₃）	分析纯	湖南株洲市化学工业研究所
浓盐酸（HCl）	分析纯	湖南株洲市化学工业研究所
无水乙醇（CH₃CH₂OH）	分析纯	广东汕头市西陇化工厂

2.2.2　设备与装置

实验使用的主要设备与装置见表 2-2。

表 2-2　实验所使用的部分主要设备

设备名称	型号	生产厂家
电热恒温鼓风干燥箱	DFG-781	湖北黄石市医疗器械厂
真空干燥箱	ZK-82B	上海市实验仪器总厂
箱式电阻炉	XS-A-10	长沙中华电炉厂
超声波清洗器	KQ2200B	昆山市超声波仪器有限公司
循环水真空泵	SHZ-D（Ⅲ）	巩义市予华仪器有限责任公司
数显恒温磁力搅拌仪	85-2	金坛市大地自动化仪器厂
水热合成反应釜（聚四氟乙烯）	80mL	巩义市予华仪器有限责任公司
酸度计	pHS-2C	上海虹益仪器厂

2.2.3　分步沉淀-水热法合成 La₂Sn₂O₇ 和 La₂Sn₂O₇: Eu³⁺ 微/纳米晶体

溶液配制：分别称取一定量的稀土硝酸盐和四氯化锡或锡酸钠溶解于去离子水中配制浓度为 1mol/L 的溶液待用，为了防止四氯化锡在水中发生水解反应，往配制的四氯化锡溶液中滴加少量硝酸溶液。由于稀土锡酸盐、锡酸钠和四氯化锡都含有结晶水，为不可准确称量的物质，所以在使用前对每一种化合物都采用重量法进行标定，标定出化合物中有效成分的准确含量。

实验步骤：首先，分别准确量取 5mL 1mol·L^{-1}硝酸镧溶液、5mL 1mol·L^{-1}四氯化锡溶液加入 40mL 去离子水中，磁力搅拌 10min 形成均匀的混合溶液；在激烈搅拌下，往混合溶液中逐滴滴加 4mol·L^{-1} NaOH 溶液调节混合溶液的 pH 值为 12；继续激烈搅拌 1h 后将所得的混合物全部转移入 80mL 反应釜中，用少量去离子水将溶液体积调到内衬体积的 80%，并置于 180℃下反应 24h。反应结束后，自然冷却至室温，将沉淀物过滤分离并采用去离子水洗涤多次，然后再置于 100℃的真空干燥箱中烘干 4h 制备锡酸镧样品。

制备 Eu^{3+}掺杂锡酸镧样品过程基本类似于制备锡酸镧样品，主要差别是使用部分硝酸铕溶液代替硝酸镧溶液作为起始反应原料。为了表述方便，将 Eu^{3+}与 La^{3+}混合离子统称为 RE^{3+}。

为考察制备条件对产物的物相结构组成、形貌和性能的影响，逐一改变了起始反应物的种类、反应物的比例、起始浓度、pH 值、水热反应时间、水热反应温度等因素，按照上述同样的步骤合成样品以备测试。

2.2.4 样品的表征和测试

为了获得关于样品的物相结构、成分、元素的存在形态、形貌、光谱性质等多方面的信息，对所合成的样品进行了 X 射线粉末衍射（XRD）、能谱分析（EDS）、X 射线光电子能谱（XPS）、扫描电镜（SEM）、透射电镜（TEM）、选区电子衍射（SAED）、傅里叶变换红外光谱（FT-IR）、拉曼光谱（Raman）、热重-差热分析（TG-DSC）、光致发光光谱（PL）和荧光寿命分析等。

所得样品采用 RigakuD/max-2500 型 X 射线衍射仪进行物相结构检测，采用 Cu 靶 Kα（λ=1.5406Å）X 射线激发源，对所检测的数据采用 MDI Jade 5.0 软件进行分析；采用透射电子显微镜（TEM，Philips Tecnai 20 G2 S-TWIN）和场发射扫描电镜结合 X 射线能谱仪（SEM-EDS，FEI Sirion 200）观测所制备样品的尺寸、形貌以及样品中元素的成分；用 FL-2500 型荧光仪分析样品的光致发光性能；采用 GX 型傅里叶变换红外光谱仪记录样品的红外光谱，其工作条件：KBr 压片法，仪器分辨率为 2cm^{-1}，检测器为 MCT，检测范围为 400～4000cm^{-1}；样品中元素的存在形态采用美国 Thermo ESCALAB 250 的 X 射线光电子能谱仪分析，工作条件：单色化 Al Kα（hν=1486.6eV），15kV，150W，束斑大小为 500μm，采用 CAE 扫描模式，选择 Large Area XL 透镜模式，以表面污染 C1s（284.8eV）为标准对测定数据进行能量校正；热重分析所用仪器型号为：TA instruments，TGA2050。加热速率为：10℃·min^{-1}，氮气保护；拉曼光谱分析采用德国 Bruker 公司的 RFS100/S 傅里叶变换拉曼光谱仪进行检测。

2.3　La₂Sn₂O₇: Eu³⁺ 微/纳米晶体的物相结构、成分与形貌特征

在 180℃下水热反应 36h 制备出了 Eu³⁺ 掺杂量为 5％（原子分数）的单一相烧绿石结构 La₂Sn₂O₇: Eu³⁺ 微/纳米晶体样品，并对其进行了 XRD、SEM、EDS 和 XPS 检测。

2.3.1　La₂Sn₂O₇: Eu³⁺ 的物相结构特征及元素分析

烧绿石结构化合物具有特殊的 XRD 衍射特征。图 2-1（a）为所制备的 La₂Sn₂O₇: Eu³⁺ 样品的 XRD 衍射图谱。从图 2-1（a）中可以看出，所制备的样品的所有 XRD 衍射谱线都可以和 PDF 卡片编号为 87-1218 的 XRD 衍射谱线完美地匹配起来。众所周知的是（222）、（400）、（440）和（622）是烧绿石结构的 XRD 衍射花样中的四个最强的衍射峰，但是由于烧绿石结构与缺陷萤石结构具有一定的相似性，使得在具有缺陷萤石结构晶体的 XRD 衍射花样中也同样可以观察到相似的四个最强衍射峰的存在[133]，因此，单纯从四个最强衍射峰无法区分是烧绿石结构还是缺陷萤石结构的化合物。通常认为，由（111）、（331）和（511）晶面所导致的衍射峰是烧绿石结构的特征衍射峰，如果存在这些特征衍射峰就可以判断晶体的结构为烧绿石结构[134]。图 2-1（a）的插入图为样品在 2θ 范围为 36°～45°的放大图。从该插入图中可以清楚地观察到对应于（331）和（511）晶面的衍射峰的存在，证明了所制备的样品为拥有烧绿石结构的 La₂Sn₂O₇，其空间群为 Fd-3m（227）。

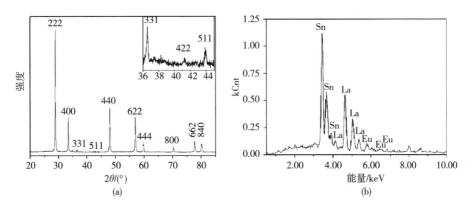

图 2-1　（a）La₂Sn₂O₇: Eu³⁺ 样品的 XRD 衍射图谱，右上角的小图为样品的局部放大图；（b）La₂Sn₂O₇: Eu³⁺ 样品的 EDS 图谱

图 2-1（b）为所制备的 La₂Sn₂O₇: Eu³⁺ 样品的 EDS 图谱。从图 2-1（b）

可以清楚地看出，$La_2Sn_2O_7$：Eu^{3+} 样品中存在少量的 Eu 元素，说明了在水热合成过程中，少量的 Eu^{3+} 掺杂进入了 $La_2Sn_2O_7$ 晶体中，并且少量 Eu^{3+} 的掺杂并没有改变合成样品所具有的烧绿石晶体结构，也就是说少量 Eu^{3+} 的掺入对 $La_2Sn_2O_7$ 的烧绿石结构几乎没有影响。

为了进一步分析铕掺杂烧绿石结构锡酸镧晶体（$La_2Sn_2O_7$：Eu^{3+}）的元素组成和价态，特别是晶体中 Eu 的存在形态，对合成的 $La_2Sn_2O_7$：Eu^{3+} 进行了 XPS 检测。图 2-2 是 $La_2Sn_2O_7$：Eu^{3+} 样品的 X 射线光电子能谱（XPS）宽程扫描图谱。

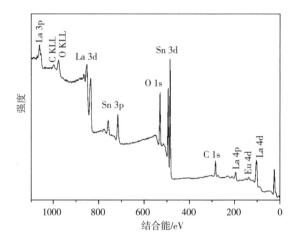

图 2-2　$La_2Sn_2O_7$：Eu^{3+} 样品的 XPS 宽程扫描图谱

从图 2-2 的宽程扫描谱中可以看出，除了位于 284.9eV 和 996.4eV 处的谱峰是由吸附于样品表面的外来的烃类化合物所导致之外，其他的谱峰特征全部来源于 $La_2Sn_2O_7$：Eu^{3+} 样品的各个元素的芯级谱线以及俄歇线。证实了样品中不仅含有 La、Sn 和 O 元素，而且还含有 Eu 元素，说明了经过水热反应后掺杂的 Eu 进入了 $La_2Sn_2O_7$ 的晶格中。

图 2-3 为 $La_2Sn_2O_7$：Eu^{3+} 样品中 La 3d 的窄谱扫描 XPS 谱。从该图可以清楚地看出，La $3d_{5/2}$ 和 La $3d_{3/2}$ 的峰都呈现出非常明显的双峰分裂现象，双峰分裂是含 La 氧化物中 La 3d 态的典型 XPS 特征。之所以会出现双峰劈裂现象是由于在 $3d^9 4f^0$ 和 $3d^9 4f^1 L$ 电子结构中存在着键合态和反键态双重态，其中 L 是 O 2p 空位[135,136]。值得注意的是在 $La_2Sn_2O_7$：Eu^{3+} 样品中，La $3d_{5/2}$ 和 La $3d_{3/2}$ 态两个光电子峰的双峰劈裂能差都约为 4.0eV，与 La_2O_3 晶体中的 La 3d 的双峰劈裂能差（约 3.5eV）[135]差异比较大，而与 $La_2Ti_2O_7$ 中的 La 3d 的双峰劈裂能差（4.1eV）相近[137]。之所以出现这样的情况，是因为在 $La_2Sn_2O_7$：Eu^{3+} 晶格中 La 所处的局部环境与 La_2O_3 晶体中 La 的局部环境具有相当大的差别；而对于

La$_2$Sn$_2$O$_7$：Eu^{3+} 和 La$_2$Ti$_2$O$_7$ 晶格而言，虽然烧绿石结构的 La$_2$Sn$_2$O$_7$ 和萤石结构的 La$_2$Ti$_2$O$_7$ 在晶体结构方面不尽相同，但是由于烧绿石结构可以看作是萤石型结构的衍射结构，因而在 La$_2$Sn$_2$O$_7$ 和 La$_2$Ti$_2$O$_7$ 晶体中，La 所处的局部环境相似性比较强，从而导致了 La$_2$Sn$_2$O$_7$：Eu^{3+} 样品中 La 3d 的双峰劈裂能差与 La$_2$Ti$_2$O$_7$ 晶格中的 La 3d 双峰劈裂能差相近。

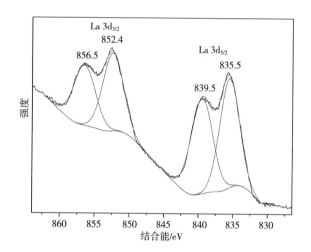

图 2-3　La$_2$Sn$_2$O$_7$：Eu^{3+} 样品中的 La 3d 窄谱扫描 XPS 图谱

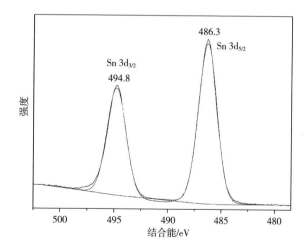

图 2-4　La$_2$Sn$_2$O$_7$：Eu^{3+} 样品中的 Sn 3d 窄谱扫描 XPS 图谱

La$_2$Sn$_2$O$_7$：Eu^{3+} 样品表面的 Sn 3d 的窄谱扫描 XPS 图具有典型的双谱峰特征，如图 2-4 所示，Sn 3d$_{5/2}$ 的谱峰位于键合能为 486.3eV 处，Sn 3d$_{3/2}$ 的谱峰位于键合能为 494.8eV 处，Sn 3d 的两个光电子峰的键合能之差为 8.5eV。与文献报道采用化学气相沉积法所制备的 SnO_2 晶体薄膜中的 Sn 3d 的 XPS 谱图完全一致[138]。并且从图 2-4 可以清楚地看到，Sn 3d 的谱峰峰形对称，对两个峰进行拟合所得到的曲线和检测的曲线基本一致，没有观察到明显的其他重叠峰的存在，也就是说没有检测到以零价或者正二价形式存在的 Sn 的 XPS 信号。上述分析充分证明了 $La_2Sn_2O_7$：Eu^{3+} 样品中的 Sn 元素以 Sn^{4+} 的形式存在[138, 139]。

$La_2Sn_2O_7$：Eu^{3+} 样品中的 O 1s 的光电子谱图如图 2-5 所示。从图 2-5 可以看出，O 1s 的 XPS 谱峰是由两个中心分别位于 530.4eV 和 532.3eV 处的谱峰重叠而构成的。O 1s 的 XPS 光电子峰的组成意味着在 $La_2Sn_2O_7$：Eu^{3+} 样品中存在着两种化学环境不同的 O，其中位于 532.3eV 附近的弱光电子峰为样品表面吸附 H_2O 中的 H 和 O 相结合而导致，而位于 530.4eV 左右的光电子峰则来自晶格中的金属与氧相结合而产生的光电子吸收峰。从烧绿石晶体结构分析可以清楚地知道，在 $La_2Sn_2O_7$ 晶格中分别存在 La—O′ 和 Sn—O 两种不同的结合方式，除此之外，对于 $La_2Sn_2O_7$：Eu^{3+} 晶格而言还同时存在着少量的 O 与掺杂的 Eu 相结合，因此，从理论上对于 $La_2Sn_2O_7$：Eu^{3+} 样品的 O 1s 窄谱扫描谱中存在三个不同源自 $La_2Sn_2O_7$：Eu^{3+} 晶格本身的 O 1s 峰，但是从图 2-5 中只观察到来自样品表面吸附的水以及样品晶格本身的两个比较明显的光电子峰。这是因为，虽然在 $La_2Sn_2O_7$：Eu^{3+} 晶格中存在 La—O′、Eu—O 和 Sn—O′ 三种不同的结合方式，但是从文献报道[140~142]可以知道在 La_2O_3、Eu_2O_3 和 SnO_2 晶体中 O 1s 的结合能分别为 530.0eV、530.1eV 和 530.5eV，三者的结合能比较接近，从而非常容易发生光电子峰的部分重叠，因而在 $La_2Sn_2O_7$：Eu^{3+} 样品的 O 1s 光电子谱图中只观察到一个来自于样品晶格本身的强光电子峰。O 1s 的窄谱扫描 XPS 图谱中谱峰的形状与位置和文献报道相似[100]，证实了 O 元素以负二价的形式存在于 $La_2Sn_2O_7$：Eu^{3+} 晶体中。

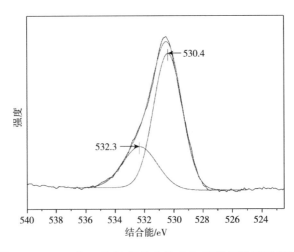

图 2-5　$La_2Sn_2O_7$：Eu^{3+} 样品中的 O 1s 窄谱扫描 XPS 图谱

图 2-6 是 Eu 3d 的窄谱扫描 XPS 图谱。从图 2-6 可以看出，Eu 3d 的 XPS 图谱由结合能位于 1166.0eV 和 1136.4eV 处的两个峰构成，这两个峰分别归属于 Eu $3d_{3/2}$ 和 Eu $3d_{5/2}$，Eu $3d_{3/2}$ 和 Eu $3d_{5/2}$ 两个谱峰的结合能差为 29.6eV。谱峰的组成与位置充分说明了 Eu 元素在 $La_2Sn_2O_7$：Eu^{3+} 晶体中以正三价的形式存在[143]。

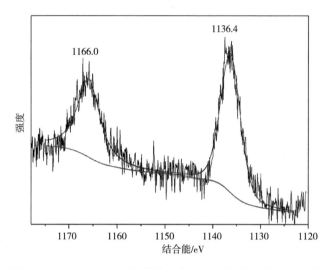

图 2-6 $La_2Sn_2O_7$：Eu^{3+} 样品中的 Eu 3d 窄谱扫描 XPS 图谱

样品的相对元素含量可以根据 La $3d_{5/2}$、Sn $3d_{5/2}$、Eu $3d_{5/2}$ 和 O 1s 的 XPS 谱峰面积以及相对应的原子灵敏度因子进行计算得到。经过计算可知 La：Eu：Sn：O＝0.179：0.010：0.184：0.627，所计算得到的值基本上与理论 Eu^{3+} 掺杂量的 $La_2Sn_2O_7$：Eu^{3+} 样品中的各元素的化学计量比 La：Eu：Sn：O＝0.173：0.009：0.182：0.636 相一致，并且从计算结果可以看出 Eu 元素占稀土元素总量的 5.29%，接近反应原料中所加入的 Eu 原子占 La 与 Eu 原子总和的比值（5%）。

2.3.2 $La_2Sn_2O_7$：Eu^{3+} 的形貌特征

图 2-7 为在 180℃ 水热处理 30h 所制备的单一相烧绿石结构 $La_2Sn_2O_7$：Eu^{3+} 样品在不同放大倍数下的扫描电镜照片。从图 2-7 中可以看出样品由大量微米尺度的八面体状粒子组成，而且八面体的产率相当高并且形貌也比较均匀。在材料的设计和制备中，至今已有相应的文献报道合成了具有八面体形貌的 $KTa_{1-x}Nb_xO_3$[144]、MnO[145]、Cu_2O[146, 147]、SnO_2[148] 和 PbF_2[149] 等产品，但是八面体形貌的 $La_2Sn_2O_7$：Eu^{3+} 晶体还是首次被调控合成得到。

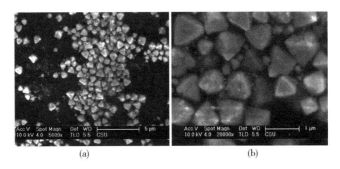

图 2-7　$La_2Sn_2O_7$：Eu^{3+} 样品在不同放大倍数下的 SEM 照片

2.4　分步沉淀-水热合成工艺参数对产物物相结构的影响及 $La_2Sn_2O_7$：Eu^{3+} 物相的形成机理

许多研究表明，合成工艺条件与合成产物的物相结构、形貌以及性能等性质密切相关。为考察分步沉淀-水热法合成 $La_2Sn_2O_7$ 和 $La_2Sn_2O_7$：Eu^{3+} 微/纳米晶体的工艺条件对物相结构的影响，通过改变反应物的种类、反应物的比例、起始反应物浓度、pH 值、水热反应时间、水热反应温度、沉淀剂的种类以及 Eu^{3+} 的掺杂量等影响因素制备了一系列样品进行检测研究。

2.4.1　反应物种类的影响

不同种类的起始反应物常常对产物的物相结构具有较大的影响。为了研究反应物的种类对产物的物相结构的影响，分别采用硝酸镧、氯化镧为镧源，四氯化锡、锡酸钠为锡源，在所加入的起始反应物中保持 La^{3+}：Sn^{4+} 的比例为 1：1，于 180℃ 下反应 24h 进行制备实验。不同种类起始反应物所制备样品的 XRD 衍射图谱如图 2-8 所示。

由图 2-8 可以看出，当镧来源于 $LaCl_3$ 时，所制备的样品的物相成分主要为 $La(OH)_2Cl$，同时含有少量的 $La_2Sn_2O_7$ 和 SnO_2 非晶相，分别对应于 PDF 卡片号为 85-0839、87-1218 和 41-1445 的衍射花样。比较有意思的是当使用 $La(NO_3)_3$ 作为 La 的来源时，以 $SnCl_4 \cdot 5H_2O$ 和 Na_2SnO_3 作为 Sn 的来源所制备的产物都为烧绿石结构的 $La_2Sn_2O_7$（JCPDS 87-1218），其对应的空间群为 Fd-$3m$（227），并且没有检测到其他物相结构的衍射峰的存在。以 $LaCl_3$ 作为 La 的来源之所以会导致在产物中出现 $La(OH)_2Cl$ 是因为在制备前驱体的过程中，在大量 Cl^- 以及 OH^- 存在的情况下，由于 $La(OH)_2Cl$ 比 $La(OH)_3$ 更容易在碱性条件下形成沉淀[150,151]，使得 La^{3+} 优先和 OH^- 以及 Cl^- 反应，并以

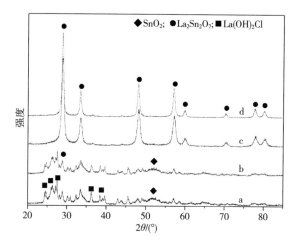

图 2-8 不同起始反应物所制备样品的 XRD 衍射图谱

a—LaCl₃ + Na₂SnO₃；b—LaCl₃ + SnCl₄；c—La(NO₃)₃ + Na₂SnO₃；d—La(NO₃)₃ + SnCl₄

La(OH)₂Cl 的形式沉淀下来，而在水热过程中 La(OH)₂Cl 与 Sn(OH)₄ 不能发生反应形成 La₂Sn₂O₇ 相，从而使得最终产物以 La(OH)₂Cl 为主。在使用 La(NO₃)₃ 和 SnCl₄ 作为反应物时，虽然 SnCl₄ 也会给反应体系中带来 Cl⁻，但是可能是由于所加入的 SnCl₄ 的含量比较有限，从而使得在前驱体溶液中形成相对较少量的 La(OH)₂Cl 的同时还形成了较多的 La(OH)₃ 沉淀。而在水热过程中，La(OH)₃ 不断地与 Sn(OH)₄ 反应生成 La₂Sn₂O₇，使得在反应溶液体系中 La³⁺ 的浓度不断地减少而导致 La(OH)₂Cl 持续溶解，从而使得最终获得的产物为单一相的 La₂Sn₂O₇。通过上述实验现象以及分析结果可以看出，在采用相同 La 来源的条件下，不同 Sn 源所制备产品的物相结构基本一致，从而说明，La 的来源种类对最终产品的物相结构具有显著的影响，并且在实验范围内，采用硝酸镧作为起始反应物才能够制备出纯相烧绿石结构锡酸镧。在后述的描述中，如果没有特殊说明，实验中的 La³⁺ 均来源于硝酸镧。

2.4.2 反应物比例的影响

在晶体的形成过程中，形成晶体的各种离子的比例对所形成晶体的物相结构有重要的影响。为了考察在烧绿石结构锡酸镧的形成过程中 La∶Sn 比例对产物成分的影响，以 SnCl₄ 作为 Sn 的来源，改变 La∶Sn 的比例，pH 值调节为 9.5，于 180℃ 下水热反应 8h 制备了系列样品进行检测。不同 La∶Sn 比例条件下所制备的样品的 XRD 图如图 2-9 所示。

由图 2-9 可以看出，在该实验条件下并不能制备出纯相的烧绿石结构 La₂Sn₂O₇，所制备的产物基本上为 La(OH)₃、SnO₂、La₂Sn₂O₇ 的混合物。随着 La∶Sn 的比例从 0.5∶1 变化为 1.5∶1，从图 2-9 依然可以明显地看出，

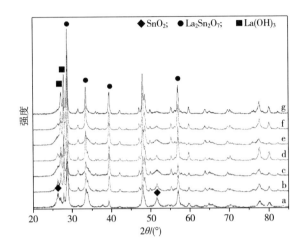

图 2-9　不同 La：Sn 条件下制备样品的 XRD 衍射图谱

a—0.5：1；b—0.8：1；c—0.9：1；d—1：1；e—1.1：1；f—1.2：1；g—1.5：1

SnO_2 与 $La(OH)_3$ 的相对衍射峰强度逐渐变小，说明了 $La(OH)_3$ 的含量逐步上升。而在同一个 XRD 衍射图谱中，把 2θ 角为 28.79° 的 $La_2Sn_2O_7$ 最强峰的强度与 SnO_2 和 $La(OH)_3$ 的最强衍射峰进行比较可以看出，镧锡的比例为 1：1 时，$La_2Sn_2O_7$ 的含量相对较高，当镧的比例相对偏高时，产物中 $La(OH)_3$ 的含量相对偏高，而当锡的比例相对偏高时，产物中 SnO_2 的含量较多，意味着通过该方法所制备的 $La_2Sn_2O_7$ 样品中 La 和 Sn 的量基本符合化学计量学的要求。总而言之，选择 La：Sn 为 1：1 时比较适合用于制备烧绿石结构 $La_2Sn_2O_7$。

2.4.3　反应物起始浓度的影响

　　研究表明反应物的起始浓度常常对产物的物相结构有较大的影响。为了探索 La^{3+} 浓度对最终产物的物相结构的影响，加入不同量的硝酸镧与硝酸铕溶液使得在前驱体溶液中 Eu^{3+}：La^{3+} 为 5：95，为了表述方便，本章将 Eu 与 La 统称为 RE，调节所加入的 RE^{3+} 浓度分别为 19.5$mol \cdot L^{-1}$、39$mol \cdot L^{-1}$、79$mol \cdot L^{-1}$ 和 156$mmol \cdot L^{-1}$，并保持 RE^{3+}：Sn^{4+} 为 1：1，pH 值调节为 11，在 180℃ 下水热反应 36h 进行制备实验。反应物不同起始浓度下所得样品的 XRD 衍射图谱如图 2-10 所示。

　　由图 2-10 可以看出，当前驱体溶液中 RE^{3+} 的浓度为 19.5$mmol \cdot L^{-1}$ 时所制备的产物为 $La(OH)_3$：Eu^{3+} 与 $La_2Sn_2O_7$：Eu^{3+} 的混合物，并且 $La(OH)_3$：Eu^{3+} 的含量还比较多。当 RE^{3+} 的浓度为 39$mmol \cdot L^{-1}$ 或者高于 39$mmol \cdot L^{-1}$ 时，则形成了单一相的具有烧绿石结构的 $La_2Sn_2O_7$：Eu^{3+}。该试验结果说明了前驱体浓度在制备烧绿石结构锡酸镧的过程中对最终产物的物相结构具有较大的影响。加入过少量的反应物则不能制备出纯相烧绿石结构 $La_2Sn_2O_7$。

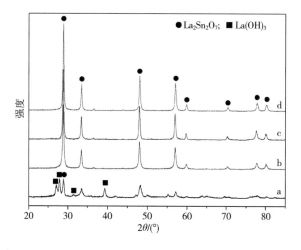

图 2-10 在不同前驱体浓度下所制备样品的 XRD 衍射图谱

a—19.5mmol·L⁻¹ RE(NO₃)₃；b—39mmol·L⁻¹ RE(NO₃)₃；

c—78mmol·L⁻¹ RE(NO₃)₃；d—156mmol·L⁻¹ RE(NO₃)₃

2.4.4 沉淀剂种类的影响

在化学反应中，不同种类的反应物对化学反应进行的方向以及程度都有重要的影响，这一点已经在图 2-9 中得到了证实。为了研究在分步沉淀-水热合成法合成烧绿石结构锡酸镧的制备中，沉淀剂的种类对产物的物相结构的影响，采用 $LiOH$、$Mg(OH)_2$、KOH、$NaHCO_3$、Na_2CO_3、$CO(NH_2)_2$、$NH_3 \cdot H_2O$ 和 $NaOH$ 等多种常见的碱性化合物作为沉淀剂将前驱体溶液的 pH 值调节为 10 左右。其中使用 $CO(NH_2)_2$ 作为沉淀剂的实验在制备过程中直接加入 1.5g $CO(NH_2)_2$ 于反应溶液中，不再监测反应体系的 pH 值。180℃下水热反应 12h 进行样品的制备，所制备样品的 XRD 衍射图谱如图 2-11 所示。

由图 2-11 可以看出，当沉淀剂采用 $LiOH$ 时，其产物的 XRD 衍射图谱主要为 $La(OH)_3$ 晶体的衍射峰，仅可以观察到很低的 $La_2Sn_2O_7$ 衍射峰。当采用 $Mg(OH)_2$ 和 KOH 作为沉淀剂时，产物为 $La(OH)_3$、SnO_2 和 $La_2Sn_2O_7$ 的混合物。当使用 $NaHCO_3$、Na_2CO_3 以及 $CO(NH_2)_2$ 作为沉淀剂时，产物的 XRD 衍射图谱中可以观察到非常显著的六方晶相结构 $LaCO_3OH$（JCPDS 26-0815）的衍射峰，同时在 SnO_2 的出峰位置存在较明显的非晶峰，除此之外并不能观察到 $La_2Sn_2O_7$ 的衍射峰，说明了产物为晶态的 $LaCO_3OH$ 以及非晶态的 SnO_2 的混合物。$LaCO_3OH$ 生成的原因是在碱性条件下，CO_3^{2-} 和 OH^- 相互竞争并与 La^{3+} 发生反应，由于 $LaCO_3OH$ 的溶度积比 $La(OH)_3$ 的溶度积更小，从而 CO_3^{2-} 优先和 La^{3+} 结合生成 $LaCO_3OH$ 沉淀[152,153]。而 $LaCO_3OH$ 在水热过程

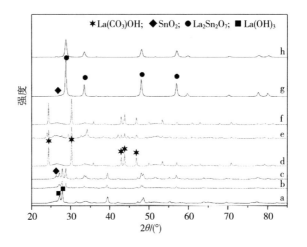

图 2-11　不同沉淀剂所制备产物的 XRD 衍射图谱

a—LiOH；b—Mg(OH)$_2$；c—KOH；d—NaHCO$_3$；

e—Na$_2$CO$_3$；f—CO(NH$_2$)$_2$；g—NH$_3$·H$_2$O；h—NaOH

中很难与 Sn(OH)$_4$ 反应生成烧绿石结构锡酸镧，从而使得产物中的主要成分为晶态的 LaCO$_3$OH 以及非晶态的 SnO$_2$。比较有意思的是，从使用 NaOH 和 NH$_3$·H$_2$O 作为沉淀剂对反应体系的 pH 值进行调节所制备的样品的 XRD 衍射图谱中可以发现，虽然产物中依然含有微量的 SnO$_2$，但是样品的 XRD 衍射图谱具有显著的 La$_2$Sn$_2$O$_7$ 衍射花样特征，说明烧绿石结构 La$_2$Sn$_2$O$_7$ 晶体是产物的主要成分。由上述实验结果可以看出，选择 NaOH 或者 NH$_3$·H$_2$O 作为沉淀剂通过水热合成法制备具有烧绿石结构的 La$_2$Sn$_2$O$_7$ 是比较合适的。

2.4.5　pH 值的影响

已有大量的研究表明，反应溶液体系的酸碱度对反应产物的物相结构具有重要的影响。对采用水热合成法合成烧绿石结构 Y$_2$Sn$_2$O$_7$ 纳米晶体的研究表明，溶液体系的酸碱度对产物的物相成分有着重要的影响[110]，因此可以预测，对于溶液法制备 La$_2$Sn$_2$O$_7$：Eu^{3+} 而言，pH 值同样具有重要的作用。为了研究 pH 值对产物的物相结构的影响，在前驱体溶液中加入的 Eu^{3+}：La^{3+} 为 5：95，并且 RE：Sn 保持为 1：1，RE^{3+} 的浓度为 78mmol·L^{-1}，将反应溶液体系的 pH 值调节为 8～14，于 180℃下水热反应 36h 制备了系列样品。

图 2-12 为不同 pH 值条件下制备样品的 XRD 衍射图谱。由图 2-12 可以看出，在不同 pH 值条件下所制备的样品含有三种不同的物相结构。当 pH 值为 8 时，样品的所有 XRD 衍射花样都可以归属于具有四方晶相的 SnO$_2$（JCPDS 41-1445）。将 pH 值增大到 9 和 10 时可以制备出 La$_2$Sn$_2$O$_7$：Eu^{3+} 和 SnO$_2$ 的混合物。当将反应体系的 pH 值调节为 11 时，所得到的样品全部的 XRD 衍射花样都

可以和编号为 JCPDS 87-1218 的参考衍射花样匹配，并且没有检测到其他杂相的衍射花样，证明了该样品为纯相的立方烧绿石结构的 $La_2Sn_2O_7$：Eu^{3+}，其空间群为 Fd-3m（227）。pH 值继续增大到 12 时所制备样品的 XRD 衍射花样与 pH 值为 11 时所制备的样品相似，说明在 pH 值为 12 的条件下所制备的样品也是纯相的 $La_2Sn_2O_7$：Eu^{3+}。但是当 pH 值调节为 13 时，从所制备样品的 XRD 衍射图谱中可以观察到新的衍射峰（如图 2-12 中■所示），这些新出现的衍射峰和具有六方晶体结构的 $La(OH)_3$（JSPDS 83-2034）相一致。当 pH 值继续提高到 14时，在产物的 XRD 衍射图谱中只能检测到六方晶体结构的 $La(OH)_3$ 的衍射花样。图 2-12 说明了 pH 值对水热法制备烧绿石结构 $La_2Sn_2O_7$ 晶体具有重要的影响，当 pH 值偏低时趋向于生成四方晶体结构的 SnO_2，反之过高的 pH 值条件下则更容易生成 $La(OH)_3$，只有在合适的 pH 值条件下才能够制备出纯相的烧绿石结构 $La_2Sn_2O_7$ 晶体。

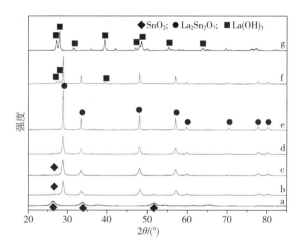

图 2-12 在不同 pH 值条件下所制备样品的 XRD 衍射图谱
a—pH=8；b—pH=9；c—pH=10；d—pH=11；e—pH=12；f—pH=13；g—pH=14

2.4.6 水热反应温度的影响

众所周知，水热反应温度对产物的结构以及结晶性等都有很大的影响。为了考察水热温度对产物的影响，合成试验的 pH 值、前驱体浓度以及水热反应时间分别调节为 11、39mmol·L⁻¹ 和 18h，分别在 160℃、180℃ 和 200℃ 下进行实验。

不同水热反应温度对形成烧绿石结构 $La_2Sn_2O_7$ 晶体的影响如图 2-13 所示。XRD 衍射花样表明在 160℃ 下所制备的样品为 $La(OH)_3$ 晶体（JCPDS 83-2034）和无定形 SnO_2 的混合物，并且在 160℃ 下将水热反应时间延长到 36h 也未能制备出烧绿石结构 $La_2Sn_2O_7$。在 180℃ 下制备样品的衍射花样可以判别为纯相烧

绿石结构 $La_2Sn_2O_7$，除此之外没有其他的杂质衍射峰被检出。该实验结果说明了 $La_2Sn_2O_7$ 相在 160～180℃范围内开始出现并且在 180℃下完全形成。提高水热反应温度到 200℃所制备的产物依然为纯相烧绿石结构 $La_2Sn_2O_7$，并且衍射花样的强度比在 180℃下所得产物的衍射花样强度要强，这是由于在高的水热温度下可以制备出更好结晶度的产物。该实验结果说明了烧绿石结构 $La_2Sn_2O_7$ 需要在一定的高温下才能形成。

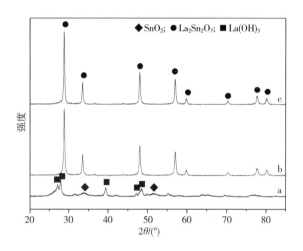

图 2-13　不同水热温度下所得样品的 XRD 图谱

a—160℃；b—180℃；c—200℃

2.4.7　水热反应时间的影响

为探索水热反应时间对产物的物相结构的影响，在保持其他反应条件不变的前提下分别进行 0h、2h、4h、8h、12h、24h 和 36h 的水热合成处理，并对所合成的样品进行了 XRD 测试，如图 2-14 所示。

图 2-14 中 0h 样品为前驱体溶液经过矿化沉淀后分离沉淀，将所得沉淀直接置于 180℃恒温干燥箱中干燥所得。从图 2-14 可以看出，对于直接通过沉淀所制备的样品并没有明显的衍射峰出现，说明该样品由无定形物质组成。水热反应时间增加为 2h 时所得的样品的 XRD 衍射花样与直接沉淀所得样品的衍射花样相比较具有明显的差别，从图 2-14 中可以发现，虽然该条件下合成产物 XRD 衍射花样主要来源于 $La(OH)_3$ 晶体的衍射峰，但是当 2θ 角度位于 28.79°处时已经可以观察到烧绿石结构 $La_2Sn_2O_7$ 的（222）晶面的衍射峰。从动力学的观点来看，该实验现象说明 $La(OH)_3$ 晶相的形成先于 $La_2Sn_2O_7$ 的形成。当水热反应的时间继续延长到 8h 或 8h 以上，在 XRD 衍射图谱中就只观察到 $La_2Sn_2O_7$ 的衍射花样，说明 $La(OH)_3$ 和 SnO_2 已经发生反应，完全转变为烧绿石结构的 $La_2Sn_2O_7$ 晶体。随着水热反应时间的延长，虽然 XRD 衍射峰的峰位保持不变，但是衍射

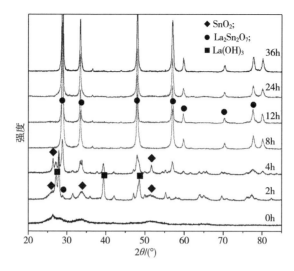

图 2-14 不同水热时间下所得样品的 XRD 图谱

峰的半高宽却逐渐降低并且伴随着衍射峰的强度逐渐增大，说明所制备样品的晶体尺寸伴随着水热合成时间的延长而增大并且 $La_2Sn_2O_7$：Eu^{3+} 的结晶度增强。该实验说明烧绿石结构 $La_2Sn_2O_7$ 是由 $La(OH)_3$ 和 $Sn(OH)_4$ 相互反应而形成的，并且需要一定的反应时间才能够制备出纯相的 $La_2Sn_2O_7$，水热反应时间的延长有利于生成结晶度好的 $La_2Sn_2O_7$ 晶体。

2.4.8 Eu³⁺ 掺杂量的影响

对于化合物的离子掺杂而言通常会存在一定的掺杂容量，当掺杂量过大时容易导致第二相的生成[69,154]。对于具有 $A_2B_2O_7$ 化学计量式的化合物而言，存在着两种不同的晶体结构，一种为烧绿石结构，另外一种为缺陷萤石结构，通常认为占据 A 位置的离子与占 B 位置的离子之间的离子半径比例决定了化合物具有何种晶体结构[56]。也就是说，改变占据 A 或者 B 位置的离子种类与数量可能导致所形成化合物的晶体结构的变化。为了考察 Eu^{3+} 掺入量对所制备产物的物相结构的影响，通过调节前驱体溶液中 La^{3+}：Eu^{3+} 的比例，分别在 100：0、90：10、75：25、60：40、45：55、30：70、15：85 和 0：100 等条件下进行了合成实验。将所制备的样品进行 XRD 检测，其检测结果如图 2-15 所示。

从图 2-15 可以看出，当 Eu^{3+} 的掺杂量从 0（原子分数）逐渐增加到 100%（原子分数）时所合成的样品的衍射花样中的（331）和（511）衍射峰依然清晰可见，并且在 XRD 衍射图谱中并没有观察到除了烧绿石物相之外的其他杂相的衍射峰，证实了所制备的样品为单一相的、具有烧绿石结构的晶体。当 Eu^{3+} 的掺杂量为 0（原子分数），也就是没有 Eu^{3+} 掺杂时所合成的产物为烧绿石结构的

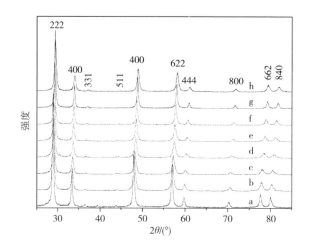

图 2-15　不同 Eu^{3+} 掺杂量样品的 XRD 衍射图谱

a—0（原子分数）；b—10%（原子分数）；c—25%（原子分数）；d—40%（原子分数）；

e—55%（原子分数）；f—70%（原子分数）；g—85%（原子分数）；h—100%（原子分数）

$La_2Sn_2O_7$（JCPDS 87-1218），而当 Eu^{3+} 的掺杂量为 100%（原子分数）时，也就是没有 La^{3+} 存在于前驱体溶液中时所制备的产物为纯相烧绿石结构 $Eu_2Sn_2O_7$（JCPDS 88-0457）。当 Eu^{3+} 的掺杂量从 10%（原子分数）逐渐增加到 85%（原子分数）时所合成的样品的衍射花样虽然依然为单一烧绿石相衍射花样，并且与上述两个样品的衍射花样都极其相似，但是各个衍射峰的位置却逐渐从低角度向高角度移动，意味着所合成样品的晶格常数逐渐变小。

　　从图 2-15 可以看出，样品的晶格常数随着 Eu^{3+} 掺杂量的增大而变小。为了探究样品晶格常数与 Eu^{3+} 掺杂量之间的关系，以各个样品通过 XRD 衍射图谱所计算得到的晶格常数对 Eu^{3+} 掺杂量作图，结果见图 2-16。从图 2-16 可以清楚地看出，随着 Eu^{3+} 掺杂量的逐渐增大，样品的晶格常数线性降低。晶格常数随着 Eu^{3+} 掺杂量的变化而变化是由于 La^{3+} 的离子半径（1.06Å）和 Eu^{3+} 的离子半径（0.95Å）存在差异[155]，这也意味着 Eu^{3+} 的掺入为取代式掺杂。

2.4.9　烧绿石结构 $La_2Sn_2O_7$ 物相的形成机理

　　从上述合成工艺条件对最终产物的物相结构的影响结果及其分析可以看出，烧绿石结构 $La_2Sn_2O_7$ 的可能反应过程可以表述如下：

$$Sn^{4+} + 4H_2O \Longrightarrow Sn(OH)_4 + 4H^+ \tag{2-1}$$

$$H^+ + OH^- \Longrightarrow H_2O \tag{2-2}$$

$$La(H_2O)_6^{3+} + nH_2O \Longrightarrow [La(H_2O)_{6-n}(OH)_n]^{3-n} + nH_3O^+ \tag{2-3}$$

$$Sn(OH)_4 \Longrightarrow SnO_2 + 2H_2O \tag{2-4}$$

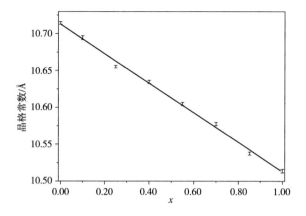

图 2-16　Eu³⁺ 掺杂量对所制备的 La$_{2-2x}$Eu$_{2x}$Sn$_2$O$_7$ 样品的晶格常数的影响

$$Sn(OH)_4 + 2OH^- \Longrightarrow Sn(OH)_6^{2-} \qquad (2\text{-}5)$$

$$La(H_2O)_6^{3+} + 3OH^- \Longrightarrow La(OH)_3 + 6H_2O \qquad (2\text{-}6)$$

$$2La(OH)_3 + 2Sn(OH)_4 \Longrightarrow La_2Sn_2O_7 + 7H_2O \qquad (2\text{-}7)$$

从图 2-12 可以看出，在水溶液或弱碱性溶液中，由于 Sn^{4+} 强烈的水解效应使得 $Sn(OH)_4$ 胶体沉淀按照公式（2-1）和公式（2-2）从溶液中生成，与此同时，根据公式（2-3），La^{3+} 则以 $[La(H_2O)_{6-n}(OH)_n]^{3-n}$ 配合物的形式存在于反应溶液中。经过水热处理之后，$Sn(OH)_4$ 胶体沉淀按照公式（2-4）转变为 SnO_2 晶体，而 La^{3+} 则依然以 $[La(H_2O)_{6-n}(OH)_n]^{3-n}$ 配合物的形式保留在溶液中，在水热反应后收集沉淀的过程中保留在滤液中，使得所制备的产物中主要物相为 SnO_2。在强碱溶液中（pH＝14），$Sn(OH)_4$ 胶体沉淀会和反应体系中大量存在的 OH^- 反应生成可溶的 $Sn(OH)_6^{2-}$ 基团，如公式（2-5）所示，而 La^{3+} 与 OH^- 则按照公式（2-6）反应生成 $La(OH)_3$ 沉淀，由于 $La(OH)_3$ 在强碱溶液中具有很高的稳定性[150]，使得经过水热反应过程后最终形成 $La(OH)_3$ 晶体，而 $Sn(OH)_6^{2-}$ 则保留在反应溶液中，经过同样的过滤过程与产物分离。而在中强碱反应条件下，La^{3+} 和 Sn^{4+} 都可以和 OH^- 发生反应分别生成 $La(OH)_3$ 和 $Sn(OH)_4$ 无定形沉淀。紧接着在水热处理过程中，$La(OH)_3$ 和 $Sn(OH)_4$ 相互间发生热脱水反应生成具有更高热动力学稳定性的 $La_2Sn_2O_7$ 晶体，如公式（2-7）所表述。同时，从图 2-8、图 2-11 可以看出，当溶液中大量存在 Cl^- 或者 CO_3^{2-} 时，由于 $La(OH)_2Cl$ 与 $LaCO_3OH$ 都比 $La(OH)_3$ 更容易形成沉淀析出[150]，使得前驱体溶液中很难形成 $La(OH)_3$ 沉淀，导致最终产物为 $La(OH)_2Cl$ 或者 $LaCO_3OH$ 与 SnO_2 的混合物。上述分析充分说明了在前驱体溶液中同时存在 $La(OH)_3$ 和 $Sn(OH)_4$ 胶体沉淀是形成烧绿石结构 $La_2Sn_2O_7$ 晶体的前提条件。

从公式（2-7）可以看出，$La(OH)_3$ 与 $Sn(OH)_4$ 发生反应的化学计量比为 $1:1$。从化学反应的角度去看，$La(OH)_3$ 与等摩尔量的 $Sn(OH)_4$ 发生反应生成纯相的烧绿石结构 $La_2Sn_2O_7$ 晶体。假若在前驱体体系中，存在相对过量的 $La(OH)_3$ 无定形沉淀将导致所制备的最终产物为 $La_2Sn_2O_7$ 与 $La(OH)_3$ 的混合物。同样地，当 $Sn(OH)_4$ 的量相对充裕，也就是 $La(OH)_3$ 的量相对不足，最终获得的产物将是 $La_2Sn_2O_7$ 与 SnO_2 的混合物。上述分析说明了在前驱体溶液中 $La(OH)_3$ 与 $Sn(OH)_4$ 的物质的量比 R 是制备单一相烧绿石结构 $La_2Sn_2O_7$ 的关键因素。R 可以根据沉淀平衡理论按照公式（2-1）、公式（2-5）及公式（2-6）进行计算得到。根据沉淀平衡理论可知：

$$K_{sp[La(OH)_3]} = [La^{3+}][OH^-]^3 \tag{2-8}$$

式中，$K_{sp[La(OH)_3]}$ 为 $La(OH)_3$ 的溶度积常数；$[La^{3+}]$、$[OH^-]$ 分别为溶液中 La^{3+} 与 OH^- 的浓度。

$$K = \frac{[Sn(OH)_6^{2-}]}{[OH^-]^2} \tag{2-9}$$

式中，K 为公式（2-5）反应的平衡常数；$[Sn(OH)_6^{2-}]$ 为溶液中 $Sn(OH)_6^{2-}$ 基团的浓度。

$$K_{sp[Sn(OH)_4]} = [Sn^{4+}][OH^-]^4 \tag{2-10}$$

式中，$K_{sp[Sn(OH)_4]}$ 为 $Sn(OH)_4$ 的溶度积常数；$[Sn^{4+}]$ 为溶液中 Sn^{4+} 的浓度。由公式（2-8）～公式（2-10）可知：

$$[La^{3+}] = \frac{K_{sp[La(OH)_3]}}{[OH^-]^3} \tag{2-11}$$

$$[Sn(OH)_6^{2-}] = K[OH^-]^2 \tag{2-12}$$

$$[Sn^{4+}] = \frac{K_{sp[Sn(OH)_4]}}{[OH^-]^4} \tag{2-13}$$

根据 R 的定义可知：

$$R = \frac{c_1 - [La^{3+}]}{c_2 - [Sn^{4+}] - [Sn(OH)_6^{2-}]} \tag{2-14}$$

式中 c_1 和 c_2 分别为所加入反应体系中的 La^{3+} 与 Sn^{4+} 的浓度。将公式（2-11）～公式（2-13）代入公式（2-14），可推导出 R 的计算公式如下：

$$R = \frac{c_1[OH^-]^4 - K_{sp[La(OH)_3]}[OH^-]}{c_2[OH^-]^4 - K_{sp[Sn(OH)_4]} - K[OH^-]^6} \tag{2-15}$$

从前面的分析可以知道，R 被定义为前驱体溶液中 $La(OH)_3$ 与 $Sn(OH)_4$ 沉淀的物质的量比。而依据公式（2-15）从纯粹数学计算的角度可以知道分子或者分母都可能出现负值的情况，也就是说此时 R 出现负值，但是由于前驱体溶液中 $La(OH)_3$ 与 $Sn(OH)_4$ 的物质的量不可能为负数，也就是说 R 取负值并没有物理意义。为了保证 R 的计算结果具有一定的物理意义，当分子出现负值时，意味着在反应溶液中没有 $La(OH)_3$ 沉淀生成，规定此时 $R=0$；相反，当分母为负值时，说明了反应溶液中没有 $Sn(OH)_4$ 沉淀存在，Sn^{4+} 以可溶物形式存在，则规定此时 $R = +\infty$。

从公式（2-15）可以清楚地看出，起始反应物的浓度和反应溶液体系的 pH 值都影响着 R 值。为了更好地证实上述分析结果，对部分实验条件的 R 值进行了估算。在标准状态下，可查到 $K^{\theta}_{sp[La(OH)_3]}$、$K^{\theta}_{sp[Sn(OH)_4]}$ 以及公式（2-5）的反应平衡常数分别为 2.0×10^{-19}、1×10^{-56} 和 $3.16 \times 10^{-25[150,156,157]}$。在标准状态下计算得到的 R 值见表 2-3。虽然水热反应体系中的实际的 R 值与标准状态下计算得到的 R 值存在一定的偏差[无论是气压还是温度，实际反应状态与标准状态都存在明显的差异，而气压和温度影响着 $La(OH)_3$ 和 $Sn(OH)_4$ 沉淀的溶解性能]，但是从表 2-3 依然可以清楚地看出，随着 R 值从 0 增大到 $+\infty$，产物的物相组成按照单一相 SnO_2、$La_2Sn_2O_7$：Eu^{3+} 和 SnO_2、单一相 $La_2Sn_2O_7$：Eu^{3+}、$La_2Sn_2O_7$：Eu^{3+} 和 $La(OH)_3$、单一相 $La(OH)_3$ 的先后顺序而依次出现。上述的结果充分说明了在前驱体溶液中 $La(OH)_3$ 与 $Sn(OH)_4$ 无定形沉淀的物质的量比（R）影响着产物的物相组成。

为了对 R 与产物的物相组成之间的关系进行进一步分析，按照前述提出的烧绿石结构 $La_2Sn_2O_7$ 的反应机理对不同条件下合成产物的物相组成进行预测。

由于在实验中采用 XRD 对产物的物相组成进行分析，而 XRD 要能够检测出样品中少数晶相则通常要求少数晶相占样品的质量分数大于或等于 5%。依据该 XRD 检测限要求，则可以按照以下规则对产物的物相组成进行定性预测：

当 $0 \leqslant R < 0.025$ 时，样品为单一相的 SnO_2 晶体；

当 $0.025 \leqslant R < 0.901$ 时，样品为 SnO_2 和 $La_2Sn_2O_7$：Eu^{3+} 的混合物；

当 $0.901 \leqslant R < 1.087$ 时，样品为单一相的 $La_2Sn_2O_7$：Eu^{3+} 晶体；

当 $1.087 \leqslant R < 32.376$ 时，样品为 $La_2Sn_2O_7$：Eu^{3+} 和 $La(OH)_3$ 的混合物；

当 $R \geqslant 32.376$ 时，样品为单一相的 $La(OH)_3$ 晶体。

依据上述的规则对不同条件下所合成产物的组成进行定性估计，结果见表 2-3。有意思的是对于 $RE(NO_3)_3$ 浓度为 78mmol·L⁻¹ 并且 pH 值为 12 的样品而言，通过计算 R 并依据判据预测其物相组成为 $La(OH)_3$，而实际样品检测结果为纯相的 $La_2Sn_2O_7$：Eu^{3+} 晶体，这主要是因为估算结果是基于标准状态的数据，而实际反应状态和标准状态必然存在着差别。从表 2-3 还可以发现，当 $RE(NO_3)_3$ 浓度均为 78mmol·L⁻¹ 时，在不同 pH 值下所计算得到的 R 却存在显著的差别，特别是 pH 值为 8 和 9 相比较以及 11 和 12 相比较。这是因为在 $RE(NO_3)_3$ 浓度均为 78mmol·L⁻¹ 的条件下，当 pH 值为 8.5 时开始有 $La(OH)_3$ 沉淀生成，而 pH 值为 11.7 时所生成的 $Sn(OH)_4$ 全部溶解为 $Sn(OH)_6^{2-}$，从而 R 的计算值体现出了剧烈的变化。从表 2-3 可以知道，虽然通过 XRD 检测实验产物的物相组成与经过计算预测的物相组成并不完全相同，但是实际 XRD 检测得到的和经过计算预测得到的物相组成结果却体现出了基本一致的变化趋势。考虑到计算数据与实际反应状态所必然存在的差异，实测的结果与计算预测的结果所呈现出基本一致的变化趋势依然可以有力地佐证着前述所提出的烧绿石结构 $La_2Sn_2O_7$ 的反应机理的正确性。在不同合成条件下通过计算更精确地预测产物的物相组成及其相对含量有待进一步研究。

表 2-3 在不同 pH 值和浓度条件下产物的物相结构与 R 的关系

pH 值	$RE(NO_3)_3$浓度 /mmol·L^{-1}	$R^{①}$	实测物相组成	预测物相组成
8	78.0	0	SnO_2	SnO_2
9	78.0	0.97	$La_2Sn_2O_7$：Eu^{3+} + SnO_2	$La_2Sn_2O_7$：Eu^{3+}
10	78.0	1.00	$La_2Sn_2O_7$：Eu^{3+} + SnO_2	$La_2Sn_2O_7$：Eu^{3+}
11	78.0	1.04	$La_2Sn_2O_7$：Eu^{3+}	$La_2Sn_2O_7$：Eu^{3+}
12	78.0	$+\infty$	$La_2Sn_2O_7$：Eu^{3+}	$La(OH)_3$
13	78.0	$+\infty$	$La_2Sn_2O_7$：Eu^{3+} + $La(OH)_3$	$La(OH)_3$
14	78.0	$+\infty$	$La(OH)_3$	$La(OH)_3$
11	19.5	1.19	$La_2Sn_2O_7$：Eu^{3+} + $La(OH)_3$	$La_2Sn_2O_7$：Eu^{3+} + $La(OH)_3$
11	39.0	1.08	$La_2Sn_2O_7$：Eu^{3+}	$La_2Sn_2O_7$：Eu^{3+}
11	156.0	1.02	$La_2Sn_2O_7$：Eu^{3+}	$La_2Sn_2O_7$：Eu^{3+}

① R 指前驱体溶液中 $La(OH)_3$ 与 $Sn(OH)_4$ 胶体沉淀的物质的量比，根据溶解平衡理论在标准状态下计算而得到。

2.5 产物的形貌及 $La_2Sn_2O_7$：Eu^{3+} 微/纳米晶体的形成机理

大量的研究表明，在不同的水热合成工艺参数下所制备的产品的最终形貌往往具有非常大的差别[158,159]。为了考察水热合成工艺参数对产物的形貌的影响，采用 SEM、TEM 对所合成的 $La_2Sn_2O_7$：Eu^{3+} 样品的形貌进行表征。

2.5.1 pH 值的影响

通过前述的水热合成工艺参数对烧绿石结构 $La_2Sn_2O_7$ 晶体的形成的研究可以看出，反应溶液体系的 pH 值对物相结构的形成具有重要的影响。同时，许多研究也证实，溶液的 pH 值对产物的形貌同样具有至关重要的影响[160~162]。为此，为了研究 pH 值对产物形貌的影响，在前驱体溶液中加入的 Eu^{3+}：La^{3+} 为 5：95，并且 RE：Sn 保持为 1：1，RE^{3+} 的浓度为 78mmol·L^{-1}，将反应溶液体系的 pH 值调节为 8～14 于 180℃下水热反应 36h 制备系列样品，并且采用 SEM 和 TEM 对所制备样品的微观形貌进行了研究。所制备的产品的形貌如图 2-17所示。

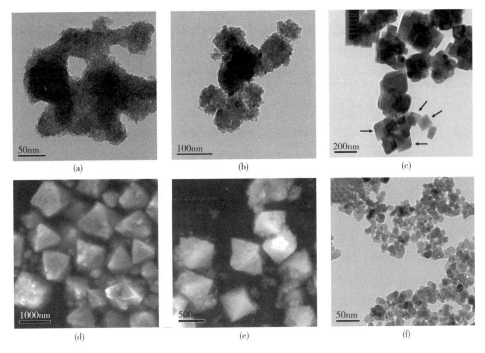

图 2-17　不同 pH 值条件下所合成样品的外观形貌照片

(a) pH=8；(b) pH=10；(c) pH=11；(d) pH=12；(e) pH=13；(f) pH=14

从图 2-17 可以清楚地看出，反应溶液体系的 pH 值对合成产物的形貌具有非常显著的影响。当反应体系的 pH 值为 8 时，所合成产物为具有较低结晶度的纳米颗粒，其颗粒尺寸小于 5nm，见图 2-17（a）。从图 2-17（b）可以知道，当反应体系的 pH 值为 10 时，所合成样品依然为结晶度不佳的纳米颗粒，但是相比较于 pH 值为 8 时的产物可以清楚地看出，pH 值为 10 时合成的产物的结晶度有所提高并且颗粒尺寸也明显增大到 10nm 左右。当继续增大 pH 值为 11 时，从图 2-17（c）可以清楚地知道，所合成的样品具有截头金字塔形状，并且其中还混杂着少量的八面体形貌的晶体［如图 2-17（c）图中箭头所示］，其平均颗粒尺寸约为 150nm。非常有意思的是，当 pH 值继续增大为 12 而其他条件保持不变的情况下，所合成产物的形貌则急剧地变化为具有规则的 3D 八面体形貌的颗粒，其平均尺寸约为 700nm，如图 2-17（d）所示。当反应体系的 pH 值继续增大到 13 时，产物的 SEM 照片显示为主要由八面体状的微米尺度的晶体和少量细小纳米颗粒组成的混合物。继续增大反应体系的 pH 值到 14，此时，合成产物的形貌又再次剧烈地转变为不规则纳米晶体，平均颗粒尺寸急剧地减小到约为 15nm。

根据前述 pH 值对物相结构的实验结果分析可以知道，pH 值为 8、12 和 14 时产物的成分分别为 SnO_2、$La_2Sn_2O_7$：Eu^{3+} 和 $La(OH)_3$。也就是说在 pH 值为 12 时所合成的是具有 3D 八面体状的 $La_2Sn_2O_7$：Eu^{3+} 微/纳米晶体。

2.5.2 水热反应时间的影响

从图 2-14 可以知道水热反应时间的长短可以影响到产物的物相结构，为了研究水热时间对 $La_2Sn_2O_7$：Eu^{3+} 样品形貌的影响，调节反应体系的 pH 值为 11，前驱体 RE^{3+} 的浓度为 39mmol·L^{-1}，对 180℃下水热处理时间分别为 8h、12h、24h 和 36h 的样品进行了 TEM 表征，如图 2-18 所示。

图 2-18　不同水热合成时间下合成的 $La_2Sn_2O_7$：Eu^{3+} 样品的 TEM 照片

(a) 8h；(b) 12h；(c) 24h；(d) 36h

图 2-18（a）清楚地显示，当水热反应时间为 8h 时所合成的样品具有许多不规则纳米颗粒所组成的不规则纳米球状形貌，纳米颗粒的平均尺寸约为 12nm，团聚所形成的纳米球的直径约为 90nm。水热反应时间延长到 12h，从图 2-18（b）可以看出，所合成产品形貌与 8h 所制备样品的形貌相类似，不过纳米颗粒的尺寸增大到约为 16nm，并且所形成的纳米颗粒和团聚所形成的纳米球具有更高的结晶度。继续延长水热处理时间为 24h 所合成的样品具有不规则的截头金字塔棱

台形貌，所制备样品的平均颗粒尺寸为 48nm。图 2-18（d）所示为水热反应 36h 所合成的 $La_2Sn_2O_7$：Eu^{3+} 样品的 TEM 图。从该图可以清楚地看出，36h 所合成的样品的形貌与 24h 条件下所制备样品的形貌相类似，不过其颗粒尺寸稍微增大到约为 50nm。

2.5.3 反应物起始浓度的影响

反应物的起始浓度对产物的物相结构以及形貌都有较重要的影响，在前述的实验结果中证实了过低的起始反应物的浓度不利于烧绿石结构 $La_2Sn_2O_7$ 的形成。为了研究起始反应物浓度对合成产物形貌的影响，调节加入的 RE^{3+} 浓度分别为 $19.5mmol \cdot L^{-1}$、$39mmol \cdot L^{-1}$、$79mmol \cdot L^{-1}$ 和 $156mmol \cdot L^{-1}$，pH 值调节为 11，在 180℃下水热反应 36h 进行制备实验。不同起始反应物浓度所合成的样品的 TEM/SEM 照片如图 2-19 所示。

图 2-19 不同前驱体浓度条件下合成 $La_2Sn_2O_7$：Eu^{3+} 样品的形貌照片

(a) $19.5mmol \cdot L^{-1}$；(b) $39mmol \cdot L^{-1}$；(c) $78mmol \cdot L^{-1}$；(d) $156mmol \cdot L^{-1}$

从图 2-19 可以看出，当前驱体溶液中 RE^{3+} 的浓度为 $19.5mmol \cdot L^{-1}$ 时，产物具有不规则纳米颗粒团聚而成的纳米球状形貌，并且从图 2-19（a）中可以隐约可以看出产物为两种不同尺寸的纳米粒子所构成的混合物。从图 2-10 中可以知道，前驱体溶液中 RE^{3+} 的浓度调节为 $19.5mmol \cdot L^{-1}$ 时，其合成产物是由

La(OH)$_3$：Eu^{3+} 与 La$_2$Sn$_2$O$_7$：Eu^{3+} 两种不同晶体结构的晶体所组成的混合物。图 2-19（a）也反过来印证了 XRD 检测结果。当前驱体溶液中 RE^{3+} 的浓度调节为 39mmol·L^{-1} 时，图 2-19（b）的 TEM 照片显示所合成的产物具有截头金字塔棱台的形貌，纳米颗粒的平均尺寸约为 50nm。当前驱体溶液中 RE^{3+} 的浓度增加为 78mmol·L^{-1} 时所合成的样品的 TEM 图如图 2-19（c）所示，从该图中可以清楚看出该条件下所制备的产物的形貌类似于在 39mmol·L^{-1} 时所合成产物的形貌，同样具有截头金字塔棱台形状，但是样品的结晶度增强并且颗粒尺寸明显增大，平均颗粒尺寸约在 150nm。继续增加 RE^{3+} 的浓度为 156mmol·L^{-1}，所得到的样品的 SEM 图如图 2-19（d）所示，从该图可以看出样品具有不规则多面体形貌，并且颗粒尺寸分布较大，为 700～3000nm。这可能是由于在高的反应物浓度条件下，反应体系中存在着允足的反应物，从而使得水热过程中所形成晶核的数量很多并且晶体的生长速度很快，导致了尺寸分布较大的不规则多面体状晶体的形成。

2.5.4 水热反应温度的影响

水热合成反应中温度对烧绿石结构 La$_2$Sn$_2$O$_7$ 晶体的形成具有很大的影响，为了考察水热温度对产物形貌的影响作用，对在不同水热温度下合成的产物进行 TEM 检测，结果见图 2-20。

图 2-20　不同水热温度下合成 La$_2$Sn$_2$O$_7$：Eu^{3+} 样品的 TEM 照片
(a) 160℃；(b) 180℃；(c) 200℃

从图 2-20（a）可以看出，在水热温度为 160℃的条件下所合成的产物为不规则纳米粒子所团聚而成的不规则纳米球，纳米粒子的尺寸分布比较大，约 5～25nm。当水热温度提高到 180℃时，所合成的产物的结晶度明显提高，并且平均颗粒尺寸增大为 40nm 左右，产物的 TEM 照片显示为不规则多面体与截头金字塔棱台的混合物，并且颗粒依然具有较强的团聚性，如图 2-20（b）所示。继续提高水热温度为 200℃，所合成产物的 TEM 图如图 2-20（c）所示，从该图可以看出，在 200℃下所合成的产物的形貌类似于 180℃下所制备产物的形貌，只是平均颗粒尺寸增大为 55nm 左右。上述分析说明了从 160～180℃，产物的形貌具有显著的差异，而从 180～200℃ 则产物的形貌基本相类似，只是颗粒尺寸有所增大。该分析结果与图 2-13 的 XRD 衍射图谱分析所得到的结果相互呼应。

2.5.5　不同形貌 La$_2$Sn$_2$O$_7$：Eu^{3+} 的形成机理

综合上述不同合成工艺参数对产物的形貌影响的探讨可以清楚地看出，虽然更高的水热反应温度和更长的水热反应时间有利于制备高结晶度和较大颗粒尺寸的晶体，但是 La$_2$Sn$_2$O$_7$：Eu^{3+} 晶体的形貌基本上取决于反应溶液体系中的 pH 值以及起始反应物在前驱体溶液中的浓度。特别地，反应溶液的 pH 值对形成具有 3D 八面体形貌的 La$_2$Sn$_2$O$_7$：Eu^{3+} 具有显著的影响。

一般来说，晶体材料的生长包含了一个从溶液中沉淀出固相物质的过程，这个过程基本上包含了两个步骤：一是形核过程，二是颗粒的长大过程。而晶种不同晶面上的表面能差异对晶体的各向异性生长模式具有非常重要的影响，并且晶种不同晶面的表面能可以通过控制在生长晶体的不同晶面上所吸附的 OH$^-$ 的浓度来改变，通过改变溶液中 OH$^-$ 的浓度来改变晶面的表面能已经有文献报道[163]。现在已经有大量的文献报道通过调节反应溶液体系的 pH 值，使得 OH$^-$ 基团在纳米晶体上通过选择性吸附而稳定特定的晶面进而合成出具有立方体状、片状、棒状等多种形貌的纳米晶体[160, 161, 164]。

在实验条件下，首先在前驱体溶液中形成紧密接触的 Sn(OH)$_4$ 与 La(OH)$_3$ 无定形胶体沉淀。在水热处理下，所生成的 Sn(OH)$_4$ 与 La(OH)$_3$ 的无定形胶体沉淀在高温高压作用下相互碰撞接触，局部发生溶解而形成微小的三维 La$_2$Sn$_2$O$_7$ 团束，反应持续地进行导致 La$_2$Sn$_2$O$_7$ 团束不断地长大，当三维团束达到一定的临界尺寸后形成 La$_2$Sn$_2$O$_7$ 晶核，紧接着晶核继续长大生成晶体。在碱性条件下（pH=11），OH$^-$ 基团中的 O 原子所具有的孤对电子可以强烈地和 La$_2$Sn$_2$O$_7$ 晶核的表面紧密地结合起来，并且优先吸附在 La$_2$Sn$_2$O$_7$ 晶体中具有较大原子密度的特定晶面上。而当反应溶液体系为强碱体系（pH≥12），由于溶液中存在大量的 OH$^-$ 基团，使得 OH$^-$ 吸附于 La$_2$Sn$_2$O$_7$ 晶核的各个晶面的概率几乎相等，从而导致了 OH$^-$ 基团在 La$_2$Sn$_2$O$_7$ 晶核上面的均匀吸附。所吸附在晶面上的 OH$^-$ 基团起着屏蔽剂的作用，具有屏蔽效应从而抑制了所吸附晶面的生长速度，从而导致了在不同的 pH 值条件下分别形成了截头金字塔棱台状和 3D 八面体状的 La$_2$Sn$_2$O$_7$ 晶体。

基于上述分析，反应溶液体系的 pH 值对产物的物相结构和晶体形貌的影响机理如图 2-21 所示。

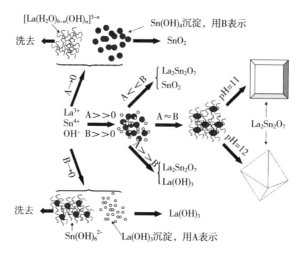

图 2-21 不同物相结构与形貌的产物的形成机理示意图

2.6 高温热处理对 $La_2Sn_2O_7$：Eu^{3+} 的物相结构与形貌的影响

据文献 [165～167] 报道，由于特殊的烧绿石晶体结构使得具有烧绿石结构的复合氧化物具有非常优秀的热稳定性能。为了考察高温热处理对 $La_2Sn_2O_7$：Eu^{3+} 样品的物相结构与形貌的影响，对水热合成所得到的 $La_2Sn_2O_7$：Eu^{3+} 样品放置在高温电炉中，分别在 500℃、700℃、900℃、1200℃、1400℃ 和 1600℃ 下热处理 2h，对热处理后所得的样品进行研究。

2.6.1 高温热处理对 $La_2Sn_2O_7$：Eu^{3+} 的物相结构的影响

图 2-22 为经过不同温度热处理后所得样品的 XRD 衍射图谱。从图 2-22 可以清楚地观察到，尽管经过最高达 1600℃ 的高温热处理，样品的 XRD 衍射花样依然与纯相烧绿石结构 $La_2Sn_2O_7$：Eu^{3+} 的衍射花样相一致，并且没有观察到其他物相结构的 XRD 衍射峰，说明了 $La_2Sn_2O_7$：Eu^{3+} 经过高温热处理后并没有改变样品的晶体结构，也就是说 $La_2Sn_2O_7$：Eu^{3+} 具有非常优秀的高温稳定性能。

表 2-4 为各个样品的 XRD 衍射图谱的部分信息表。从图 2-22 和表 2-4 可以观察到，随着热处理温度的升高，样品的 XRD 衍射峰的强度逐渐增强，半高宽逐渐降低，尤其是经过 1400℃ 或者更高的 1600℃ 热处理后，强度发生非常显著的变化。说明了经过高温热处理后的样品的结晶度提高，晶粒尺寸也同时增大。

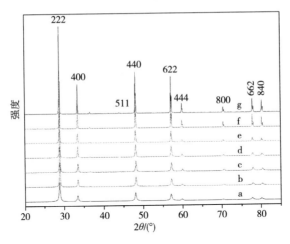

图 2-22　在不同温度条件下进行热处理所得 La$_2$Sn$_2$O$_7$：Eu^{3+} 样品的 XRD 衍射图谱

a—未进行热处理；b—500℃；c—700℃；d—900℃；e—1200℃；f—1400℃；g—1600℃

采用 Hall 方法[168,169]对不同热处理后样品的 XRD 衍射花样进行处理，计算各个样品的平均晶粒尺寸。从表 2-4 可以看出，随着热处理温度的增加，样品的平均晶粒尺寸逐渐增大。

表 2-4　样品的晶格常数、（222）衍射峰半高宽和平均晶粒尺寸与热处理温度的关系

温度/℃	晶格常数/Å	FWHM①	平均晶粒尺寸/nm
25	10.70578±0.00123	0.320±0.003	28.6±0.8
500	10.70131±0.00109	0.206±0.002	42.7±1.5
700	10.69910±0.00123	0.198±0.002	59.3±0.9
900	10.69868±0.00137	0.162±0.001	72.1±1.1
1200	10.69574±0.00125	0.149±0.001	112.2±6.1
1400	10.69285±0.00057	0.108±0.001	204.5±16.0
1600	10.69174±0.00049	0.104±0.001	322.0±25.8

①FWHM：（222）衍射峰半高宽。

2.6.2　高温热处理对 La$_2$Sn$_2$O$_7$：Eu^{3+} 形貌的影响

从上述的分析可以知道，在实验范围内的高温热处理并不会改变样品的物相结构，但是会导致晶粒的长大。为了研究高温热处理对 La$_2$Sn$_2$O$_7$：Eu^{3+} 样品形貌的影响，对经过不同温度热处理后的样品进行 SEM 检测。检测结果如图 2-23 所示。从图 2-23 可以观察到，随着热处理温度的提高，样品的颗粒尺寸逐渐增

大。SEM 检测到的各个样品的颗粒尺寸和通过 XRD 衍射图谱计算得到的晶粒尺寸基本上一致。比较有意思的是，当热处理温度高于 1200℃时，SEM 照片显示样品的颗粒与颗粒之间存在着比较明显的烧结现象，Park 等在 $La_2Sn_2O_7$ 和 YSZ 晶体中也观察到了相似的高温热处理导致样品出现烧结的现象[117]。经过高于 1200℃热处理的样品颗粒具有不规则多面体的外观形貌，并且样品的颗粒尺寸分布较大，但是样品的结晶度高。实验结果说明高温热处理有利于晶粒尺寸的长大。

图 2-23　在不同温度条件下进行热处理的 $La_2Sn_2O_7$：Eu^{3+} 样品的 SEM/TEM 图谱
（a）未进行热处理；（b）700℃；（c）900℃；（d）1200℃；（e）1400℃；（f）1600℃

2.6.3　$La_2Sn_2O_7$：Eu^{3+} 的热重-差热分析

对水热法合成的 $La_2Sn_2O_7$：Eu^{3+} 样品在 N_2 气氛中进行了热重-差热（TG-DSC）检测，见图 2-24。

从图 2-24 中可以看出，在 N_2 保护下，$La_2Sn_2O_7$：Eu^{3+} 样品在开始升温过程中首先出现了明显的增重现象。出现这种增重现象可能是由于 $La_2Sn_2O_7$：Eu^{3+} 样品物理吸附了 N_2 或者是由于加热炉内气体的浮力效应和对流影响等，已有文献报道了类似的现象[170]。随着温度的升高，从差热曲线可以看出以 100℃为中心位置出现了一个宽的弱吸热峰，该吸热峰是由于样品所吸附的 H_2O 和 N_2 的热脱附。对应地，在相应温度下可以从热重曲线中观察到相应的失重现象。随着温度的升高，样品持续失重直到温度达到 600℃后基本保持恒定，从差热曲线中可以观察到，约在 580℃位置出现一个宽的吸热峰。样品之所以在 100～600℃温度区间出现失重以及吸热现象，是因为样品吸附了 CO_2 从而使得在样品中存在

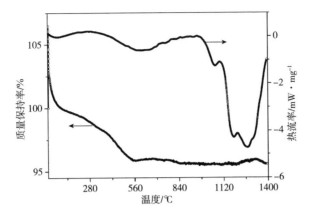

图 2-24　$La_2Sn_2O_7$：Eu^{3+} 样品的热重-差热曲线

CO_3^{2-} 以及由于样品合成过程中所带来的少量 NO_3^-，在升温至 600℃过程中，这些 CO_2、CO_3^{2-} 和 NO_3^- 通过分解、解吸附等过程从样品本身脱去。样品从室温到 600℃的过程中，总的失重率约为 4.1%。

从 DSC 曲线中还可以观察到，在温度位于 1069℃、1185℃和 1270℃的位置分别出现了三个部分重叠的强吸热峰。从前面的高温热处理对样品的物相结构以及形貌的分析可以知道，在 DSC 检测的温度范围内，$La_2Sn_2O_7$：Eu^{3+} 样品并没有发生相的转变，也没有其他物相结构产物的生成，但是从 SEM 图中可以知道在高于 1200℃温度下热处理的样品的形貌具有比较明显的颗粒烧结的痕迹，因此可以认为是样品在高温中存在局部熔融烧结现象而导致从 DSC 曲线中观察到了位于高温区的三个较强的吸热峰。不同尺寸的颗粒具有不同的烧结温度[5, 171]，样品的颗粒尺寸分布较广，从而在 DSC 曲线中观察到了三个连续的、部分重叠的强吸热峰。

2.7　$La_2Sn_2O_7$：Eu^{3+} 的光学性能

2.7.1　八面体状 $La_2Sn_2O_7$：Eu^{3+} 的傅里叶变换红外光谱分析

为了考察具有 3D 八面体状 $La_2Sn_2O_7$：Eu^{3+} 样品的分子吸收光谱，对 3D 八面体状 $La_2Sn_2O_7$：Eu^{3+} 样品进行了傅里叶变换红外光谱（FT-IR）检测，其结果如图 2-25 所示。

从图 2-25 (a) 中可以看出，3D 八面体状 $La_2Sn_2O_7$：Eu^{3+} 样品分别在 $3449cm^{-1}$、$2364cm^{-1}$、$2339cm^{-1}$、$1634cm^{-1}$、$1500cm^{-1}$、$1383cm^{-1}$、$1067cm^{-1}$、$889cm^{-1}$、$599cm^{-1}$ 和 $418cm^{-1}$ 等处存在强弱不一的红外吸收峰，其中，$3449cm^{-1}$ 和 $1634cm^{-1}$ 处出现的红外吸收峰是由于样品表面物理吸附的 H_2O 所产生的羟基特

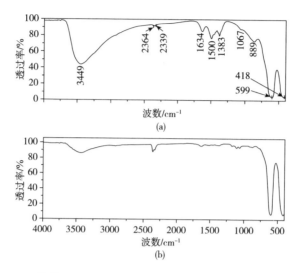

图 2-25　3D 八面体状 $La_2Sn_2O_7$：Eu^{3+} 微/纳米晶体的傅里叶变换红外光谱图
（a）水热合成样品；（b）900℃热处理后样品

征振动峰。由于样品表面吸附了室温空气中的 CO_2 导致 $La_2Sn_2O_7$：Eu^{3+} 样品在 $2364 \sim 2339cm^{-1}$ 区间出现了 CO_2 的特征红外吸收带。由于样品同时物理吸附了 H_2O 以及 CO_2，所吸附的 CO_2 部分溶解在吸附的 H_2O 中从而使得在样品表面存在 CO_3^{2-} 基团，CO_3^{2-} 基团的存在使得样品在 $1500 \sim 889cm^{-1}$ 区间出现 CO_3^{2-} 基团的特征红外吸收带。$1383cm^{-1}$、$1067cm^{-1}$ 和 $889cm^{-1}$ 的吸收峰分别属于 CO_3^{2-} 基团的反对称振动峰、对称振动峰和面外振动峰[172]。从上述的分析可知上述波数大于 $880cm^{-1}$ 的红外吸收峰都是由于样品表面物理吸附了 H_2O 和 CO_2，而位于 $599cm^{-1}$ 处的吸收带则属于 $La_2Sn_2O_7$：Eu^{3+} 晶格中的 SnO_6 八面体结构中 Sn—O 键的伸缩振动，同样地，样品中的 La—O′ 键的强烈伸缩振动导致在 $418cm^{-1}$ 处观察到一个强烈的红外吸收峰。

　　从图 2-25（a）可以清楚地看出，在 $3449cm^{-1}$ 附近有个对应于羟基振动的强烈红外吸收带。羟基的存在对于光致发光材料来说会导致强烈的发光猝灭现象的出现，发光强度急剧降低。因此为了消除通过水热法合成八面体状 $La_2Sn_2O_7$：Eu^{3+} 样品表面吸附的羟基以提升样品的发光性能，对八面体状 $La_2Sn_2O_7$：Eu^{3+} 样品在 900℃下热处理 2h。经过热处理所制备样品的红外光谱图如图 2-25（b）所示。从图 2-25（b）中可以观察到，样品中水合羟基的红外吸收带强度显著减小，而源自于 $La_2Sn_2O_7$：Eu^{3+} 样品晶格本身的 Sn—O 与 La—O′ 的红外振动吸收峰则基本不变，说明经过热处理后样品表面物理吸附的 H_2O 含量已经大大降低，并且热处理并没有改变样品本身的晶体结构，与图 2-22 的分析结果相一致。

　　将图 2-25 的红外图谱和其他文献报道的 $La_2Sn_2O_7$ 的红外光谱相比较可以发现，3D 八面体状 $La_2Sn_2O_7$：Eu^{3+} 样品中的 Sn—O 和 La—O′ 伸缩振动峰具有少许的蓝移或者红移[28, 31]，这可能是由于不同的形貌、颗粒尺寸以及 Eu³⁺ 的掺杂。

2.7.2　八面体状 La₂Sn₂O₇: Eu³⁺ 的拉曼光谱分析

从烧绿石型晶体结构的分析可以知道，一个烧绿石结构的 La₂Sn₂O₇ 晶胞中含有 88 个原子，258 个内部自由度。按照群论理论[173]，可以将晶胞中的每个子晶格用如下不可约的方式表示出来：

$$16(c) = A_{2u} + E_u + 2F_{1u} + F_{2u} \tag{2-16}$$

$$16(d) = A_{2u} + E_u + 2F_{1u} + F_{2u} \tag{2-17}$$

$$48(f) = A_{1g} + E_g + 2F_{1g} + 3F_{2g} + A_{2u} + E_u + 3F_{1u} + 2F_{2u} \tag{2-18}$$

$$8(a) = F_{1u} + F_{2g} \tag{2-19}$$

其不可约简正模式的总数可以表示为：

$$\Gamma = A_{1g} + E_g + 2F_{1g} + 4F_{2g} + 3A_{2u} + 3E_u + 8F_{1u} + 4F_{2u} \tag{2-20}$$

并且，根据振动选择规则，在这全部的 26 种简正模式中，只有 A_{1g}、E_g 和 $4F_{2g}$ 这六种模式具有拉曼活性。也就是说在 La₂Sn₂O₇ 晶体的拉曼光谱中理论上可以观察到 6 个表现出这六种基本简正振动的基本吸收频率的拉曼峰。

图 2-26 为具有 3D 八面体状 La₂Sn₂O₇：Eu³⁺ 样品的拉曼光谱图。从图 2-26 可以观察到在拉曼位移分别为 300cm⁻¹、340cm⁻¹、398cm⁻¹、501cm⁻¹、550cm⁻¹ 和 615cm⁻¹ 处存在着强弱不一的拉曼谱峰，这些拉曼谱峰可以分别归属于 F_{2g}、E_g、F_{2g}、A_{1g}、F_{2g} 和 F_{2g} 简正振动，样品的拉曼光谱与文献报道相符[116]。除了上述的 6 个拉曼谱峰之外，从八面体状 La₂Sn₂O₇：Eu³⁺ 样品的拉曼光谱图中可以观察到在拉曼位移为 705cm⁻¹ 处还存在一个明显的拉曼谱峰。该峰可能是由于 Eu³⁺ 的掺入或者是由于晶体的局部缺陷所引起晶体内部 SnO₆ 八面体结构的局部扭曲[174]。在其他烧绿石结构化合物的拉曼光谱图中也可以观察到类似的强度较弱的拉曼峰的存在[175, 176]。

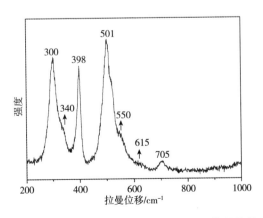

图 2-26　3D 八面体状 La₂Sn₂O₇：Eu³⁺ 微米晶体的拉曼光谱图

2.7.3 La₂Sn₂O₇ 和 La₂Sn₂O₇：Eu³⁺ 的室温激发光谱分析

图 2-27 为 La₂Sn₂O₇ 和 La₂Sn₂O₇：Eu³⁺ 纳米晶体的室温激发光谱图（发射波长为 587nm）。

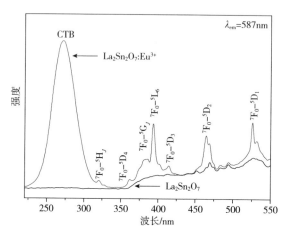

图 2-27　La₂Sn₂O₇ 和 La₂Sn₂O₇：Eu³⁺ 纳米晶体的激发光谱图

图 2-27 显示，在所检测的波长范围内（220～550nm），从未掺杂的 La₂Sn₂O₇ 样品的激发光谱中不能观察到特别明显的激发峰的存在，只是在 365～550nm 区间有一个稍微突起的连续激发带，该激发带源自 La₂Sn₂O₇ 基底材料的激发。虽然在 La₂Sn₂O₇ 纳米晶体的激发谱中，于 450～500nm 波长范围内可以观察到几个稍微明显的激发峰，但是这几个峰是由于水热合成样品中存在的晶体缺陷以及氧空位等原因而产生的[177]，在 La₂Sn₂O₇：Eu³⁺ 晶体的激发光谱中也可以观察到相似的峰的存在。

而从 Eu³⁺ 掺杂的 La₂Sn₂O₇ 样品的激发光谱中则可以观察到非常明显的激发峰。从图 2-27 可以看出，La₂Sn₂O₇：Eu³⁺ 纳米晶体的激发光谱主要由中心位于 272nm 附近的高强度的宽带激发峰和一系列强度较弱的锐线激发峰组成。由于 La₂Sn₂O₇ 是带隙为 4.3eV 的宽禁带半导体[33]，在 220～300nm 内出现的宽带激发峰是由于 La₂Sn₂O₇ 基体内的电子吸收激发能量后，电子从配位体 O²⁻ 的 2p⁶ 电子轨道转移到周围的 Eu³⁺ 的 4f⁶ 电子轨道而引起的激发峰，通常称为 O²⁻- Eu³⁺ 电荷迁移跃迁带（charge transfer band，CTB）[178]。除了电荷转移跃迁带之外，La₂Sn₂O₇：Eu³⁺ 纳米晶体的激发光谱中，还可以在 300～550nm 波长范围内观察到一系列尖锐的激发谱线，这些谱线分别位于 320nm、362nm、381nm、393nm、414nm、465nm 和 526nm 波长附近，这些激发谱线分别属于 Eu³⁺ 中的电子从基态 ⁷F₀ 到 ⁵H_J、⁵D₄、⁵G_J、⁵L₆、⁵D₃、⁵D₂ 和 ⁵D₁ 等激发态间的电子跃迁[115]，如图 2-27 所示。其中，393nm 和 465nm 处出现的尖锐激发峰属于 Eu³⁺

的 4f⁶ 壳层特征激发峰[179，180]。相对于电荷迁移跃迁带而言，Eu³⁺ 的 4f⁶ 激发峰强度较弱，说明了在紫外光的激发下，O²⁻-Eu³⁺ 电荷迁移跃迁带的强度在很大程度上决定了发射光谱的强度。

2.7.4　La₂Sn₂O₇ 和 La₂Sn₂O₇：Eu³⁺ 的室温发射光谱分析

图 2-28 为 La₂Sn₂O₇ 和 La₂Sn₂O₇：Eu³⁺ 纳米晶体的室温发射光谱图（激发波长为 270nm）。

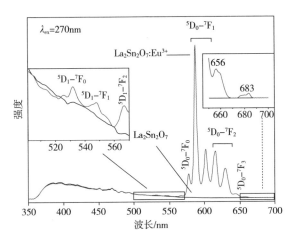

图 2-28　La₂Sn₂O₇ 和 La₂Sn₂O₇：Eu³⁺ 纳米晶体的室温发射光谱图

从图 2-28 中可以看出 La₂Sn₂O₇ 基体材料在 365～500nm 波长范围内存在宽带发射峰。与图 2-27 的激发谱相比较，可以清楚地发现 La₂Sn₂O₇ 基体材料的宽带发射峰的出峰波长与 La₂Sn₂O₇ 的激发谱出峰位置相同。特别是，在 450～500nm 波长范围内可以观察到和激发谱中波长位置相同的发射峰，这也进一步证实了这些发射峰源自于 La₂Sn₂O₇ 基体本身的晶体缺陷以及氧空位。

值得注意的是在 La₂Sn₂O₇：Eu³⁺ 纳米晶体的发射光谱中，则分别在 578nm、587nm、602nm、615nm、630nm 和 643nm 波长处观察到明显的线状发射峰，它们分别对应于 Eu³⁺ 的 4f⁶ 壳层特征跃迁发射：$^5D_0$-$^7F_0$（578）、$^5D_0$-$^7F_1$（587，602）、$^5D_0$-$^7F_2$（615、630）、$^5D_0$-$^7F_3$（643）。当将 500～570nm 波长范围的发射光谱局部放大，见图 2-28 左边的插图，分别在 532nm、547nm 和 566nm 波长处可以清晰地观察到线状发射峰，这些发射谱带分别对应于 Eu³⁺ 的 $^5D_1$-$^7F_0$、$^5D_1$-$^7F_1$ 和 $^5D_1$-$^7F_2$ 的电子跃迁。同样地，将 650～700nm 波长范围的发射光谱局部放大，在 665nm 和 683nm 处可以发现存在微弱的发射带，如图 2-28 右边插图所示，这些发射带则可以归属于 $^5D_0$-$^7F_4$ 跃迁的发射峰。上述的所有 Eu³⁺ 的发射谱带中，位于 587nm 处属于 $^5D_0$-$^7F_1$ 电子跃迁带的发射峰具有最强的发光强度，而属于 $^5D_0$-$^7F_2$ 电子跃迁的发射峰强度则次之，其中 $^5D_0$-$^7F_1$ 属于磁偶极跃迁、

而 $^5D_0$-$^7F_2$ 则属于电偶极跃迁。La$_2$Sn$_2$O$_7$：Eu^{3+} 的发射光谱的峰形以及相对强度与 La$_2$Sn$_2$O$_7$：Eu^{3+} 所具有的独特的烧绿石晶体结构密切相关。

众所周知的是，由于 $5s^2 5p^6$ 电子的屏蔽效应使得 Eu^{3+} 的 $4f^6$ 能级受到晶体场的影响较小，而裸露在外面的 $4f^5 5d^1$ 能级则受到晶体场强烈的影响。因而，对于 Eu^{3+} 在两个能级间的电子跃迁选择和跃迁概率强烈地依赖于晶体场。通常可以用反对称比来评价 Eu^{3+} 所处晶体场对称性的强弱[110]。反对称比定义为 Eu^{3+} 的发射光谱中属于 $^5D_0$-$^7F_2$ 电子跃迁发射峰的相对发光强度与 $^5D_0$-$^7F_1$ 电子跃迁发射峰的相对发光强度的比值。反对称比强烈地依赖于 Eu^{3+} 在晶格中所处位置的局部对称性。在 Eu^{3+} 周围具有高度对称的晶体场将导致一个低的反对称比。根据 Judd-Ofelt 理论[181, 182]，Eu^{3+} 的 $^5D_0$-$^7F_2$ 跃迁属于超灵敏跃迁，受到 Eu^{3+} 所处位置的局部环境的影响非常大；而 Eu^{3+} 所处位置的局部环境对 Eu^{3+} 的 $^5D_0$-$^7F_1$ 跃迁则没有显著的影响。当 Eu^{3+} 位于晶体中具有反演对称的位置时，属于 $^5D_0$-$^7F_1$ 的磁偶极跃迁是允许的电子跃迁，而属于 $^5D_0$-$^7F_2$ 的电偶极跃迁则为禁戒跃迁；反之当 Eu^{3+} 位于不具有反演对称性的位置时，$^5D_0$-$^7F_2$ 的电偶极跃迁为许可电子跃迁，$^5D_0$-$^7F_1$ 的磁偶极跃迁则为禁戒跃迁[181, 182]。而当晶格即使稍稍偏离反演对称性时，晶体场就会出现奇次项，将相反的宇称态混合到 $4f^6$ 组态，使禁戒解除，$^5D_0$-$^7F_2$ 变成允许跃迁或部分允许跃迁[99, 100]。

在烧绿石结构 La$_2$Sn$_2$O$_7$ 的晶体结构中，La 原子位于八个 O 原子所构成的立方体的中心位置，同样地，Sn 原子被六个 O 原子所包围形成稍微扭曲的八面体结构，Sn 原子位于八面体的中心位置。也就是说，La 所处的位置属于具有八重对称轴的 D$_{3d}$ 的反演对称位。和 La^{3+} 和 Sn^{4+} 相比较，由于 Eu^{3+} 无论在离子半径和荷电数等方面都和 La^{3+} 更为接近，因此，当 Eu^{3+} 掺杂进入 La$_2$Sn$_2$O$_7$ 晶格中时将优先取代进入 La^{3+} 的位置。也就是说在 La$_2$Sn$_2$O$_7$：Eu^{3+} 晶体中，Eu^{3+} 主要位于具有 D$_{3d}$ 反演对称性的位置。从图 2-28 中可以观察到 Eu^{3+} 的 $^5D_0$-$^7F_1$ 跃迁峰劈裂为两个跃迁峰，并且两个劈裂峰的能量差为 424cm^{-1}，这些实验现象充分证实了 Eu^{3+} 主要位于具有 D$_{3d}$ 反演对称性的位置[80, 183]。由于 Eu^{3+} 位于 D$_{3d}$ 位，从而使得 Eu^{3+} 的磁偶极跃迁为允许跃迁，也就是 $^5D_0$-$^7F_1$ 间的电子跃迁，从而导致了在 La$_2$Sn$_2$O$_7$：Eu^{3+} 的发射光谱中位于 587nm 处的发射峰具有最强的发光强度。同时，由于少量的 Eu^{3+} 进入 La$_2$Sn$_2$O$_7$ 晶格中，Eu^{3+} 和 La^{3+} 发生同晶取代后，虽然 Eu^{3+} 和 La^{3+} 在离子半径和荷电数等方面具有较大的相似性，但是差异依然存在，从而使得 Eu^{3+} 掺杂进入 La$_2$Sn$_2$O$_7$ 晶格后虽然没有造成晶体对称性的急剧降低但是依然会稍微改变 Eu^{3+} 所处的位置的反演对称性，从而使得属于电偶极跃迁的 $^5D_0$-$^7F_2$ 间电子跃迁成为部分允许跃迁，因而在 La$_2$Sn$_2$O$_7$：Eu^{3+} 的发射光谱中也可以观察到属于 $^5D_0$-$^7F_2$ 的发射峰。在 Eu^{3+} 掺杂的其他基体的发光材料中也可以观察到相似的发光现象[100, 184, 185]。

2.7.5　Eu³⁺ 掺杂量对 La₂Sn₂O₇：Eu³⁺ 的光致发光性能的影响

稀土离子的掺杂浓度对稀土掺杂发光材料的光致发光性能有着非常显著的影响[186, 187]。为了考察 Eu³⁺ 的掺杂量对 La₂Sn₂O₇：Eu³⁺ 发光材料光致发光性能的影响，通过改变起始反应物中 La：Eu 的比例制备了一系列样品，从对该系列部分样品的 XRD 检测发现该系列样品形成了具有烧绿石结构的 $La_{2-2x}Eu_{2x}Sn_2O_7$ 的固溶体（图 2-15）。分别对该系列样品进行了光致发光性能的检测。

图 2-29 为部分 $La_{2-2x}Eu_{2x}Sn_2O_7$ 样品在 270nm 波长的光激发下所得到的发射光谱图。从图 2-29 中可以观察到，所合成 $La_{2-2x}Eu_{2x}Sn_2O_7$ 样品的发射光谱的形状以及各个发射峰的位置与图 2-28 相似。从图 2-29 中都可以观察到 Eu³⁺ 的特征发射谱线，也就是说 Eu³⁺ 掺入量的变化对样品发射光谱的形状没有显著的影响。但是从图 2-29 还可以明显地看出，不同样品的发射峰的强度相互间具有非常显著的差别。随着 Eu³⁺ 掺杂量的升高，各个发射峰的强度先逐渐增大然后达到一个最高值后发光强度又随着 Eu³⁺ 掺杂量的增大而降低。该实验现象说明了掺入不同量的 Eu³⁺ 对合成的 $La_{2-2x}Eu_{2x}Sn_2O_7$ 样品的发光强度具有非常重要的影响，并且在过高 Eu³⁺ 掺杂浓度的条件下合成的 $La_{2-2x}Eu_{2x}Sn_2O_7$ 样品中观察到了浓度猝灭现象。

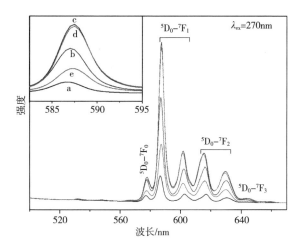

图 2-29　不同 Eu³⁺ 掺杂量的部分 $La_{2-2x}Eu_{2x}Sn_2O_7$ 样品的发射光谱图
a—$x=0.01$；b—$x=0.09$；c—$x=0.18$；d—$x=0.22$；e—$x=0.40$

为了更好地探索 $La_{2-2x}Eu_{2x}Sn_2O_7$ 发光材料的发光强度与 Eu³⁺ 掺入量（以 x 表示）之间的关系，将在 270nm 激发下 $La_{2-2x}Eu_{2x}Sn_2O_7$ 样品的发射光谱中的最强发射峰（位于 587nm 附近处的发射峰）的相对发光强度与 Eu³⁺ 的掺杂量作图，如图 2-30 所示。从图 2-30 可以清楚地看出，随着 Eu³⁺ 的掺入量从 0 升高到 0.12，发射光强度急剧上升；当 x 从 0.12 增大到 0.18 时，发光强度逐步增

大并且在 $x=0.18$ 时达到最大值，这一阶段发光强度的增加速率相对前一阶段变慢；随着 Eu^{3+} 的掺杂量从 0.18 增大到 0.25，发光强度逐渐降低；继续增大 Eu^{3+} 的掺入量时，样品的发光强度快速降低，当 Eu^{3+} 的掺杂量达到 0.70 或 0.85 以上时，587nm 处的发射峰的发光强度已经变得非常低，几乎和未掺杂 $La_2Sn_2O_7$ 样品在该位置的发光强度相近。上述的分析说明，对于 $La_{2-2x}Eu_{2x}Sn_2O_7$ 发光材料而言最优的 Eu^{3+} 掺杂量为 $x=0.18$，过高的 Eu^{3+} 掺入量会导致 $La_{2-2x}Eu_{2x}Sn_2O_7$ 样品的相对发光强度迅速降低。

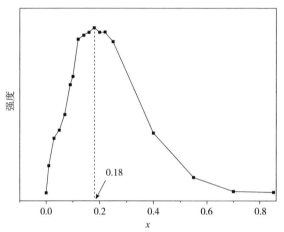

图 2-30　Eu^{3+} 掺杂量与 $La_{2-2x}Eu_{2x}Sn_2O_7$ 样品发射光谱中
587nm 处发射峰的相对发光强度之间的关系

之所以过高的 Eu^{3+} 掺杂会导致 $La_{2-2x}Eu_{2x}Sn_2O_7$ 样品的相对发光强度的降低，主要是由于在过高掺杂的样品中发生了浓度猝灭现象。这是因为，当掺杂浓度逐渐增大时，发光中心之间的距离逐渐缩短，从而使得发光中心到发光中心之间发生交叉弛豫的概率逐渐上升。当掺杂浓度增加到一定的程度时，发光中心间的距离足够小，从而使得发光中心到发光中心间发生交叉弛豫的可能性急剧上升，激发能量通过交叉弛豫而迅速地消耗掉。而发光中心之间的交叉弛豫属于一种能量的非辐射传递现象，在这个过程中不伴随着光的发射，从而导致了发光强度的快速降低。

比较有意思的是，对于同一种基质，我们所制备的 $La_{2-2x}Eu_{2x}Sn_2O_7$ 样品的发射光谱中出现浓度猝灭的 Eu^{3+} 掺杂浓度高于文献报道的 Eu^{3+} 掺杂浓度[90,106]，达到了 18%（原子分数）。出现该现象可能是由于合成的工艺方法、工艺条件的差别。因为非辐射能量转移不仅发生在相邻的发光中心离子之间，同时也可能发生在基质中的杂质和缺陷所引起的陷阱和发光中心离子之间[188]。由于实验中 $La_{2-2x}Eu_{2x}Sn_2O_7$ 是通过水热合成法经过高温长时间所合成而得到的，在这种条件下，起始原料在溶液中以离子形式存在，使得反应离子能够均匀地分散在溶液中，达到了分子分散水平，并且由于在高温高压的条件下经较长时间而合成，从而使因实验制备方法而引入的杂质数目相对比较少。样品的结晶度高，而且 Eu^{3+} 在基质晶格中的分布也比较均匀，因此导致了在所合成的 $La_{2-2x}Eu_{2x}Sn_2O_7$ 样品中具有较高的猝灭浓度。

从上述的分析可以知道 Eu^{3+} 的掺杂量对 $La_{2-2x}Eu_{2x}Sn_2O_7$ 样品的发射光谱有明显的影响作用，为了研究 Eu^{3+} 的掺杂量对 $La_{2-2x}Eu_{2x}Sn_2O_7$ 样品激发光谱的影响，对不同 Eu^{3+} 掺杂量的 $La_{2-2x}Eu_{2x}Sn_2O_7$ 样品进行了激发光谱检测，检测结果见图 2-31。

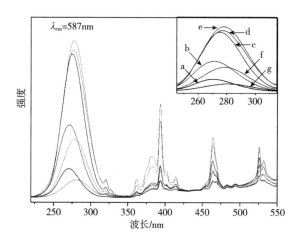

图 2-31 不同 Eu^{3+} 掺杂量的部分 $La_{2-2x}Eu_{2x}Sn_2O_7$ 样品的激发光谱图
a—$x=0.01$；b—$x=0.05$；c—$x=0.14$；d—$x=0.16$；e—$x=0.18$；f—$x=0.25$；g—$x=0.40$

从图 2-31 中可以观察到，不同 Eu^{3+} 掺杂量的 $La_{2-2x}Eu_{2x}Sn_2O_7$ 样品的激发光谱的形状基本上与图 2-27 相类似。同样地，从激发光谱中也可以观察到激发光谱的强度随着 Eu^{3+} 掺杂量的变化而变化，与不同 Eu^{3+} 掺杂量对发射光谱强度的变化规律相类似。对于位于 $220\sim315nm$ 范围的 O^{2-}-Eu^{3+} 电荷迁移跃迁带（CTB）而言，其相对强度先随着 Eu^{3+} 掺杂量的增加而增加，在 Eu^{3+} 的掺杂量 $x=0.18$ 时相对强度达到最大值，其后相对强度随着 Eu^{3+} 掺杂量的增加而降低。在高 Eu^{3+} 掺杂量的条件下，出现了激发峰的相对强度随着 Eu^{3+} 掺杂量的增加而降低这一现象同样是由于在过高 Eu^{3+} 掺杂量时样品中发生了浓度猝灭现象。

值得注意的是，从图 2-31 中还可以明显地看到，属于电荷迁移跃迁带的激发峰的中心位置随着 Eu^{3+} 掺杂量的增大而发生了红移。为了分析电荷转移跃迁带中心波长与 Eu^{3+} 掺杂量的关系，将电荷转移跃迁带中心波长对 Eu^{3+} 掺杂量作图，如图 2-32 所示。

从图 2-32 可以看出，随着 Eu^{3+} 掺杂量 x 从 0.01 增大到 0.70，CTB 激发峰

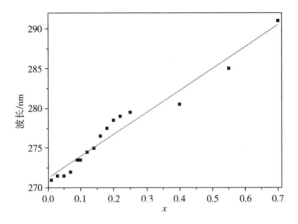

图 2-32　Eu^{3+} 掺杂量与 $La_{2-2x}Eu_{2x}Sn_2O_7$ 样品的激发光谱中 CTB 激发峰中心波长的关系

的中心波长从 271nm 红移到了 291nm。虽然在图 2-32 中可以看到实测的 CTB 激发峰的中心波长离散分布于拟合曲线的两侧，考虑到在这里所讨论的 Eu^{3+} 掺杂量为理论掺杂量，而经过水热合成过程所合成的样品中实际 Eu^{3+} 掺杂量与理论掺杂量之间可能存在着一定的差别，因此可以认为 CTB 激发峰的中心波长随着 Eu^{3+} 掺杂量的增加而线性增加，也就是说随着 Eu^{3+} 掺杂量的增加 CTB 激发峰发生了红移。

对于 Eu^{3+} 的 CTB 激发峰的波长位置决定于 O 2p 价带和 Eu^{3+} 的 4f 带的能量差。一般认为，在氧化物基质中，Eu^{3+} 的 CTB 主要依赖于 Eu—O 键的键长。具有较短键长的 Eu—O 键将导致 Eu—O 键的共价性增加，降低了 O 2p 价带和 Eu^{3+} 的 4f 带的能量差，从而引起 CTB 的波长向长波长区域移动，也就是说导致了 CTB 的红移[189]。在 $La_{2-2x}Eu_{2x}Sn_2O_7$ 样品中存在着 La—O—Eu 键，由于 Eu^{3+} 的离子半径（0.95Å）比 La^{3+} 的离子半径（1.03Å）小，同时 La 的电负性小于 Eu 的电负性，因此在 La—O—Eu 键中 O 原子的电子云偏向于 Eu 一侧。当 Eu^{3+} 掺入量逐渐增加，Eu^{3+} 逐渐取代 La^{3+}，导致了平均 Eu—O 键键长的降低，而平均 Eu—O 键键长的降低引起了 CTB 激发峰的红移。从图 2-15 中可以得知，随着 Eu^{3+} 掺杂量的增加，XRD 衍射峰向高角度偏移，说明了样品的晶格常数降低，也证实了随着 Eu^{3+} 掺杂量的增加平均 Eu—O 键的键长逐渐减低。

2.7.6　形貌对 $La_2Sn_2O_7$：Eu^{3+} 的光致发光性能的影响

对于发光材料而言，已有大量的文献证实材料的微观形貌以及尺寸影响着材料的发光性能[190，191]。为了研究不同形貌 $La_2Sn_2O_7$：Eu^{3+} 晶体的发光性能的差异，对图 2-17（b）～（e）中所示在不同 pH 值条件下合成的具有相同 Eu^{3+} 掺杂量的不同形貌的 $La_2Sn_2O_7$：Eu^{3+} 样品进行了发射光谱检测，检测结果如图

2-33 所示。

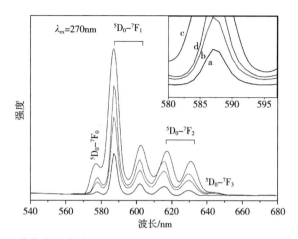

图 2-33 不同 pH 值条件下合成的具有不同形貌的 $La_2Sn_2O_7$：Eu^{3+} 样品的发射光谱图，
插图为 $580\sim599nm$ 波长范围发射光谱的局部放大图
a—pH=10；b—pH=11；c—pH=12；d—pH=13

从图 2-33 可以观察到，在不同 pH 值条件下合成的具有不同形貌的 $La_2Sn_2O_7$：Eu^{3+} 样品在波长为 270nm 的光的激发下，每个样品都发射出相似的橙红色光，发射光谱中最强的发射峰位于 587nm，属于 Eu^{3+} 的磁偶极 $^5D_0$-$^7F_1$ 跃迁，其他的发射峰分别归属于 Eu^{3+} 的 $^5D_0$-$^7F_0$，$^5D_0$-$^7F_1$，$^5D_0$-$^7F_2$ 和 $^5D_0$-$^7F_3$ 间的电子跃迁，与图 2-28 所示的发射光谱相似。值得注意的是，具有八面体状的样品 c 具有最强的发光强度，而样品 a 则具有最低的发光强度。有意思的是，虽然样品 d 中含有少量的 $La(OH)_3$ 杂质，但是其依然具有第二强的发光强度，这个主要归因于样品 d 具有规则的八面体状形貌以及较大的颗粒尺寸。大量的文献报道发光材料的微结构和尺寸影响着材料的发光性能，实验结果与文献报道相一致[190~192]。在本实验中，样品 c 相对于其他样品而言，具有相对更规则的八面体形貌和相对较大的尺寸，使得在样品表面的 OH^-、Eu^{3+} 和缺陷更少。众所周知的是，以 La/Sn—OH 连接方式吸附在样品表面的 OH^- 可以通过 OH^- 基团的振动以非辐射的方式湮灭 Eu^{3+} 的激发态，同时，缺陷也会以交叉弛豫或者猝灭的方式消耗激发能[193~195]。从而表面具有越少的 OH^- 和缺陷的样品将具有越强的发光强度。

2.7.7 热处理温度对 La₂Sn₂O₇: Eu³⁺ 的光致发光性能的影响

在不同的温度下对发光材料进行热处理影响着最终产物的发光性能[196]。为了研究热处理温度对 $La_2Sn_2O_7$：Eu^{3+} 的发光性能的影响，对不同温度条件下进行热处理的样品进行了光致发光检测，检测结果见图 2-34 和图 2-35。

图 2-34 为在不同温度下热处理后的 $La_2Sn_2O_7$：Eu^{3+} 样品的发射光谱图。

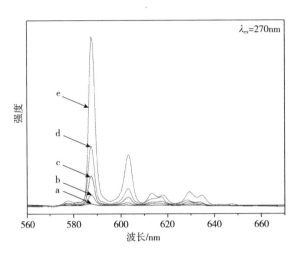

图 2-34　在不同温度下进行热处理后所制备的 $La_2Sn_2O_7$：Eu^{3+} 样品的发射光谱图

a—未热处理；b—500℃；c—900℃；d—1200℃；e—1600℃

从图 2-34 可以观察到，热处理温度对 $La_2Sn_2O_7$：Eu^{3+} 样品的发光强度有显著的影响。随着热处理温度从 500℃ 升高到 1600℃，$La_2Sn_2O_7$：Eu^{3+} 样品的发射光谱中属于 $^5D_0$-$^7F_1$ 和 $^5D_0$-$^7F_2$ 的电子跃迁发射峰的相对强度均依次增大，尤其是经过 1600℃ 热处理样品其相对发射强度增大尤其明显。对于位于 587nm 处的发射峰而言，经过 500℃、900℃、1200℃ 和 1600℃ 温度下热处理后的样品的相对强度分别是未进行热处理样品（图 2-34 中 a）的发光强度的 3.76 倍、9.75 倍、19.08 倍和 53.15 倍。之所以会观察到发光强度会随着热处理温度的提高而增大，其原因是随着热处理温度的升高，$La_2Sn_2O_7$：Eu^{3+} 晶体内部的缺陷减少，晶体内部结构的质点排列具有较高的对称性，形成结晶度好且晶粒尺寸较大的较完美晶体，从而大大地降低了晶体的比表面积，提高了发光强度；同时，经过高温热处理后，吸附在样品表面的 OH^- 基团的数量也大大地减少，从图 2-25 的红外光谱分析可以清楚地证实这一点，而 OH^- 对发光具有显著的猝灭作用，这也导致了发光强度的增加。对样品发射光谱的反对称比进行计算可以得到水热合成样品和水热合成样品分别经过 500℃、900℃、1200℃ 和 1600℃ 的热处理后所得样品的反对称比分别为 0.541、0.302、0.179、0.160 和 0.079。反对称比的计算结果充分说明了经过高温热处理后，Eu^{3+} 所处位置的晶体场对称性有很大的提高，同样也说明经高温热处理后样品的单色性明显提高。除此之外，还可以发现，经过高温处理后晶体中 $^5D_0$-$^7F_2$ 跃迁的发射峰简并部分劈裂现象加剧。从图 2-34 中可以明显地观察到经过 1600℃ 热处理的样品的 $^5D_0$-$^7F_2$ 跃迁发射峰分别由两个发射峰劈裂为 4 个发射峰，实验结果和文献所报道的随热处理温度的提高发射峰的劈裂现象加剧这一现象相一致[197]。

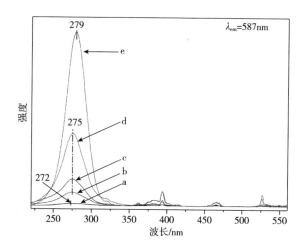

图 2-35　在不同温度下进行热处理后所制备的 La₂Sn₂O₇: Eu³⁺ 样品的激发光谱图

a—未热处理；b—500℃；c—900℃；d—1200℃；e—1600℃

在不同温度下进行热处理后所制备的 La₂Sn₂O₇: Eu³⁺ 样品的激发光谱如图 2-35 所示。从图 2-35 可以清楚地观察到，样品的激发光谱依然以 CTB 跃迁峰为主，并且 CTB 跃迁峰的相对强度随着热处理温度的提高而升高，和图 2-34 中样品的 $^5D_0$-$^7F_1$ 发射峰的相对强度变化基本一致，其原因也与导致发射光谱强度变化的原因相同。除此之外，更有意思的是，从图 2-35 中可以观察到经过 1600℃ 热处理 2h 所得样品的 CTB 跃迁峰发生了红移，该样品的 CTB 跃迁峰中心位置位于 279nm，而在 1200℃ 或者低于 1200℃ 进行热处理所得样品的激发光谱中可以清楚地看到，这些样品的 CTB 跃迁峰中心位置均位于 275nm 附近，而水热合成未进行热处理样品的 CTB 跃迁峰中心位置则位于 272nm 附近。CTB 在经过高温热处理后的样品中出现红移的实验结果与 Shi 所观察到的结果相一致[198]。Eu³⁺ 的 CTB 不仅与基质材料的晶体场密切相关，而且与 Eu—O 键的共价性也有重要的联系[178]。从图 2-22 和表 2-4 可以清楚地知道，随着热处理温度的升高，经过热处理后所制备的样品虽然依然是具有立方烧绿石结构的 La₂Sn₂O₇: Eu³⁺ 晶体，但是样品的晶格常数随着热处理温度的升高而降低。在 La₂Sn₂O₇: Eu³⁺ 体系中，存在着 Eu³⁺ 与近邻的 O²⁻ 和次近邻的 La³⁺ 形成 Eu—O—La 键。样品晶格常数的降低，将使得 Eu—O—La 键的键长相应地减小。由于 Eu³⁺ 和 La³⁺ 具有相同的荷电数，但是 Eu 的电负性强于 La 的电负性，并且相比较于 La³⁺，Eu³⁺ 具有更小的离子半径，因而使得 Eu³⁺ 具有相对更强的吸电子效应而导致在 Eu—O—La 体系中电子云倾向于向 Eu³⁺ 一侧偏移，使得 O²⁻ 的电子云与 Eu³⁺ 的电子云混合程度增加，提高了 Eu—O 键的共价性。Eu—O 键的共价性的提高将导致 O²⁻ 中的电子从 2p 轨道迁移到 Eu³⁺ 的 4f 轨道中需要相对更少的能量，也就是说电荷迁移带向低能侧移动，因此可以观察到 CTB 的红移现象。

第 3 章

Ce³⁺/Tb³⁺ 掺杂 La₂Sn₂O₇ 纳米晶体的合成和发光性能

3.1 引言

La₂Sn₂O₇ 具有非常优秀的化学稳定性与热稳定性，可以作为稀土离子掺杂基质，并且由于 La₂Sn₂O₇ 引入了价格相对较低的 Sn 而大幅度地降低了产品的成本，从而吸引了大量研究人员关注的目光[69, 114]。Tb³⁺ 是绿色发光材料中最重要的激活剂之一，通常将 Tb³⁺ 掺入不同的基质中制备发射出绿色光的发光材料。同时，同为三价稀土离子的 Ce³⁺ 具有特殊的光致发光特性，使得 Ce³⁺ 具有良好的敏化 Tb³⁺ 发光的作用。因此，Ce³⁺ 和 Tb³⁺ 共掺杂体系可以利用 Ce³⁺ 的宽带吸收有效地提高 Tb³⁺ 的发光效率。Ce³⁺ 和 Tb³⁺ 的共掺杂敏化发光效应在其他发光基质中研究比较多[199~202]，但是对于烧绿石结构 La₂Sn₂O₇ 纳米发光基质共掺杂 Ce³⁺ 和 Tb³⁺ 的敏化发光现象至今还尚少发现相关的文献报道。

本章主要介绍采用共沉淀-还原水热法合成的 Ce³⁺、Tb³⁺ 掺杂/共掺杂 La₂Sn₂O₇ 纳米晶体。采用 XRD、SEM、TEM、FT-IR、Raman、PL、TG-DSC、XPS 等多种检测方法对所合成产物的物相结构、成分、形貌以及光学性能等进行了表征；对样品的制备工艺参数、形貌形成机理和光学性能等进行了探索，发现所合成的 Tb³⁺ 掺杂发光材料能发射出绿色光，并且 Ce³⁺ 和 Tb³⁺ 的共掺杂可以有效地提高绿光的发射强度，是一种优秀的新型绿色光致发光材料，具有广阔的应用前景。

3.2 样品制备

3.2.1 原料与试剂

实验使用的主要原材料与试剂见表 3-1。实验使用的试剂均为分析纯试剂，使用前未经进一步纯化；实验过程中所使用的水均为去离子水。

表 3-1　实验所使用的原材料与试剂

原料名称	规格	厂家/产地
硝酸镧 [La(NO₃)₃·6H₂O]	分析纯	天津市光复精细化工研究所
硝酸铽 [Tb(NO₃)₃·6H₂O]	分析纯	天津市光复精细化工研究所
硝酸铈 [Ce(NO₃)₃·6H₂O]	分析纯	天津市光复精细化工研究所
四氯化锡（SnCl₄·5H₂O）	分析纯	广东汕头市西陇化工厂
锡酸钠（Na₂SnO₃·3H₂O）	分析纯	天津市光复精细化工研究所
抗坏血酸	分析纯	天津市科密欧化学研发中心
氢氧化钠（NaOH）	分析纯	天津市化学试剂厂
氨水（NH₃·H₂O）	分析纯	广东汕头市西陇化工厂
浓硝酸（HNO₃）	分析纯	湖南株洲市化学工业研究所
无水乙醇（CH₃CH₂OH）	分析纯	广东汕头市西陇化工厂

3.2.2 设备与装置

实验使用的主要设备与装置见第 2 章 2.2.2 节。

3.2.3 共沉淀-还原水热法合成 Ce³⁺、Tb³⁺ 掺杂 La₂Sn₂O₇ 纳米晶体

溶液配制：分别称取一定量的硝酸镧、硝酸铈、硝酸铽和四氯化锡溶解于蒸馏水中配制 1mol·L⁻¹溶液待用，为了防止四氯化锡在水中发生水解反应，可向配制的四氯化锡溶液中滴加少量硝酸溶液。由于硝酸镧、硝酸铈、硝酸铽和四氯化锡都含有结晶水，为不可准确称量的物质，所以在使用前对每一种化合物采用重量法进行标定，标定出化合物中有效成分的准确含量。

实验步骤：首先，按照实验设计的 Ce³⁺、Tb³⁺ 和 La³⁺ 比例分别量取一定体积的 1mol·L⁻¹的锡酸铈、硝酸铽和硝酸镧溶液，使得所取的三种溶液的总体积为 5mL。同时准确量取 5mL 1mol·L⁻¹四氯化锡溶液，将所取的稀土硝酸盐

溶液以及四氯化锡溶液加入 10mL 蒸馏水中，磁力搅拌 1h 形成均匀的混合溶液；然后，在激烈搅拌下，将混合溶液逐滴滴入 25mL 浓氨水溶液中，待混合溶液滴加完毕后采用 $4mol \cdot L^{-1}$ NaOH 溶液和浓硝酸将所得混合溶液的 pH 值调节为 12；继续激烈搅拌 1h 后，在激烈搅拌下往溶液中加入 1.0g 抗坏血酸，最后将所得的混合物全部转移入 80mL 反应釜中，用少量蒸馏水将溶液体积调节到内衬体积的 80%，并置于 180℃下反应 24h。反应结束后，自然冷却至室温，将沉淀物过滤分离并用去离子水洗涤多次，然后再置于 100℃的真空干燥箱中烘干 4h 制备样品。

为了表述方便，本章将 Ce^{3+}、Tb^{3+} 与 La^{3+} 混合离子统称为 RE^{3+}，并且在本章中所提到的掺杂量除了特别说明，均指的是理论掺杂量，即合成过程中所加入的掺杂离子数占 RE^{3+} 的离子数的比例。

3.2.4 样品的表征和测试

样品的测试与表征见 2.2.4 节。

3.3 Ce^{3+}、Tb^{3+} 掺杂/共掺杂 $La_2Sn_2O_7$ 纳米晶体的物相结构、成分与形貌特征

为了考察共沉淀-水热法合成 Ce^{3+}、Tb^{3+} 掺杂/共掺杂 $La_2Sn_2O_7$ 纳米晶体的物相结构、成分与形貌特征。在 180℃下水热反应 24h 制备出了 Ce^{3+}、Tb^{3+} 掺杂/共掺杂 $La_2Sn_2O_7$ 纳米晶体样品，并对其进行了 XRD、TEM、XPS 和 TG-DSC 检测。

3.3.1 Ce^{3+}、Tb^{3+} 掺杂/共掺杂 $La_2Sn_2O_7$ 的物相结构特征

采用共沉淀-还原水热法所合成的 Ce^{3+}、Tb^{3+} 掺杂/共掺杂 $La_2Sn_2O_7$ 样品的 XRD 衍射图谱如图 3-1 所示。从图 3-1 中可以观察到，所合成的样品的衍射花样分别可以和 PDF 卡片编号为 73-1686、87-1218 和 73-1686 的 $La_2Sn_2O_7$ 参考 XRD 衍射谱线完美地匹配起来。有意思的是，虽然经 MDI Jeda 5.0 自动匹配检索所得到的 PDF 卡片编号不尽相同，但是所检索到的物相结构以及空间群都相同。图 3-1 的插图为 $La_2Sn_2O_7$：Ce^{3+} [3%（原子分数）] 样品的 XRD 衍射花样在 2θ 范围为 35°~45° 的局部放大图。从该插图中可以清楚地观察到对应于（331）和（511）晶面的衍射峰的存在，根据第 2 章的分析，证明了所合成的样品均为立方烧绿石结构的 $La_2Sn_2O_7$ 晶体，其对应的空间群为 Fd-$3m$（227）。

样品的平均晶粒尺寸使用 XRD 衍射花样中属于（222）晶面衍射峰的半高宽通过谢乐公式[203]进行估算，结果见图 3-1，各样品的平均晶粒尺寸为 10~20nm。

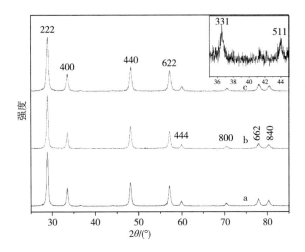

图 3-1 Ce³⁺、Tb³⁺ 共掺杂 La₂Sn₂O₇ 部分样品的 XRD 衍射图谱，右上角插图为 a 的局部放大图

a—La₂Sn₂O₇：Ce³⁺ ［3％（原子分数）］；b—La₂Sn₂O₇：Tb³⁺ ［7％（原子分数）］；

c—La₂Sn₂O₇：Ce³⁺ ［3％（原子分数）］/Tb³⁺ ［9％（原子分数）］

3. 3. 2 Ce³⁺、 Tb³⁺ 共掺杂 La₂Sn₂O₇ 的 XPS 分析

从图 3-1 可以知道，少量 Ce³⁺、Tb³⁺ 的掺杂对产物的 XRD 衍射花样并没有产生显著的影响，无法从 XRD 衍射图谱中判断掺杂离子是否成功地掺杂进入 La₂Sn₂O₇ 晶格。为了研究 Ce³⁺、Tb³⁺ 掺杂离子在水热合成 La₂Sn₂O₇ 晶格中的存在形态，对合成的 La₂Sn₂O₇：Ce³⁺（原子分数 3％）/Tb³⁺（原子分数 9％）样品进行了 XPS 检测。

图 3-2 是 Ce³⁺、Tb³⁺ 共掺杂 La₂Sn₂O₇ 样品的 X 射线光电子能谱（XPS）宽程扫描图谱。从图 3-2 的宽程扫描谱中可以观察到 La 3p、La 3d、Sn 3p、O 1s、Sn 3d、C 1s、La 4p、Tb 4d、La 4d 和 O 2s 等光电子峰，同时还可以观察到 O KLL 和 C KLL 俄歇电子峰。除此之外，没有观察到来自其他元素明显的谱峰，如图 3-2 所示。这证实了样品中不仅含有 La、Sn 和 O 元素，而且还含有 Tb 元素。比较遗憾的是，从宽程扫描图谱中未能观察到明显的 Ce 3d、Ce 4d 等谱峰，可能是由于虽然 Ce³⁺ 的理论掺杂量为 3％（原子分数），但是实际进入 La₂Sn₂O₇ 晶格中的 Ce³⁺ 的量要小于理论掺杂量，在样品中过低的 Ce³⁺ 含量导致在宽程扫描图谱中不能观察到明显的来自 Ce 元素的谱峰。由于 Ce³⁺、Tb³⁺ 共掺杂 La₂Sn₂O₇ 和 Eu³⁺ 掺杂 La₂Sn₂O₇ 具有相同的基质材料，因此可以预测，La、Sn 和 O 元素在两个样品中具有相似的存在形式。从图 2-2 和图 3-2 可以发现，Ce³⁺、Tb³⁺ 共掺杂 La₂Sn₂O₇ 的和 La₂Sn₂O₇：Eu³⁺ 的 XPS 宽程扫描图谱相似。

图 3-3 为 Ce³⁺、Tb³⁺ 共掺杂 La₂Sn₂O₇ 样品中 La 3d 的窄谱扫描 XPS 图谱。由于 3d⁹4f⁰ 和 3d⁹4f¹L 电子结构中存在的键合态和反键态，使得在 Ce³⁺、Tb³⁺

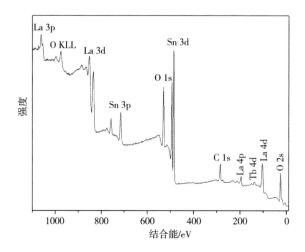

图 3-2　Ce^{3+}、Tb^{3+} 共掺杂 $La_2Sn_2O_7$ 样品的 XPS 宽程扫描图谱

共掺杂 $La_2Sn_2O_7$ 样品中的 La 3d 态的 XPS 谱图中可以观察到 La $3d_{5/2}$ 和 La $3d_{3/2}$ 的光电子峰分别劈裂为 835.6eV、839.6eV、852.5eV 和 856.6eV 四个光电子峰，如图 3-3 所示。谱峰的键合能和形状说明了 La 在 $La_2Sn_2O_7$：Ce^{3+}/Tb^{3+} 样品中以正三价的形式存在。Eu^{3+} 掺杂 $La_2Sn_2O_7$ 和 Ce^{3+}、Tb^{3+} 共掺杂 $La_2Sn_2O_7$ 样品的 La 3d XPS 谱，分别见图 2-3 和图 3-3，从这两个图中可以看出这两个样品的 XPS 峰形以及 La $3d_{5/2}$ 和 La $3d_{3/2}$ 谱峰的双峰劈裂能量差都基本一致。但是有意思的是，与 Eu^{3+} 掺杂 $La_2Sn_2O_7$ 样品相比较，$La_2Sn_2O_7$：Ce^{3+}/Tb^{3+} 样品的 La $3d_{5/2}$ 和 La $3d_{3/2}$ 谱分别蓝移了 0.1eV，其原因主要是掺杂离子的不同以及掺杂量的差异，使得在这两个样品中，La^{3+} 的局部化学环境发生了微小的变化，从而出现了蓝移现象，Jia 等[204]也观察到了类似的 La 3d 蓝移现象。

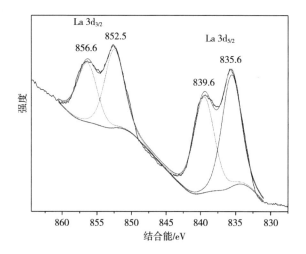

图 3-3　Ce^{3+}、Tb^{3+} 共掺杂 $La_2Sn_2O_7$ 样品中的 La 3d 窄谱扫描 XPS 图谱

图 3-4 为 La₂Sn₂O₇：Ce³⁺/Tb³⁺ 样品的 Sn 3d 窄谱扫描图。图 3-4 所示的 Sn 3d 窄谱扫描图与图 2-4 所示来自 La₂Sn₂O₇：Eu³⁺ 样品的 Sn 3d 的 XPS 谱图基本一致，从而证实了 Sn 在 La₂Sn₂O₇：Ce³⁺/Tb³⁺ 样品中也以正四价的形式存在[139]。

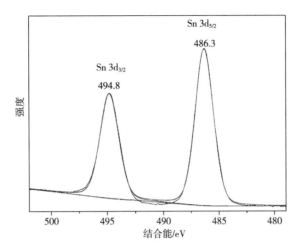

图 3-4 Ce³⁺、Tb³⁺ 共掺杂 La₂Sn₂O₇ 样品中的 Sn 3d 窄谱扫描 XPS 图谱

从图 3-5 可以看出，La₂Sn₂O₇：Ce³⁺/Tb³⁺ 样品的 O 1s 的 XPS 谱峰可以拟合为两个重叠峰，结合能分别为 530.4eV 和 532.5eV。O 1s 的 XPS 的谱峰的组成和形状说明了在 La₂Sn₂O₇：Ce³⁺/Tb³⁺ 样品中氧以两种不同的形式存在。其中位于 532.5eV 附近的弱光电子峰为样品表面吸附的 H₂O 中的 O 所导致的，而出现在 530.4eV 附近的高强度电子结合能峰为晶格中的金属与氧相结合而产生的。在 La₂Sn₂O₇：Ce³⁺/Tb³⁺ 样品的晶格中，分别存在 La—O、Sn—O、Ce—O 和 Tb—O 等四种不同的结合方式，由于 Ce³⁺ 和 Tb³⁺ 的掺杂量相对比较少，因此 La₂Sn₂O₇：Ce³⁺/Tb³⁺ 样品的 O 1s 的光电子谱主要取决于 La—O 和 Sn—O 的结合方式。文献报道[140, 141]在 La₂O₃ 和 SnO₂ 晶体中 O 1s 的结合能分别为 530.0eV 和 530.5eV，由于两者的结合能比较接近而容易出现光电子峰部分重叠。O 1s 谱峰的结合能信息和谱峰的形状说明了 O 元素以负二价的形式存在于 La₂Sn₂O₇：Ce³⁺/Tb³⁺ 样品的晶格中[100]。比较 La₂Sn₂O₇：Ce³⁺/Tb³⁺ 样品与 La₂Sn₂O₇：Eu³⁺ 样品的 O 1s 窄谱扫描 XPS 图谱可以发现，相对于 La₂Sn₂O₇：Eu³⁺ 样品而言，La₂Sn₂O₇：Ce³⁺/Tb³⁺ 样品的 O 1s 窄谱扫描 XPS 图谱中由于样品表面吸附 O 而导致的光电子峰向高键合能方向蓝移了 0.2eV。由于样品可能吸附的 H₂O、O₂ 和 CO₂ 无论是吸附种类和还是吸附的量上都存在着千差万别的差异从而导致了在 XPS 图谱中对应峰的位置出现蓝移[205]。

Tb 4d 的窄谱扫描 XPS 图谱如图 3-6 所示。由于 Tb³⁺ 的掺杂量相对较少，

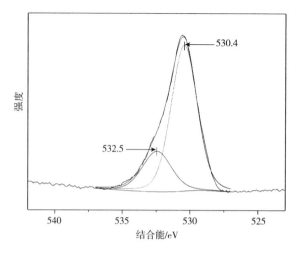

图 3-5 Ce^{3+}、Tb^{3+} 共掺杂 $La_2Sn_2O_7$ 样品中的 O 1s 窄谱扫描 XPS 图谱

从而从图 3-6 只能观察到一个中心位于 151.2eV、强度较弱的 Tb $4d_{5/2}$ 谱峰。谱峰的组成与位置证明了在 $La_2Sn_2O_7$：Ce^{3+}/Tb^{3+} 样品中 Tb 以正三价的形式存在[206,207]。

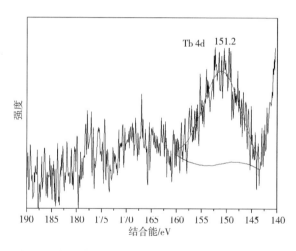

图 3-6 Ce^{3+}、Tb^{3+} 共掺杂 $La_2Sn_2O_7$ 样品中的 Tb 4d 窄谱扫描 XPS 图谱

图 3-7 为 Ce 3d 的窄谱扫描 XPS 图谱。Ce 3d 的窄谱扫描 XPS 图谱主要由一个结合能为 885.7eV 的谱峰组成，位于 885.7eV 处的峰属于典型的正三价态的 Ce $3d_{5/2}$ 谱峰，与 Ce_2O_3 晶体的 Ce $3d_{5/2}$ 的谱峰结合能基本一致[208]，而与 CeO_2 晶体中 Ce $3d_{5/2}$ 的谱峰位于结合能 882.4eV 相比较具有明显的差别[209]。由于 Ce^{3+} 的掺杂量过低以及检测仪器的限制，未能从图 3-7 中观察到明显的属于 Ce $3d_{3/2}$ 的谱峰。

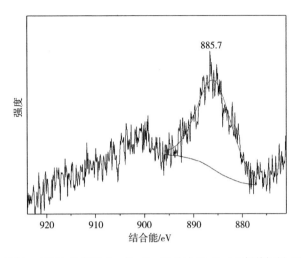

图 3-7 Ce^{3+}、Tb^{3+} 共掺杂 $La_2Sn_2O_7$ 样品中的 Ce 3d 窄谱扫描 XPS 图谱

从上述的分析可以清楚地知道，经过水热处理后，Ce^{3+} 和 Tb^{3+} 进入了 $La_2Sn_2O_7$ 晶格中。根据 $La\ 3d_{5/2}$、$Sn\ 3d_{5/2}$、$Tb\ 4d_{5/2}$、$Ce\ 3d_{5/2}$ 和 O 1s 的 XPS 谱峰面积以及相对应的原子灵敏度因子分别计算了 $La_2Sn_2O_7$：Ce^{3+}/Tb^{3+} 样品中各元素的相对含量，经过计算可知 La：Ce：Tb：Sn：O＝0.1606：0.0026：0.0151：0.1889：0.6328。将稀土元素 La、Ce、Tb 用 RE 来表示，则有 RE：Sn：O＝0.1783：0.1889：0.6328。而按照 $RE_2Sn_2O_7$ 所计算得到的各个元素之间的理论化学计量比为 RE：Sn：O＝0.1818：0.1818：0.6364，通过 XPS 检测得到的各个元素之间的比例与理论化学计量比之间存在少许的差别，实测值与理论值之间的差别可能来自于水热合成的 $La_2Sn_2O_7$：Ce^{3+}/Tb^{3+} 样品本身的缺陷，也可能来自于计算的误差、测量误差。值得注意的是，通过 XPS 检测数据计算得到的 La：Ce：Tb＝0.901：0.014：0.085，而反应原料中各元素的理论加入量的比例为 La：Ce：Tb＝0.88：0.03：0.09，两组数据相比较可以发现，实测的 Ce 含量较理论加入 Ce 含量明显偏小，可能是在合成过程中，各个稀土离子的反应活性存在差异所导致，具体原因需要更进一步的实验去证实。

3.3.3　Ce^{3+}、Tb^{3+} 掺杂/共掺杂 $La_2Sn_2O_7$ 的形貌特征

图 3-8 为 Ce^{3+}、Tb^{3+} 掺杂/共掺杂 $La_2Sn_2O_7$ 样品的 TEM 照片。从图 3-8 中可以看出，各个样品由大量均一的纳米颗粒组成，所组成的纳米颗粒大小位于 $10\sim20nm$ 之间，通过 TEM 观察到的颗粒尺寸与通过 XRD 衍射花样计算得到的晶粒尺寸一致。图 3-8 清晰地显示所合成的纳米晶体普遍都发生了较严重的团聚，大量的一次纳米粒子团聚形成直径约为 120nm 的不规则二次纳米球。强烈的团聚是水热合成烧绿石结构稀土复合氧化物纳米晶体最常见的现象，已经有许多文献报道了类似的现象[98,112]。

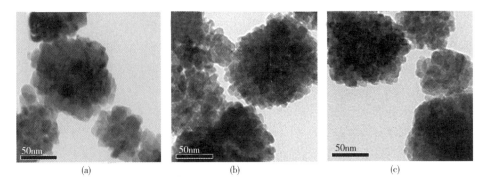

图 3-8 Ce^{3+}、Tb^{3+} 掺杂/共掺杂 $La_2Sn_2O_7$ 样品的 TEM 照片

(a) $La_2Sn_2O_7$：Ce^{3+} 原子分数 3%；(b) $La_2Sn_2O_7$：Tb^{3+} 原子分数 7%；

(c) $La_2Sn_2O_7$：Ce^{3+} 3%（原子分数）/Tb^{3+} 9%（原子分数）

从图 3-8 可以观察到，在相同的水热合成条件下所合成的 Ce^{3+}、Tb^{3+} 共掺杂的 $La_2Sn_2O_7$ 样品的形貌并没有明显的区别。但是有意思的是，和第 2 章的 Eu^{3+} 掺杂 $La_2Sn_2O_7$ 样品相比较在样品的形貌上具有非常显著的差别，见图 2-7，主要是水热合成方法的不同导致了在形貌上的显著差别。

3.3.4 $La_2Sn_2O_7$：Tb^{3+}/Ce^{3+} 的热重-差热分析

在 N_2 气氛保护下对水热合成的 $La_2Sn_2O_7$：Tb^{3+}/Ce^{3+} 样品进行热重-差热（TG-DSC）检测以考察 $La_2Sn_2O_7$：Tb^{3+}，Ce^{3+} 样品的热性能，检测结果见图 3-9。

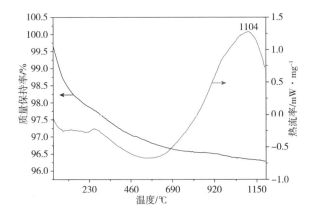

图 3-9 $La_2Sn_2O_7$：Tb^{3+}/Ce^{3+} 纳米晶体样品的热重-差热（TG-DSC）曲线

从图 3-9 中可以看出，随着温度从室温升高到 100℃ 左右，从热重曲线中可以观察到样品的质量快速减少，同时在相应的温度区域观察到差热曲线出现了明显的下降现象，说明发生了吸热现象。在这个温度区域范围出现的 TG 和 DSC

现象是由于脱附样品物理吸附的 H_2O 所导致。随着温度的升高，从 DSC 曲线中可以观察到，在约 580℃ 的位置出现了一个宽的吸热峰，并且从 TG 曲线中观察到了样品重量的持续降低，这是因为吸附于样品表面的 CO_2、CO_3^{2-} 和 NO_3^- 等基团通过分解、解吸附等过程从样品本身脱去。在 600~1200℃，虽然 TG 曲线显示样品依然存在少量重量减少，但是相对前面的失重而言失重量可以忽略不计。从 TG 曲线可以知道，温度从室温升高到 1200℃ 的过程中，样品总的失重率约为 3.3%。在高温区，DSC 曲线出现了一个明显的宽的放热峰，放热峰的中心位置处于 1104℃。这是因为样品中的纳米颗粒在高温下发生了晶体的长大，使得在该温度区域中出现了放热现象，但是同时样品的重量并没有明显的变化。

3.4　共沉淀-还原水热合成工艺参数对产物的物相结构及形貌的影响

3.4.1　pH 值的影响

从第 2 章的研究可以发现，反应体系的 pH 值对烧绿石结构 La₂Sn₂O₇ 晶体的形成具有非常重要的影响，可以预测到反应溶液体系的 pH 值对共沉淀-还原水热合成法合成 La₂Sn₂O₇ 晶体同样具有重要的影响。为了研究 pH 值对共沉淀-还原水热合成法合成产物的物相结构、形貌的影响，以及与分步沉淀-水热合成法的差异，在前驱体溶液中加入的 Tb^{3+}：La^{3+} 为 5：95，并且 RE：Sn 保持为 1：1，RE^{3+} 的浓度调节为 78mmol·L⁻¹，将反应溶液体系 pH 值调节为 8~14，于 180℃ 下水热反应 24h 制备系列样品。

在不同的 pH 值条件下合成产物的 XRD 衍射图谱如图 3-10 所示。由图 3-10 可以看出，与分步沉淀-水热合成法在不同 pH 值条件下合成产物的物相组成相似，在不同 pH 值条件下通过共沉淀-还原水热合成法合成的产物的物相结构由 SnO_2、La₂Sn₂O₇ 和 $La(OH)_3$ 中的一种或者两种构成。当反应的溶液体系 pH 值为 8 时，所合成产物的 XRD 衍射花样由单一的具有四方晶相结构的 SnO_2（JCPDS 41-1445）的衍射谱所构成，没有检测到其他物相的衍射花样，说明在 pH 值为 8 时产物为纯相的 SnO_2。比较有意思的是，当将反应体系的 pH 值增大到 9 时，从产物的 XRD 衍射图谱中可以明显地观察到来自于 La₂Sn₂O₇ 晶体的衍射花样，同时还存在着比较明显的四方相 SnO_2 的衍射峰。继续提高反应体系的 pH 值为 10，所得样品的 XRD 衍射花样可以与 PDF 卡片编号为 JCPDS 87-1218 的参考衍射花样完美相匹配，除此之外没有检测到其他杂相的衍射花样，说明了该样品为单一相的立方烧绿石结构的 La₂Sn₂O₇：Tb^{3+}，其空间群为 Fd-$3m$（227）。样品的 XRD 衍射花样显示在反应溶液体系的 pH 值为 11~13 的条件下，采用共沉淀-还原水热合成法合成的产物依然由单一相烧绿石结构 La₂Sn₂O₇：Tb^{3+} 晶体所组成。值得注意的是，虽然在反应体系的 pH 值调节为

14 的条件下所合成样品的 XRD 衍射花样中依然可以检测到来自于烧绿石结构 $La_2Sn_2O_7$：Tb^{3+} 的衍射花样，但是在该条件下，所合成样品的 XRD 衍射图谱主要由具有六方晶体结构的 $La(OH)_3$（JSPDS 83-2034）的衍射花样组成，意味着在 pH 值为 14 的条件下所合成的产物为 $La(OH)_3$ 和 $La_2Sn_2O_7$ 的混合物，并且 $La(OH)_3$ 是产物的主要成分。上述的分析说明了，pH 值对共沉淀-还原水热合成法合成烧绿石结构 $La_2Sn_2O_7$ 晶体同样具有非常重要的影响，当 pH 值偏低时趋向于生成四方晶体结构的 SnO_2，反之过高的 pH 值条件下更容易生成 $La(OH)_3$，只有在合适的 pH 值条件下才能够制备出纯相的 $La_2Sn_2O_7$ 晶体。

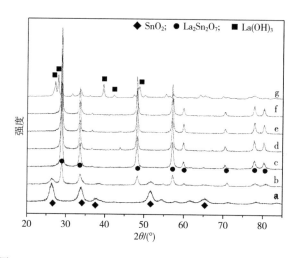

图 3-10 在不同 pH 值条件下所合成样品的 XRD 衍射图谱
a—pH=8；b—pH=9；c—pH=10；d—pH=11；e—pH=12；f—pH=13；g—pH=14

对采用共沉淀-还原水热合成法和采用分步沉淀-水热合成法在调节反应溶液体系的 pH 值所合成产物的物相组成进行比较可以发现，两种方法所合成的产物的物相组成随着 pH 值的变化而变化的趋势相同，见图 3-10 和图 2-12。当反应体系的 pH 值从低往高调节的过程中，产物的物相组成从单一的四方晶体结构的 SnO_2 过渡为 SnO_2 和烧绿石结构 $La_2Sn_2O_7$ 的混合物，继而得到纯相的烧绿石结构 $La_2Sn_2O_7$，继续提高 pH 值将得到 $La_2Sn_2O_7$ 和 $La(OH)_3$ 两相组成的混合物，当反应体系的 pH 值足够高时将会得到纯相的 $La(OH)_3$。从图 3-10 和图 2-12 的比较可以发现，虽然两种方法合成产物的物相变化趋势相同，但是在具体的 pH 值下，产物的组成却有较大的差异。对于共沉淀-还原水热合成法而言，在图 3-10 中可以观察到，在 pH=10～13 的范围内都可以合成出具有纯相烧绿石结构的 $La_2Sn_2O_7$；而对于分步沉淀-水热合成法而言，则只有在 11～12 的 pH 值条件下才能合成出具有单一相的烧绿石结构 $La_2Sn_2O_7$。说明了采用共沉淀-还原水热合成法可以在相对更宽的 pH 值范围内合成出纯相 $La_2Sn_2O_7$，而采用分步沉淀-水热合成法则需要精确调节反应体系的 pH 值才能合成出纯相 La₂Sn₂O₇。

从第 2 章关于 La₂Sn₂O₇ 的形成机理部分的分析可以知道，La₂Sn₂O₇ 是由 La(OH)₃ 和 Sn(OH)₄ 胶体沉淀在水热条件下相互间发生热脱水反应而得到的，而不能通过 La³⁺ 和 Sn⁴⁺ 在溶液中直接反应生成。这就不难理解为什么采用共沉淀-还原水热合成法可以在相对更宽的 pH 值范围内合成出纯相的 La₂Sn₂O₇ 了。对于共沉淀-还原水热合成法而言，在前驱体的制备过程中，当稀土离子和 Sn⁴⁺ 进行充分的混合之后，一旦将混合溶液直接滴入到激烈搅拌的浓氨水溶液中后将会立即形成无定形的 La(OH)₃ 与 Sn(OH)₄ 胶体沉淀，并且所形成的 La(OH)₃ 沉淀和 Sn(OH)₄ 沉淀相互交织在一起，分散均匀；而对于分步沉淀-水热合成法而言，在前驱体的制备过程中，将碱溶液滴入起始为酸性的稀土离子和 Sn⁴⁺ 的混合溶液中，导致反应体系的 pH 缓慢地从酸性转变为碱性，而由于 La³⁺ 和 Sn⁴⁺ 与 OH⁻ 分别形成 La(OH)₃ 和 Sn(OH)₄ 胶体沉淀的能力不一样（溶度积存在明显的差别），使得在 pH 值的调节过程中首先形成了 Sn(OH)₄ 的胶体沉淀，其次才会形成 La(OH)₃ 胶体沉淀，虽然后续的搅拌有利于 Sn(OH)₄ 和 La(OH)₃ 胶体沉淀的分散与均匀化，但是其分散性依然无法和共沉淀过程所形成的分子级别的胶体分散相比拟。正因为共沉淀过程形成了分子级别分散的 Sn(OH)₄ 和 La(OH)₃ 胶体沉淀，也即 Sn(OH)₄ 和 La(OH)₃ 的距离非常小，从而使得在后续的水热处理过程中，具有高分散程度的 Sn(OH)₄ 和 La(OH)₃ 胶体沉淀更容易相互发生离子间的碰撞而发生反应生成 La₂Sn₂O₇ 晶体。

第 2 章的研究表明 pH 值不仅影响着最终产物的物相结构，还对产物的形貌具有非常重要的影响。为了探讨采用共沉淀-还原水热合成法合成烧绿石结构锡酸镧过程中 pH 值对产物形貌的影响，对在 pH 值分别为 11、12、13 的条件下所合成的纯相 La₂Sn₂O₇:Tb³⁺ 样品分别进行了 TEM 检测，检测结果见图 3-11。

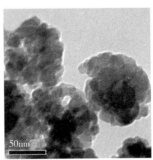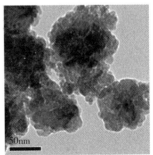

(a)pH=11　　　　　　(b)pH=12　　　　　　(c)pH=13

图 3-11　不同 pH 值条件下所合成样品的 TEM 照片

从图 3-11 可以看出，在不同的 pH 值条件下合成产物的形貌并没有显著的差异，TEM 照片显示样品都呈现出由一次纳米颗粒团聚而形成的不规则球状形貌，一次纳米颗粒的尺寸小于 20nm。相对于 pH 值为 11 和 13 样品的 TEM 照片，在 pH 值为 12 的条件下所合成的产物的 TEM 照片显示样品具有相对较好的结晶度，并且一次纳米颗粒的尺寸也稍微大一些，但是差别并不显著。从图 3-11 可以看出，pH 值虽然对于共沉淀-还原水热合成法合成烧绿石结构锡酸镧的物相结构有显著的影响，但是对最终产物的形貌却没有特别明显的影响，尤其是相对于分步沉淀-水热合成法在不同 pH 值条件下所合成的具有不同形貌的烧绿石结构锡酸镧而言，见图 2-17。在这两种不同的合成方法中 pH 值对产物形貌的影响作用之间存在着巨大差别，其原因是合成过程中制备前驱体溶液的方法的不同。采用共沉淀方法所制备的前驱体中 $Sn(OH)_4$ 和 $La(OH)_3$ 胶体相互交织在一起，$La(OH)_3$ 和 $Sn(OH)_4$ 胶体沉淀间分散性较好；而在分步沉淀方法制备前驱体中，由于 pH 从酸性缓慢调节到碱性，从而首先形成了 $Sn(OH)_4$ 胶体沉淀，随后再形成 $La(OH)_3$ 沉淀，从而使得 $Sn(OH)_4$ 和 $La(OH)_3$ 之间分散性相对较差。对于分散性好的由共沉淀方法制备的前驱体溶液，$Sn(OH)_4$ 胶体沉淀和 $La(OH)_3$ 胶体沉淀相互交织，紧密接触，从而在水热过程中容易形成大量的晶核，并且能够相互反应迅速地形成 $La_2Sn_2O_7$ 晶核，大量的晶核以及快速的形核生长过程使得最终产物以大量的细小纳米颗粒的形式存在。由于所形成的纳米颗粒粒径小，比表面积大，从而具有相对较高的表面能，促使所形成的大量纳米颗粒发生严重的团聚效应而形成不规则球状结构。对于由分步沉淀法所制备的前驱体而言，由于 $Sn(OH)_4$ 和 $La(OH)_3$ 胶体沉淀之间的相互分散性相对并不高，从而在水热处理过程中，形核的速度和晶体的生长速度都相对较低，从而使得反应体系的 pH 值能够对结晶的形成产生足够大的影响，导致生成了具有不同形貌的 $La_2Sn_2O_7$ 晶体。

3.4.2 水热反应温度的影响

采用水热合成法制备纳米晶体通常需要一定的温度，为了考察水热合成温度对产物的影响，分别在 160℃、170℃和 180℃下进行对比合成实验，并对合成产物进行 XRD 检测分析。

图 3-12 为在不同水热温度下进行水热合成反应所获得产物的 XRD 衍射花样。图 3-12 显示，在 160℃下进行合成实验所获得的产物的 XRD 衍射花样主要由晶态的 $La(OH)_3$ 的衍射花样构成，同时还可以观察到若干个非晶包峰，根据实验的起始产物组成以及 PDF 卡片号为 JCPDS 41-1445 的参考衍射图谱可以判定这些非晶峰来自于无定形的 SnO_2，说明了在 160℃下进行合成反应获得产物为晶态的 $La(OH)_3$ 和非晶态的 SnO_2 的混合物。提高水热反应的温度为 170℃，如图 3-12 中 b 所示，产物的 XRD 衍射花样可以判定为主要来自于烧绿石结构 $La_2Sn_2O_7$（JCPDS 87-1218）的衍射花样，除了 $La_2Sn_2O_7$ 的衍射峰之外，还可

以观察到强度较弱的晶态 La(OH)₃ 以及晶态 SnO₂ 的衍射峰。图 3-12 中的插图为 170℃合成样品在 2θ 范围从 25.5°～30.5°的局部放大图，从该图中可以非常清楚地观察到来自于 SnO₂ 和 La(OH)₃ 的衍射峰。XRD 图谱的分析证实了经过 170℃水热处理后可以获得烧绿石结构的 La₂Sn₂O₇：Tb³⁺ 晶体，但是依然存在着少量 La(OH)₃ 和 SnO₂ 杂质。继续提高水热合成温度至 180℃，在该温度下所合成的产物的 XRD 衍射图谱可以与烧绿石结构 La₂Sn₂O₇ 的衍射花样完美相匹配，除此之外没有其他的杂质衍射峰被检出，意味着在 180℃进行水热合成反应可以合成出单一相烧绿石结构 La₂Sn₂O₇：Tb³⁺ 晶体。并且，对比 170℃和 180℃所获得样品的 XRD 衍射图谱可以发现，180℃样品的衍射峰的强度增加，说明在高的温度下所获得的产物具有更好的结晶度。该实验结果同时也说明了，与分步沉淀制备的前驱体相比较（见图 2-13），虽然共沉淀法所制备的前驱体具有更好的分散性，但是在水热合成过程中并没有明显体现出降低烧绿石结构锡酸镧晶体的生成温度的优势，因此也意味着 La₂Sn₂O₇ 晶体的生成主要取决于反应体系的热力学因素而不是动力学因素。

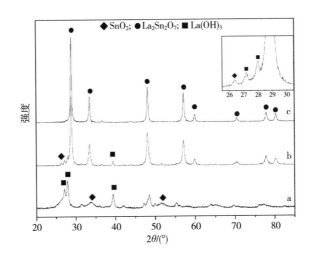

图 3-12 不同水热温度下所得样品的 XRD 图谱，插图为 170℃制备样品的局部放大图
a—160℃；b—170℃；c—180℃

3.4.3 水热反应时间的影响

为了考察水热反应时间与产物物相组成之间的关系，在保持其他反应条件不变的前提下，对合成的试样分别进行 2h、4h、6h、12h 和 24h 的水热处理，并进行 XRD 检测，见图 3-13。

第 2 章的研究已证实，前驱体中的胶体沉淀不经过水热处理而直接干燥所得到的是无定形的产物。前驱体溶液在 180℃的条件下水热处理 2h 所制备样品的

XRD 衍射图谱中出现了非常明显的 La(OH)$_3$ 晶体的 XRD 衍射峰，除此之外没有观察到其他晶态物质的衍射峰，但是可以观察到少量几个非晶态宽峰，根据非晶态宽峰的位置结合试验的实际情况可以确认这些非晶态宽峰来自于无定形的SnO$_2$，如图 3-13 所示。延长水热处理时间为 4h 时所获得产物的 XRD 衍射图谱中可以观察到明显的分别来自于晶态的 La$_2$Sn$_2$O$_7$、La(OH)$_3$ 和 SnO$_2$ 的衍射花样，XRD 衍射谱图说明在此条件下所得产物主要由 La$_2$Sn$_2$O$_7$ 组成，同时存在少量的 La(OH)$_3$ 和 SnO$_2$ 晶体。当水热处理时间达到 6h 或长于 6h 时，所合成样品的 XRD 衍射图谱中就只能观察到全部来自于具有烧绿石结构的 La$_2$Sn$_2$O$_7$的衍射花样，并且，随着水热处理时间的延长，衍射峰的相对强度增强，半高宽降低。说明了经过 6h 或者更长时间的水热处理，La(OH)$_3$ 和 SnO$_2$ 已经完全转变形成热力学更稳定的 La$_2$Sn$_2$O$_7$ 晶体。同时长时间的水热处理有利于生成高结晶度和大晶粒尺寸的产物。从上述的分析可以清楚地发现，在水热合成的过程中，首先形成了晶态的 La(OH)$_3$ 和无定形的 SnO$_2$，随后 La(OH)$_3$ 和 SnO$_2$ 相互发生反应生成 La$_2$Sn$_2$O$_7$ 晶体。该实验现象也进一步证实了在第 2 章所提出的La$_2$Sn$_2$O$_7$ 晶体由 La(OH)$_3$ 和 SnO$_2$ 发生脱水反应而获得的形成机理。

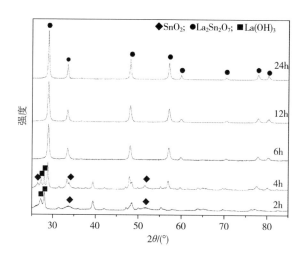

图 3-13　不同水热时间下所得样品的 XRD 图谱

3.4.4　表面活性剂和配合剂的影响

表面活性剂和配合剂在液相合成反应中对反应的进行途径和程度都有重要影响，通过加入不同的表面活性剂和配合剂可以改变所合成产物的物相结构以及形貌，因而许多的研究工作者对表面活性剂和配合剂在液相合成反应中的作用进行了大量的研究工作并取得了卓有成效的研究成果[129,158,159]。对于表面活性剂和配合剂在烧绿石结构稀土复合氧化物的液相合成中的影响也有科研人员进行了一些有益的探索[98, 99, 111]。为了对表面活性剂和配合剂对水热合成烧绿石结构锡酸镧实验产物的物相组成的影响进行探索，在保持其他反应条件不变的前提下，分别在前驱体溶液中加入 0.4g 的聚乙烯吡咯烷酮（PVP）、十二烷基苯磺酸钠（SDBS）、十六烷基三甲基溴化铵（CTAB）、乙二胺四乙酸二钠盐（EDTA）和 0.4mL 聚乙二醇-400（PEG-400），搅拌均匀后在 180℃ 下水热处理 48h 尝试合成 La$_2$Sn$_2$O$_7$：Tb^{3+}（原子分数 7%）晶体。值得注意的是对于加入 EDTA 的试样，经过 180℃ 水热处理 48h 后，反应釜中溶液以浑浊悬浮液形式存在，反应釜中未见明显的沉淀，对反应产物进行高速离心也未能收集到有效的沉淀物，除此之外的其他实验均可获得明显的沉淀产物。由于 EDTA 和反应溶液中的 La^{3+}、Tb^{3+} 和 Sn^{4+} 都具有强烈的配合作用，溶液中的 EDTA 与 La^{3+}、Tb^{3+} 和 Sn^{4+} 的配合反应和 OH$^-$ 与 La^{3+}、Tb^{3+} 和 Sn^{4+} 的沉淀反应互为竞争反应，EDTA 的加入剧烈地降低了生成相应金属氢氧化物胶体沉淀的量，从而导致虽然经过长时间的水热处理也不能有效地合成 La$_2$Sn$_2$O$_7$：Tb^{3+} 晶体。

对所获得的沉淀产物进行了 XRD 检测，检测结果如图 3-14 所示。从图 3-14 可以发现，加入 PVP、SDBS、PEG-400 和 CTAB 的实验所获得的产物中均检测到了烧绿石结构锡酸镧的 XRD 衍射花样，并且烧绿石结构锡酸镧是产物的主要成分。除了烧绿石结构锡酸镧之外，在加入 PVP、SDBS 和 PEG-400 所获得的产物的 XRD 衍射花样中均能观察到源自晶态 La(OH)$_3$ 和 SnO$_2$ 的衍射峰，说明了加入 PVP、SDBS 和 PEG-400 所获得的产物中除了存在 La$_2$Sn$_2$O$_7$：Tb^{3+} 晶体外还同时存在少量的 La(OH)$_3$ 和 SnO$_2$ 晶体。对于在实验过程中加入了 CTAB 所获得的产物，通过 XRD 则没有检测到除了烧绿石结构 La$_2$Sn$_2$O$_7$ 之外的其他晶体的衍射花样。也就是说，加入 CTAB 后依然可以获得单一相的 La$_2$Sn$_2$O$_7$ 晶体。对加入 CTAB 所获得的 La$_2$Sn$_2$O$_7$ 晶体的（222）衍射峰根据谢乐公式[203]对产物的晶粒尺寸进行计算，可知产物的晶粒尺寸为（53.0±0.7）nm。对于没有加入 CTAB 所获得的平均晶粒尺寸不超过 20nm 的 La$_2$Sn$_2$O$_7$：Tb^{3+} 晶体而言（图 3-1），CTAB 的加入可以有效地提高所获得产物的晶粒尺寸。CTAB 是一种阳离子表面活性剂，在溶液中以 CTA$^+$ 阳离子形式存在。在碱性条件下，由于溶液中含有较多的 OH$^-$，这些 OH$^-$ 中 O 原子的孤对电子会与 La(OH)$_3$ 和 Sn(OH)$_4$ 胶体沉淀相作用，使得这些胶体沉淀带负电荷。这些带负电荷的胶体沉淀通过静电吸引作用强烈地吸附 CTA$^+$ 阳离子。CTA$^+$ 阳离子作为俘获剂吸附在胶体沉淀表面，降低了胶体沉淀在水热过程中相互碰撞发生反应形成 La$_2$Sn$_2$O$_7$ 晶核的数量和速度，较低的形核速度和较少的晶核数量导致了大尺寸晶粒的形成。

大量的研究显示，表面活性剂具有调控产物微观形貌的特殊作用。为了研究所加入的 CTAB 对产物形貌的影响，对所获得的产物进行了 SEM 检测。

图 3-15 为加入 CTAB 所制备的 La$_2$Sn$_2$O$_7$：Tb^{3+} 样品的 SEM 照片。从图 3-

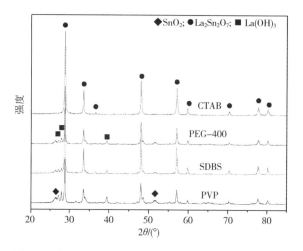

图 3-14 加入不同表面活性剂所获得样品的 XRD 图谱

15 可以清楚地观察到，$La_2Sn_2O_7$：Tb^{3+} 样品是由许多具有比较规整、颗粒尺寸约为 $60 \sim 80nm$ 的八面体形状的一次纳米晶体通过自组装而形成的棱长约为 200nm 的八面体状二次纳米结构。所获得样品的形貌与第 2 章采用分步沉淀-水热合成法所合成的八面体微米晶体有一定的相似性，都是具有八面体形貌，但是不同的是加入 CTAB 所获得的八面体状纳米晶体发生了自组装而形成具有八面体形貌的二次微/纳米结构。同时，加入 CTAB 所合成样品的形貌与同样采用共沉淀-还原水热合成法但是没有加入 CTAB 的样品（纳米颗粒团聚为不规则的球状）具有显著的差别，见图 3-8 和图 3-11。

图 3-15 加入 CTAB 所合成样品的 SEM 照片

上述分析表明 CTAB 在八面体结构的形成中具有非常重要的作用。八面体一次纳米晶体自组装形成八面体状二次微/纳米结构 $La_2Sn_2O_7$：Tb^{3+} 晶体的生长机理如图 3-16 所示。

晶体的形貌与晶体各个晶面的表面能（或者表面积）密切相关。一般来说，形成一种具有特定形貌的晶体要么就是能够使得各个晶面的表面能达到最小，要么就是取决于晶体的生长动力学[210]。对于具有立方晶体结构的晶体，人们普遍认为具有立方晶系结构的晶体的几何形状取决于在 $<100>$ 方向和 $<111>$ 方向上的生长速度的比（R）[211]。当 $R = 1.73$ 时，通过抑制（111）晶面的生长速度，可生成具有八面体或者四面体形状的晶体[212]。在不同晶体方向上的生长速度可以通过在晶体的生长过程中选择性地加入一些有机或无机添加剂进行调控[213~215]。加入有机或无机添加剂，选择性吸附于某些特定晶面上，从而抑制该晶面的生长速度，从而最终改变所生成晶体的形貌。

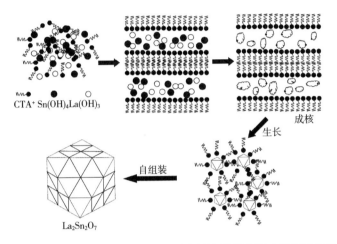

图 3-16　自组装八面体状二次微/纳米结构晶体的形成机理示意图

如图 3-16 所示，在前驱体的制备过程中采用共沉淀法，形成了 La(OH)₃ 和 Sn(OH)₄ 相互交织、高度分散的胶体沉淀。相对于分步沉淀法制备的前驱体溶液而言，采用共沉淀法所制备的前驱体溶液在水热合成的过程中具有相对较快的形核速度以及较多的晶核数量。众所周知，具有较快的形核速度以及较多的晶核数量将导致所生成的晶体具有相对较小的晶粒尺寸。正如我们大家所知道的那样，CTAB 是一种阳离子表面活性剂，同时，由于所加入的 CTAB 的量比较少，并且正如前人的文献报道一样，在 180℃ 或高于 180℃ 的水溶液中 CTAB 只会吸附在晶核表面而无法形成 CTAB 胶束[216]，从而使得在碱性条件下 CTAB 以 CTA⁺ 的形式存在。在碱性条件下，由于溶液中含有较多的 OH⁻，这些 OH⁻ 中 O 原子的孤对电子会与 La(OH)₃ 和 Sn(OH)₄ 胶体沉淀相作用，使得这些胶体沉淀带上负电荷。这些带负电荷的胶体沉淀通过库仑力作用强烈地吸附 CTA⁺ 阳离子[217]。从而在前驱体制备过程中，经过剧烈的搅拌而均匀吸附在胶体表面的 CTA⁺ 阳离子由于具有很强的憎水性而自发地形成 CTA⁺ 阳离子高度有序的层状结构，而 Sn(OH)₄ 和 La(OH)₃ 依然保持局部无序的状态[99]。在水热过程中，相互交织高度分散的 Sn(OH)₄ 和 La(OH)₃ 相互碰撞发生脱水反应形成 La₂Sn₂O₇ 晶核。正如第 2 章关于八面体 La₂Sn₂O₇：Eu³⁺ 的生长机理分析的那样，由于烧绿石结构 La₂Sn₂O₇ 晶体结构中（111）晶面具有最大的原子密度，从而使得大量 OH⁻-CTA⁺ 吸附在 La₂Sn₂O₇ 晶核的（111）晶面上，抑制了（111）晶面的生长，最终形成了八面体状 La₂Sn₂O₇：Tb³⁺ 纳米晶体[218]。由于反应体系为具有强碱性的水溶液体系，在所形成的八面体状 $La_2Sn_2O_7$：Tb^{3+} 纳米晶体的表面，依然会吸附着大量的 OH^--CTA^+，因而在八面体状纳米晶体的表面存在着 CTA^+ 阳离子的包覆层。由于 CTA^+ 阳离子具有强的憎水性，为了降低包覆 CTA^+ 的憎水层的表面自由能，包覆着 CTA^+ 的八面体状纳米晶体具有自发团聚成团的倾向[214]；同时，由于纳米晶体所具有的八面体状空间结构，自发团聚的纳米晶体为了使得团聚体的表面能最低而自发地形成了同样为八面体形状的二次微/纳米结构。

3.4.5 稀土离子掺杂量的影响

为了考察 Ce^{3+}、Tb^{3+} 单掺杂和共掺杂的掺入量对所制备产物的物相结构的影响，通过调节不同掺杂离子的掺杂量进行了系列合成实验并对所合成样品进行 XRD 检测。

图 3-17 为具有不同 Ce^{3+} 掺杂量的 $La_2Sn_2O_7$：Ce^{3+} 晶体的 XRD 衍射花样。从图 3-17 可以清楚地看出，当 Ce^{3+} 的掺杂量从 0.5%（原子分数）逐渐增加到 9%（原子分数）时样品的衍射花样依然可以和烧绿石结构 $La_2Sn_2O_7$ 的参考衍射花样（JCPDS 73-1686）相匹配，同时也没有出现源自其他物相结构的衍射峰，说明了所合成的样品为单一相的具有烧绿石结构的 $La_2Sn_2O_7$ 晶体。同时，还可以观察到，随着 Ce^{3+} 的掺杂量逐步增加，衍射峰也稍微地向高角度移动，说明所合成样品的晶格常数随着 Ce^{3+} 掺杂量的增大而逐步变小。

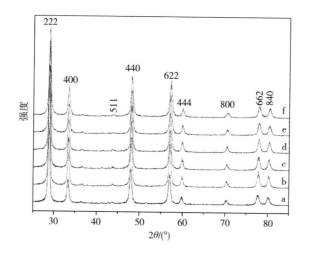

图 3-17 不同 Ce^{3+} 掺杂量样品的 XRD 衍射图谱

a—0.5%（原子分数）；b—1%（原子分数）；c—3%（原子分数）；
d—5%（原子分数）；e—7%（原子分数）；f—9%（原子分数）

具有不同 Tb^{3+} 掺杂量的 $La_2Sn_2O_7$：Tb^{3+} 样品的 XRD 衍射花样如图 3-18

所示。从图 3-18 中可以清楚地观察到，虽然随着 Tb³⁺ 的掺杂量从 1％（原子分数）增大到 11％（原子分数），衍射峰的峰位逐渐向高角度偏移，尤其是高角度的衍射峰可以观察得更明显，但是样品的整个衍射花样依然可以和具有烧绿石结构的 La₂Sn₂O₇ 参考 XRD 衍射花样（JCPDS 73-1686）较好地匹配起来，从而可以判定所获得的样品总体上看依然具有 La₂Sn₂O₇ 的晶体结构。

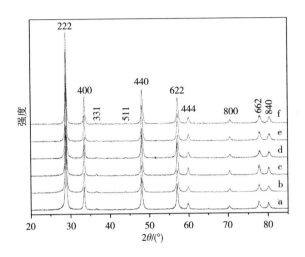

图 3-18　不同 Tb³⁺ 掺杂量样品的 XRD 衍射图谱
a—原子分数 1％；b—原子分数 3％；c—原子分数 5％；
d—原子分数 7％；e—原子分数 9％；f—原子分数 11％

　　图 3-19 为掺入不同量 Ce³⁺ 的 La₂Sn₂O₇：Tb³⁺（原子分数 9％）/Ce³⁺（原子分数 x）样品的 XRD 衍射图谱。从图 3-19 可以观察到，所获得样品的 XRD 衍射花样与烧绿石结构 La₂Sn₂O₇ 的参考衍射图谱（JCPDS 87-1218）非常相似，但是和该参考衍射花样相比较，各个衍射峰的峰位已经普遍向高角度方向发生了移动，所以并不能和参考衍射花样完全地匹配起来。但是当将参考衍射谱线整体向高角度作一定的位移则又可以相互完美地匹配起来。同时，在所合成样品中依然可以清晰地观察到来自（331）和（511）晶面的衍射谱峰，从而充分说明了具有不同 Ce³⁺ 掺杂量的 La₂Sn₂O₇：Tb³⁺（原子分数 9％）/Ce³⁺（原子分数 x）样品同样具有烧绿石晶体结构。相比较未掺杂的 La₂Sn₂O₇ 而言，掺杂样品的晶格常数随着掺杂量的增大有减小的趋势。

　　为了了解通过共沉淀-还原水热合成法所获得样品的晶格常数与各掺杂离子的掺杂量之间的关系，对各掺杂离子不同掺杂量所合成样品的晶格常数 a（Å）采用最小二乘拟合进行了计算，见图 3-20。从图 3-20 可知，随着 Ce³⁺、Tb³⁺ 掺杂量的增加，所合成样品的晶格常数线性减少。晶格常数的降低主要归因于各种稀土离子半径上的差异，La³⁺ 为 1.06Å，Ce³⁺ 为 1.034Å，Tb³⁺ 为 0.923Å[155]。

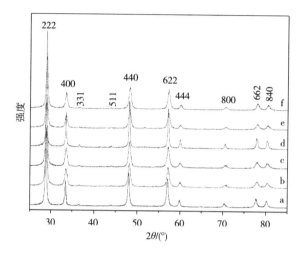

图 3-19　不同 Ce^{3+} 掺杂量的 $La_2Sn_2O_7$：Tb^{3+}（原子分数 9%）/
Ce^{3+}（原子分数 x%）样品的 XRD 衍射图谱

a—$x=0$；b—$x=0.5$；c—$x=1$；d—$x=3$；e—$x=5$；f—$x=7$

样品的晶格常数随着 Ce^{3+}、Tb^{3+} 掺杂量的增加线性降低也说明了 Ce^{3+}、Tb^{3+} 通过水热合成过程进入了 $La_2Sn_2O_7$ 晶格中，并且 Ce^{3+} 和 Tb^{3+} 是以取代 $La_2Sn_2O_7$ 晶格中的 La^{3+} 的形式而掺杂进入 $La_2Sn_2O_7$ 晶格中的，实验结果与 Vegards 法则相符[219]。上述分析也充分说明了所合成的 Ce^{3+}、Tb^{3+} 掺杂/共掺杂 $La_2Sn_2O_7$ 样品并不是 $La_2Sn_2O_7$、$Ce_2Sn_2O_7$ 和 $Tb_2Sn_2O_7$ 三种晶体的简单混合，而是形成了具有烧绿石结构的均一物相结构固溶体，图 3-17～图 3-19 中的 XRD 衍射花样也为上述的论断提供了有力的证据。也说明了少量掺杂离子的掺入不会破坏烧绿石结构的形成。

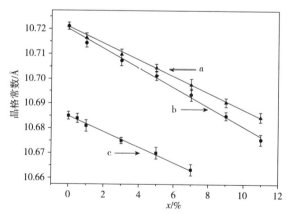

图 3-20　不同掺杂量与所合成的 Ce^{3+}、Tb^{3+} 掺杂/共掺杂 $La_2Sn_2O_7$ 的晶格常数的关系图

a—$La_2Sn_2O_7$：Ce^{3+}（原子分数 x%）；b—$La_2Sn_2O_7$：Tb^{3+}（原子分数 x%）；
c—$La_2Sn_2O_7$：Tb^{3+}（原子分数 9%）/Ce^{3+}（原子分数 x%）

3.4.6 抗坏血酸的影响

由于 Ce^{3+} 在溶液中容易被空气中的氧气氧化而变成 Ce^{4+}，同样地，Tb^{3+} 也可能被氧化为 Tb^{4+}，而以不同价态存在的铈和铽阳离子对产物的光学性能有着非常重要的影响。为了让通过水热合成法所合成样品中所掺杂的铈和铽阳离子依然以正三价的形式存在，就必须在反应体系中加入适当的还原剂以防止在氧气存在以及高温高压的条件下 Ce^{3+} 和 Tb^{3+} 分别被氧化为 Ce^{4+} 和 Tb^{4+}。而抗坏血酸就是这样一种最常用的还原剂[220]。为了考察在反应体系中加入抗坏血酸对产物的物相结构的影响，在保持其他反应条件一致的前提下，分别进行了加入或未加抗坏血酸两组水热合成实验，并分别对所获得的产物进行了 XRD 检测，见图 3-21。

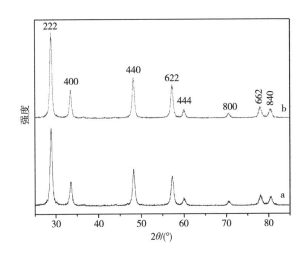

图 3-21 存在或不存在抗坏血酸所合成 Ce^{3+}、Tb^{3+} 共掺杂 La₂Sn₂O₇ 样品的 XRD 衍射图谱
a—没有加入抗坏血酸；b—加入 1g 抗坏血酸

从图 3-21 可以发现，在保持其他合成工艺不变的前提下，是否加入抗坏血酸从产物的 XRD 衍射花样中并没有发现存在明显的差别。不管是否存在抗坏血酸，根据所合成产物的 XRD 衍射花样都可以有力地证实所合成产物为纯相的烧绿石结构晶体，因此是否加入抗坏血酸没有对烧绿石结构的形成产生明显的影响。这可能是由于所掺杂的稀土离子的量相对较少，不管所掺入的铈和铽在 La₂Sn₂O₇ 晶格中是以正三价还是以正四价的形式存在都不会对 La₂Sn₂O₇ 晶体产生显著的扭曲而破坏烧绿石结构的形成。

3.5 Ce³⁺、Tb³⁺ 掺杂/共掺杂 La₂Sn₂O₇ 的光学性能

3.5.1 La₂Sn₂O₇：Tb³⁺/Ce³⁺ 的傅里叶变换红外光谱分析

采用共沉淀-还原水热合成法合成的 Ce³⁺、Tb³⁺ 掺杂/共掺杂 La₂Sn₂O₇ 样品基本上都具有由纳米晶体团聚而形成的不规则微/纳米球状形貌。对具有不规则球状 La₂Sn₂O₇：Tb³⁺/Ce³⁺ 样品进行了傅里叶变换红外光谱（FT-IR）检测以对其傅里叶变换红外光谱特征进行分析，检测结果如图 3-22 所示。

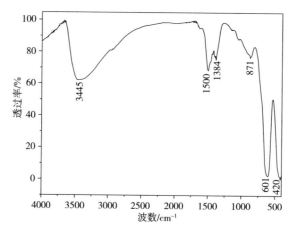

图 3-22　不规则球状 La₂Sn₂O₇：Tb³⁺/Ce³⁺ 纳米晶体样品的傅里叶变换红外光谱图

对于空间群为 Fd-$3m$ 的具有烧绿石结构的 A₂B₂O₇ 晶体，根据群论分析，只有 $8F_{1u}$ 简正模式为红外活性模式，在 750～50cm⁻¹ 区间存在着 7 个红外吸收带，分别位于以下波数附近：700 ～590cm⁻¹（B—O 伸缩振动），500cm⁻¹（A—O 伸缩振动），400cm⁻¹（A—O′伸缩振动），300cm⁻¹（O—B—O 弯曲振动），200cm⁻¹（A—BO₆ 伸缩振动），150cm⁻¹（O—A—O 弯曲振动），100cm⁻¹（O′—A—O′弯曲振动）[20,221]。

从图 3-22 中可以看出，不规则微/纳米球状 La₂Sn₂O₇：Tb³⁺/Ce³⁺ 样品分别在 3445cm⁻¹、1500cm⁻¹、1384cm⁻¹、871cm⁻¹、601cm⁻¹ 和 420cm⁻¹ 等波数处存在着明显的红外吸收峰。其中，由于样品物理吸附了 H₂O 分子，而 H₂O 分子中的 OH⁻ 基团所产生的振动峰导致了在 3445cm⁻¹ 处出现宽的红外吸收峰。图 3-22 显示 OH⁻ 基团的振动峰强度很强，说明了采用共沉淀-还原水热合成法合成的样品经过后续 100℃ 干燥 4h 的热处理也并不能较好地脱去样品表面所吸附的 H₂O。这可能是由于样品具有较小的晶粒尺寸以及不规则的球状形貌，使

得样品具有大的比表面积，从而导致了样品具有强的吸附 H_2O 的能力。样品吸附了相对较多的 H_2O，导致样品表面所吸附的来自空气中的 CO_2 几乎全部溶解在 H_2O 中，使得在样品的 FT-IR 光谱中分别位于 $1500cm^{-1}$、$1384cm^{-1}$ 和 $889cm^{-1}$ 波数处观察到了明显的 CO_3^{2-} 基团的特征红外吸收带。与此同时在 $2364 \sim 2339cm^{-1}$ 区间反而没有观察到明显的源自 CO_2 的红外特征吸收带，这也说明了样品吸附的 CO_2 几乎全部溶解在 H_2O 中以 CO_3^{2-} 的形式存在。在样品的 FT-IR 光谱中除了观察到来自 H_2O 和 CO_3^{2-} 的红外吸收带之外，分别在 $610cm^{-1}$ 和 $420cm^{-1}$ 处出现了非常强的红外吸收峰，其中位于 $601cm^{-1}$ 处的红外吸收峰来源于 $La_2Sn_2O_7$：Tb^{3+}/Ce^{3+} 晶格中的 SnO_6 八面体结构中的 Sn—O 键的伸缩振动，而 $420cm^{-1}$ 处出现的强红外吸收带则可以归因于样品中的 La—O′键的伸缩振动。相比较于 3D 八面体状 $La_2Sn_2O_7$：Eu^{3+} 样品的 FT-IR 光谱（图 2-25），不规则球状 $La_2Sn_2O_7$：Tb^{3+} 样品的 FT-IR 光谱中源自 Sn—O 键和 La—O′键的伸缩振动的红外吸收带分别向高波数方向移动了 $2cm^{-1}$，也就是说发生了蓝移现象。这可能是不同的形貌、颗粒尺寸以及离子的掺杂所导致。

3.5.2　$La_2Sn_2O_7$：Tb^{3+}/Ce^{3+} 的拉曼光谱分析

从第 2 章的分析可以知道，对于烧绿石结构化合物的 26 种简正模式中，只有 A_{1g}、E_g 和 $4F_{2g}$ 这六种模式具有拉曼活性。因此，理论上可以从拉曼光谱中观察到属于这六种基本简正振动的基本拉曼吸收峰。

图 3-23（a）为水热合成的不规则球状 $La_2Sn_2O_7$：Tb^{3+}/Ce^{3+} 样品的拉曼光谱图谱。在该图中并没有观察到特别显著的拉曼谱峰，仅能从图 3-23（a）中拉曼位移分别约在 $310cm^{-1}$、$410cm^{-1}$ 和 $505cm^{-1}$ 处观察到几个强度很弱的谱峰。有文献报道，具有过低结晶度以及过小晶粒尺寸的样品将会导致在样品的拉曼光谱中出现强度较弱的拉曼谱峰[110]。为了获得高结晶度和尺寸较大样品的拉曼光谱，对样品在 900℃下热处理 2h 后进行了拉曼光谱检测，检测结果如图3-23（b）所示。从图 3-23（b）中可以清楚地发现，在 $310cm^{-1}$、$412cm^{-1}$ 和 $507cm^{-1}$ 处出现了清晰的、具有较高强度的拉曼谱峰。这几个谱峰分别可以归因于 F_{2g}、F_{2g} 和 A_{1g} 的简正振动。而其他的具有拉曼活性的简正振动所形成的拉曼谱峰则由于强度过弱而不能从拉曼光谱图中明显地识别出来。相比较图 3-23（a）和（b），可以知道，虽然未经热处理的样品的拉曼强度较低，但是在相对应的拉曼位移处都可以观察到相应的属于 F_{2g}、F_{2g} 和 A_{1g} 的简正振动拉曼谱峰。这说明了经过水热合成所获得的样品虽然结晶度较低但是依然是具有烧绿石结构的晶体，与 XRD 检测结果相一致；同时，也证实了高温热处理后可以有效地提高样品的结晶度。

3.5.3　$La_2Sn_2O_7$：Tb^{3+} 的光致发光光谱分析

Tb 的电子组态是 [Xe]$4f^9 6s^2$，当 Tb 原子失去三个电子成为 Tb^{3+} 时，它

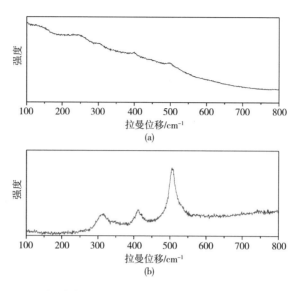

图 3-23　不规则球状 $La_2Sn_2O_7$：Tb^{3+}/Ce^{3+} 样品的拉曼光谱图

（a）未进行热处理样品；（b）900℃ 热处理 2h 样品

的核外电子排布变成 [Xe] $4f^8$，Tb^{3+} 的 4f 壳层电子容易受激发失去一个电子而处于稳定的 $4f^7$ 态，所以 $4f^8$-$4f^7$$5d^1$ 跃迁的能量较低。由于 Tb^{3+} 的 $4f^8$ 组态的电子易激发到 $4f^7$$5d^1$ 组态，因此可以看到 Tb^{3+} 的 5d-4f 的光致发光光谱谱峰。一般认为 5d-4f 的光致发光有两种跃迁过程，一种是从 5d 态逐步衰减到 f 组态的激发态，然后再跃迁到基态或较低能态而发光。另一种是从 5d 态直接辐射跃迁到 4f 从而发光。Tb^{3+} 的发光属于第一种跃迁，它受激发跃迁至 $4f^7$$5d^1$ 态，然后衰减至 $4f^8$ 组态的 $^5D_3$ 或者 $^5D_4$，再辐射至基态而发光。

为了探索共沉淀-还原水热合成法所合成的 $La_2Sn_2O_7$：Tb^{3+} 纳米晶体的光致发光光谱特征，对不同 Tb^{3+} 掺杂量的 $La_2Sn_2O_7$：Tb^{3+} 纳米晶体样品分别进行了室温激发光谱和发射光谱检测，见图 3-24。

检测波长为 543nm 的绿色发射光的电子跃迁所获得的不同 Tb^{3+} 掺杂量的 $La_2Sn_2O_7$：Tb^{3+} 纳米晶体样品的激发光谱如图 3-24（a）所示。从图 3-24（a）可以观察到，虽然 Tb^{3+} 的掺杂量各不相同，但是样品都具有形状相似的激发光谱，只是在激发带的相对强度上随着 Tb^{3+} 掺杂量的变化而存在着明显的差别。从图 3-24（a）的激发光谱中在位于 300～500nm 波长区域可以观察到对应于 Tb^{3+} 的 4f 壳层电子的 f-f 的电子跃迁带。这些尖锐的电子跃迁带分别位于 304nm、319nm、359nm、379nm 和 488.5nm 处，对应于 Tb^{3+} 中的 4f 电子吸收能量后从 $^7F_6$ 基态跃迁到更高的能级，比如 $^5H_6$（304nm）、$^5D_0$（319nm）、$^5D_2$（359nm）、$^5D_3$（379nm）以及 $^5D_4$（488.5nm）[222]。同时，在 284nm 处观察到了一个弱的激发峰，这个激发峰来自 Tb^{3+} 中的 $4f^8$ 能级到 $4f^7$$5d^1$ 能级间的高自旋禁戒的电子跃

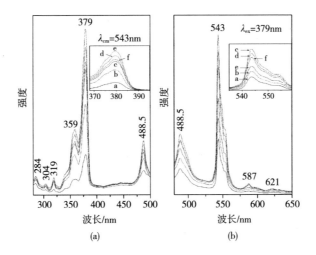

图 3-24　不同 Tb³⁺ 掺杂量的 La₂Sn₂O₇：Tb³⁺ 纳米晶的激发光谱（a）和发射光谱（b）

a—1%（原子分数）；b—3%（原子分数）；c—5%（原子分数）；

d—7%（原子分数）；e—9%（原子分数）；f—11%（原子分数）

迁。图 3-24（a）非常清晰地说明了 La₂Sn₂O₇：Tb³⁺ 纳米晶体样品的最强激发峰位于 379nm 波长处，源自 $^7F_6$-$^5D_3$ 间的电子跃迁，与文献报道相符[223]。

图 3-24（b）为 Tb³⁺ 掺杂 La₂Sn₂O₇ 样品在 379nm 波长光的激发下的室温发射光谱。在相同波长激发光的激发下，不同 Tb³⁺ 掺杂量的样品具有形状相似的发射峰，只是发射峰的相对强度在不同样品间存在着较大的差异。在 475～650nm 波长范围中，La₂Sn₂O₇：Tb³⁺ 纳米晶体样品的发射光谱分别在 488.5nm、543nm、587nm 和 621nm 处出现了明显的发射峰，这些发射峰都是 Tb³⁺ 的特征发射峰，分别属于 Tb³⁺ 的 $^5D_4$-$^7F_6$、$^5D_4$-$^7F_5$、$^5D_4$-$^7F_4$ 和 $^5D_4$-$^7F_3$ 的电子跃迁，其中属于 $^5D_4$-$^7F_5$ 的电子跃迁峰位于 543nm 绿光发射区，并且具有最高的相对发射强度。

从图 3-24 中的激发光谱以及发射光谱都可以清楚地看出，激发光谱和发射光谱的相对强度随着 Tb³⁺ 掺杂量的变化而发生显著的变化。图 3-24（a）中的插图为激发光谱局部放大图，从该插图中可以发现，随着 Tb³⁺ 掺杂量的升高，各个激发峰的相对强度先逐渐增大，当 Tb³⁺ 的掺杂量为 9%（原子分数）时达到最大值，随后继续增大 Tb³⁺ 的掺杂量将导致激发谱带的相对强度迅速降低。发射光谱的局部放大图如图 3-24（b）中的插图所示。相似地，发射光谱的各个发射带的相对强度随着 Tb³⁺ 掺杂量的变化规律与激发光谱的变化规律相一致，在实验范围内，当 Tb³⁺ 的掺杂量为 9%（原子分数）时样品具有最强的绿光发射强度。当掺杂量逐渐增大，导致发光中心之间的距离缩短，使得发光中心之间发生交叉弛豫的可能性增大，当发光中心之间的距离小于临界值时，将导致发光中心之间发生显著的交叉弛豫现象而迅速地将激发能量消耗殆尽，从而导致了浓度猝灭现象的出现。上述分析充分说明了 Tb^{3+} 掺杂量的不同对所合成的 $La_2Sn_2O_7$ ：Tb^{3+} 样品的光致发光性能具有重要的影响，当 Tb^{3+} 掺杂量超过 9%（原子分数）时，所合成的 $La_2Sn_2O_7$ ：Tb^{3+} 样品将会出现明显的浓度猝灭现象。Tb^{3+} 的最优掺杂浓度和其他文献报道的最佳掺杂浓度存在差异，这是因为 Tb^{3+} 的最优掺杂浓度在不同的掺杂基质中以及采用不同波长的激发光进行发光检测时都会有所差别[224, 225]。

3.5.4　$La_2Sn_2O_7$：Tb^{3+} 的发光动力学分析

为了探讨 $La_2Sn_2O_7$ ：Tb^{3+} 纳米晶体中 Tb^{3+} 在室温下的发光动力学过程，测定了 $La_2Sn_2O_7$ ：Tb^{3+} 样品的荧光衰减曲线，见图 3-25。从图 3-25 可以看出，其衰减曲线严格遵循单指数过程，可以用公式 $I_{(t)} = I_0\exp(-t/\tau)$ 对其衰减曲线进行拟合，其中 $I_{(t)}$ 为 t 时刻时的发射强度，I_0 为 $t=0$ 时的发射强度，τ 为荧光寿命。对荧光衰减曲线进行单指数拟合后可以得知 $La_2Sn_2O_7$ ：Tb^{3+} 样品中 Tb^{3+} 的 $^5D_4$-$^7F_5$ 跃迁寿命约为 2.755ms，与文献报道在 $LaPO_4$ ：Tb^{3+} 样品中 $^5D_4$ 能级的荧光寿命相似[226]。

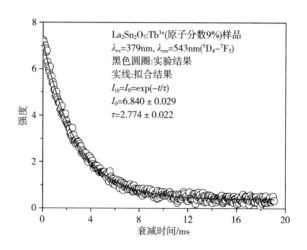

图 3-25　$La_2Sn_2O_7$ ：Tb^{3+} （原子分数 9%）纳米晶体的 $^5D_4$-$^7F_5$ 跃迁的荧光衰减曲线

3.5.5　$La_2Sn_2O_7$：Ce^{3+} 的光致发光光谱分析

Ce^{3+} 掺杂的晶体和其他稀土离子掺杂的晶体一样都具有光致发光性能。Ce^{3+} 的电子组态为 [Xe] $4f^1$，只含有一个 4f 电子，激发态的电子构型为 $5d^1$，基态 $4f^1$ 电子组态包括 $^2F_{5/2}$ 和 $^2F_{7/2}$ 两个能级，由于自旋轨道耦合，这两个能级间的能量差约为 2000cm^{-1}[227]。电子从 $5d^1$ 电子组态的最低晶体场组分别跃迁至

4f¹基态的两个能级，使得 Ce³⁺ 的跃迁发射峰具有典型的双峰劈裂特征。Ce³⁺ 的这种 5d-4f 的跃迁具有带状发射谱带结构，并且双峰的位置通常位于紫外区。由于 5d-4f 的跃迁是宇称规则允许的，所以这种跃迁是没有任何争议的允许跃迁。大量的文献报道，晶体场效应、Ce—O 键的共价性和 Stkoes 位移是三种影响 Ce³⁺ 的光致发光光谱特征的重要因素[171, 228~231]。

图 3-26（a）为不同 Ce³⁺ 掺杂量的 La₂Sn₂O₇：Ce³⁺ 纳米晶体的室温激发光谱图，其中发射波长为 377nm。从激发光谱图中可以清楚地发现，在 220～350nm 波长范围内，La₂Sn₂O₇：Ce³⁺ 的激发光谱只存在一个明显的激发带，激发峰的中心位于 332.5nm。该激发带是 Ce³⁺ 中的电子受激发从 4f¹5d⁰ 能级跃迁到 4f⁰ 5d¹ 能级而产生的。由于 4f¹5d⁰-4f⁰5d¹ 电子跃迁为部分允许的跃迁，具有很强的耦合强度，因此，Ce³⁺ 掺杂的 La₂Sn₂O₇ 发光材料可以通过直接激发所掺杂的 Ce³⁺ 而产生高效率的发射光。也就说对于 Ce³⁺ 掺杂 La₂Sn₂O₇ 晶体的受激发光和 Eu³⁺ 掺杂 La₂Sn₂O₇ 晶体的受激发光在发光机理上存在显著的差异。Eu³⁺ 掺杂 La₂Sn₂O₇ 晶体的发光是由于 La₂Sn₂O₇ 晶体吸收激发光的能量，然后通过 O²⁻ 的 2p 轨道电子迁移到 Eu³⁺ 的 4f 轨道而将能量传递给发光中心 Eu³⁺ 而发光。对于 Ce³⁺ 掺杂 La₂Sn₂O₇ 而言，则 Ce³⁺ 掺杂离子可以直接吸收紫外激发光的能量而发光。

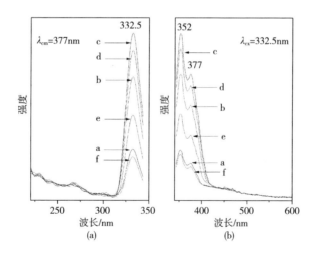

图 3-26 不同 Ce³⁺ 掺杂量的 La₂Sn₂O₇：Ce³⁺ 纳米晶体的激发光谱（a）和发射光谱图（b）
a—0.5%（原子分数）；b—1%（原子分数）；c—3%（原子分数）；
d—5%（原子分数）；e—7%（原子分数）；f—9%（原子分数）

在 332.5nm 波长的紫外光的激发下，Ce³⁺ 掺杂 La₂Sn₂O₇ 纳米晶体的发射光谱如图 3-26（b）所示。从图 3-26（b）中可以清楚地观察到 Ce³⁺ 掺杂 La₂Sn₂O₇ 纳米晶体的发射光谱由两个部分重叠的发射带组成，这两个发射带中心分别位于 352nm 和 377nm，分别属于 4f⁰ 5d¹-²F₇/₂ 和 4f⁰ 5d¹-²F₅/₂ 的电子跃迁。位于 352nm 和

377nm 的发射峰之间的能量差约为 $1884cm^{-1}$，与文献报道在 Ce^{3+} 掺杂发光材料中 Ce^{3+} 的基态分裂能差相近[227]。

从图 3-26 还可以清楚地看出，对于不同 Ce^{3+} 掺杂量的 $La_2Sn_2O_7$：Ce^{3+} 纳米晶体而言，激发光谱中谱峰的组成以及形状都极其相似，但是如果 Ce^{3+} 掺杂量不同，不同样品的谱峰相对强度则发生明显的差别。当掺杂量从 0.5%（原子分数）增大到 3%（原子分数）时，激发光谱的相对强度随之增大；当 Ce^{3+} 的掺杂量从 3%（原子分数）继续增大时，激发光谱的强度快速地降低。同样地，在 $La_2Sn_2O_7$：Ce^{3+} 的发射光谱中也呈现出相似的相对强度变化趋势，同时在 Ce^{3+} 掺杂量为 3%（原子分数）时 $La_2Sn_2O_7$：Ce^{3+} 纳米晶体的发射光谱在实验范围内具有最大的发光强度。说明了 Ce^{3+} 掺杂量超过 3%（原子分数）时，将会在 $La_2Sn_2O_7$：Ce^{3+} 纳米晶体中形成大量的 Ce^{3+}-Ce^{3+} 离子对，而 Ce^{3+}-Ce^{3+} 离子对之间非常容易发生交叉弛豫而迅速地消耗大量的激发能，从而导致浓度猝灭现象的出现。文献报道 Ce^{3+} 掺杂发光材料通常在较低的 Ce^{3+} 掺杂浓度时就会发生浓度猝灭[232,233]，与实验结果相一致。

3.5.6 $La_2Sn_2O_7$：Tb^{3+}/Ce^{3+} 的光致发光光谱分析

大量的文献报道，Ce^{3+} 可以作为 Tb^{3+} 发光的敏化剂，敏化 Tb^{3+} 的发光[223,234]。根据图 3-24 和图 3-26 可以发现，Ce^{3+} 的发射光谱与 Tb^{3+} 的激发光谱存在明显的光谱波长重叠区域，因此可以预测在 Ce^{3+}、Tb^{3+} 共掺杂 $La_2Sn_2O_7$ 纳米晶体中，Ce^{3+} 可以作为 Tb^{3+} 的敏化剂敏化 Tb^{3+} 发射出特征的黄绿色光。为了研究在 $La_2Sn_2O_7$ 基质中 Ce^{3+} 对 Tb^{3+} 的敏化作用，在固定 Tb^{3+} 的掺杂量为 9%（原子分数）的前提下合成了系列不同 Ce^{3+} 掺杂量的 Ce^{3+}、Tb^{3+} 共掺杂 $La_2Sn_2O_7$：Tb^{3+}，Ce^{3+} 样品，并对样品进行了光致发光光谱检测。

$La_2Sn_2O_7$：Tb^{3+}（原子分数 9%）/Ce^{3+}（原子分数 x）纳米晶体在 544nm 波长发射所得的激发光谱见图 3-27（a）。图中显示 Ce^{3+}、Tb^{3+} 共掺杂样品的激发光谱由一个在 330nm 附近具有高强度的激发峰以及一个位于 494nm 处的较弱激发峰所构成，除此之外，在激发光谱中并没有观察到其他明显的激发峰。上述的两个激发峰分别对应于 Ce^{3+} 的 $4f^1 5d^0$-$4f^0 5d^1$ 间的电子跃迁和 Tb^{3+} 的 $^7F_6$-$^5D_4$ 间的跃迁[235]。从图 3-27（a）还可以发现，随着 Ce^{3+} 的掺杂量从 1%（原子分数）增加到 5%（原子分数），Ce^{3+} 的 $4f^1 5d^0$-$4f^0 5d^1$ 跃迁激发峰出现了蓝移，中心波长从 1%（原子分数）掺杂样品的 332nm 移动到了 5%（原子分数）掺杂样品的 330nm；同时，Ce^{3+} 的跃迁带的强度也首先随着 Ce^{3+} 掺杂量的增加而增加，在 Ce^{3+} 掺杂量为 3%（原子分数）时强度达到最大值，随后相对强度随着 Ce^{3+} 掺杂量的增大而降低。Ce^{3+} 激发带出现蓝移现象意味着 Ce^{3+} 的最低 5d 态向着低能态发生移动。Ce^{3+} 周边的晶体场受到晶胞参数减小的影响会导致激发光谱发生蓝移[171]。图 3-19 的 XRD 衍射花样和晶格常数与掺杂量之间的关系图

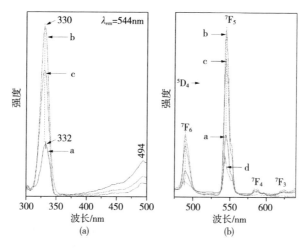

图 3-27　不同 Ce³⁺ 掺杂量的 La₂Sn₂O₇：Tb³⁺（原子分数 9％），
Ce³⁺（原子分数 x％）样品的激发光谱图（a）；不同 Ce³⁺ 掺杂量的 La₂Sn₂O₇：
Tb³⁺（原子分数 9％）/Ce³⁺（原子分数 x％）样品的发射光谱图（b）

（a）a 为 $x=1$；b 为 $x=3$；c 为 $x=5$；（b）a 为 $x=1$，$\lambda_{ex}=330$nm；b 为 $x=3$，$\lambda_{ex}=330$nm；
c 为 $x=5$，$\lambda_{ex}=330$nm；d 为 $x=0$，$\lambda_{ex}=379$nm

（图 3-20）已证实，随着 Ce³⁺ 的掺杂量的增加，Ce³⁺、Tb³⁺ 共掺杂 La₂Sn₂O₇ 晶体的晶格常数随之降低。而晶格常数的降低改变了 Ce³⁺ 周围的晶体场，从而导致 Ce³⁺ 的激发峰随着 Ce³⁺ 掺杂量的增加发生蓝移。

　　图 3-27（b）为 La₂Sn₂O₇：Tb³⁺（原子分数 9％）/Ce³⁺（原子分数 x％）和 La₂Sn₂O₇：Tb³⁺（原子分数 9％）纳米晶体的发射光谱图，其中，La₂Sn₂O₇：Tb³⁺（原子分数 9％）/Ce³⁺（原子分数 x％）纳米晶体的激发波长为 330nm，而 La₂Sn₂O₇：Tb³⁺（原子分数 9％）样品的激发波长为 379nm。从图3-27（b）可以知道，各个样品的发射光谱由相同的发射谱带构成，并且发射光谱的形状相似，但是各个样品间发射峰的相对强度存在着显著的差别。在 450～640nm 波长范围内检测到的发射谱带分别属于 Tb³⁺ 的 $^5D_4$-^7F_J（$J=6,5,4,3$）跃迁，如图 3-27（b）所示。值得注意的是，相对于 Tb³⁺ 单掺杂 La₂Sn₂O₇ 纳米晶体发射光谱的强度而言，Ce³⁺、Tb³⁺ 共掺杂 La₂Sn₂O₇ 纳米晶体的发射光谱在检测范围内所有发射峰的相对强度都具有明显的增强。特别是 La₂Sn₂O₇：Tb³⁺（原子分数 9％）/Ce³⁺（原子分数 3％）样品的发射峰具有最强的发射强度。虽然 La₂Sn₂O₇：Tb³⁺（原子分数 9％）/Ce³⁺（原子分数 3％）与 La₂Sn₂O₇：Tb³⁺（原子分数 9％）具有相同的 Tb³⁺ 掺杂量，但是前者位于 544nm 处的发射峰强度却是后者相应发射峰强度的 4.15 倍。此外，相比较 Tb³⁺ 单掺杂 La₂Sn₂O₇ 样品的发射光谱，Ce³⁺、Tb³⁺ 共掺杂 La₂Sn₂O₇ 样品的各个发射谱带出现了稍微的红移现象。对于属于 $^5D_4$-$^7F_5$ 跃迁的最强发射峰而言，从单掺杂样品的 543nm 红移

到了共掺杂样品的 544nm。这可能是由于 Ce^{3+} 的取代掺杂引起 Tb^{3+} 周围晶体场的对称性发生了扭曲，使得 RE—O 键的共价性增大导致 Tb^{3+} 的 5d 能级降低而出现了发射带的红移现象。除此之外，从图 3-27 中还可以发现，Ce^{3+}、Tb^{3+} 共掺杂 $La_2Sn_2O_7$ 样品中，当 Ce^{3+} 的掺杂浓度高于 3%（原子分数）时将发生浓度猝灭，使得各个发射谱带的相对强度显著地降低。总而言之，Ce^{3+}、Tb^{3+} 共掺杂 $La_2Sn_2O_7$ 纳米晶体在 330nm 波长的激发光激发下发射出了 Tb^{3+} 的特征发射光（图 3-27 和图 3-24），而 330nm 为 Ce^{3+} 掺杂 $La_2Sn_2O_7$ 样品的激发带（图 3-26），同时共掺杂样品中 Tb^{3+} 的光致发光相对强度依赖于 Ce^{3+} 的掺杂浓度。上述的分析有力地证实了在紫外光照射下，$La_2Sn_2O_7$：Tb^{3+}（原子分数 9%）/Ce^{3+}（原子分数 3%）晶格中出现了从 Ce^{3+} 到 Tb^{3+} 的有效能量传递。目前，已经在多种发光基质中观察到了从 Ce^{3+} 到 Tb^{3+} 的能量传递现象[236~238]，但是在烧绿石结构的 $La_2Sn_2O_7$ 纳米晶体中还是首次发现从 Ce^{3+} 到 Tb^{3+} 的能量传递现象。

3.5.7　$La_2Sn_2O_7$：Tb^{3+}/Ce^{3+} 的发光动力学分析

实验测量了 $La_2Sn_2O_7$：Tb^{3+}/Ce^{3+} 样品中的 Tb^{3+} 在室温下的荧光衰减曲线，以研究 $La_2Sn_2O_7$：Tb^{3+}/Ce^{3+} 纳米晶体中 Tb^{3+} 的发光动力学过程。

在 $La_2Sn_2O_7$：Tb^{3+}（原子分数 9%）/Ce^{3+}（原子分数 3%）样品中 Tb^{3+} 的荧光衰减曲线如图 3-28 所示。从图 3-28 可以知道，Tb^{3+} 的衰减曲线偏离了单指数过程，可以用双指数公式 $I_{(t)} = I_1 \exp(-t/\tau_1) + I_2 \exp(-t/\tau_2)$ 对其进行拟合。具体拟合参数见图 3-28 所示，并且根据平均寿命公式[239] $\tau = (I_1\tau_1^2 + I_2\tau_2^2)/(I_1\tau_2 + I_2\tau_2)$ 计算出其平均寿命为 5.804ms。由于 Tb^{3+} 的 $^5D_4$ 能级的 f-f 跃迁为禁戒跃迁，所以 Tb^{3+} 的 $^5D_4$ 能级的荧光寿命可到毫秒级。Tb^{3+} 单掺杂 $La_2Sn_2O_7$ 中 Tb^{3+} 的 $^5D_4$ 能级的荧光寿命为 2.755ms（图 3-25），而 Ce^{3+}、Tb^{3+} 共掺杂 $La_2Sn_2O_7$ 体系中 Tb^{3+} 的 $^5D_4$ 能级平均荧光寿命则为 5.804ms，共掺杂体系中 Tb^{3+} 的 $^5D_4$ 能级平均荧光寿命显著延长。这是因为在共掺杂体系中，Ce^{3+} 向 Tb^{3+} 传递能量，从而使得 Tb^{3+} 从 Ce^{3+} 获得部分激发能，使其 $^5D_4$ 能级寿命延长。在 Ce^{3+}、Tb^{3+} 共掺杂的其他体系中也观察到了存在 Ce^{3+} 到 Tb^{3+} 的能量传递而导致 Tb^{3+} 的 $^5D_4$ 能级平均寿命明显变长的现象[239~241]。与此同时，在敏化剂向激活剂传递能量时激活剂的荧光衰减曲线通常体现出双指数拟合特征。而 Ce^{3+}、Tb^{3+} 共掺杂 $La_2Sn_2O_7$ 样品中 Tb^{3+} 的荧光衰减曲线可以采用双指数公式进行拟合，也进一步说明了在 Ce^{3+}、Tb^{3+} 共掺杂 $La_2Sn_2O_7$ 体系中存在着从 Ce^{3+} 到 Tb^{3+} 的能量传递过程。

3.5.8　$La_2Sn_2O_7$：Tb^{3+}/Ce^{3+} 的能量传递过程

能量传递是两个中心间相互作用引起的激发能量由一个中心转移到另一个中

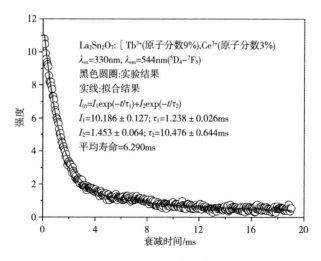

图 3-28　La₂Sn₂O₇：Tb³⁺ （原子分数 9%）/Ce³⁺ （原子分数 3%）
纳米晶体的荧光衰减曲线

心的过程。在这个过程中，把失去能量的中心称为供体或施主（D），获得能量的中心称为受体或受主（A）。当施主发光中心吸收一定的能量而受到激发时，由于施主发光中心所吸收的能量向受主发光中心传递，使得受主发光中心吸收了施主发光中心传递来的能量而受激发并发光，这种发光称为敏化发光。敏化发光的本质是在一种发光中心（敏化剂）的吸收带所吸收的能量，能够在另一种发光中心（激活剂）的发射带里发射出来。能量从敏化剂到激活剂的传输，主要通过下列三种传输类型来实现：①辐射-再吸收传输；②共振的无辐射传输；③非共振的无辐射传输。

对于 Ce³⁺、Tb³⁺ 共掺杂 La₂Sn₂O₇ 体系而言，由于 La₂Sn₂O₇ 本身的电导和光导性能很差，从发光机理的能量传递上分析，不存在借助载流子扩散来传递能量的方式，而是以无辐射共振能量传递的方式进行。根据 Dexter 能量传递理论[242]，发生非辐射共振能量传递，要求敏化剂发射光谱与激活剂吸收光谱有较大的重叠，传递速率与光谱重叠程度成比例。由于 Ce³⁺ 的 5d 能级很低，能够和4f 能级发生部分重叠，因此当 Ce³⁺ 被激发后容易进入 5d 态。Ce³⁺ 的发射主要源自 5d-4f 电偶极跃迁，发射光谱为一宽带双峰结构，而其激发光谱通常由几条在紫外光区域的宽激发带组成，如图 3-26 所示。同时，由于 4f-5d 跃迁是电偶极允许跃迁，因此 Ce³⁺ 的荧光寿命非常短。Ce³⁺ 的发光特征决定了其对其他发光中心具有良好的敏化作用。通常利用 Ce³⁺ 的宽带吸收能力吸收大量的激发能，然后通过 Ce³⁺ 到 Tb³⁺ 的能量传递过程可以有效地提高 Ce³⁺ 和 Tb³⁺ 共掺杂体系中 Tb³⁺ 的发光效率[241,243,244]。而从图 3-24 可以知道 Tb³⁺ 的激发光谱和 Ce³⁺ 的发射光谱在比较宽的波长范围存在重叠，因此也就不难理解在 Ce³⁺、Tb³⁺ 共

掺杂 $La_2Sn_2O_7$ 体系中存在着从 Ce^{3+} 到 Tb^{3+} 的能量传递这一实验现象了。

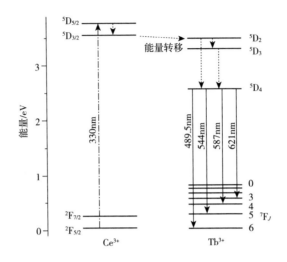

图 3-29 $La_2Sn_2O_7$：Tb^{3+}（原子分数 9%）/Ce^{3+}（原子分数 x%，$x>0$）
纳米晶体中，从 Ce^{3+} 到 Tb^{3+} 的能量传递过程示意图
注：虚线-点箭头表示激发；虚线箭头表示无辐射弛豫；实线箭头表示辐射弛豫

在 Ce^{3+}、Tb^{3+} 共掺杂 $La_2Sn_2O_7$ 体系中从 Ce^{3+} 到 Tb^{3+} 的能量传递过程如图 3-29 所示。首先，由于 Ce^{3+} 的电子吸收 330nm 波长的光子，使得 Ce^{3+} 电子被激发到 $^5D_{5/2}$ 能级；然后被激发到 $^5D_{5/2}$ 能级的 Ce^{3+} 电子通过非辐射弛豫回到能级为 $^5D_{3/2}$ 的第一激发态。随后处于第一激发态的 Ce^{3+} 电子可以将它们的能量传递给位于基态的 Tb^{3+}，使得 Tb^{3+} 中的电子吸收 Ce^{3+} 传递过来的能量而被激发到一定的激发态。根据 Ce^{3+} 和 Tb^{3+} 的能级及 Foster-Dexter 理论[242,245]，Ce^{3+} 能量传递给 Tb^{3+} 的 $^5D_2$ 能级具有较大的概率，因此通过 Ce^{3+} 的能量传递使得近邻的 Tb^{3+} 受激进入 $^5D_2$ 态。处于 $^5D_2$ 态的激发电子可以通过非辐射弛豫方式而弛豫到 $^5D_4$ 态，处于 $^5D_4$ 态的 Tb^{3+} 的电子通过辐射弛豫消耗激发能而处于更低的 ^7F_J（$J=3\sim6$）态。从而使得 $La_2Sn_2O_7$：Tb^{3+}（原子分数 9%）/Ce^{3+}（原子分数 x%，$x>0$）纳米晶体在 330nm 光的激发下发射出中心位于 544nm 的强烈绿色光。基于上述分析就不难理解 $La_2Sn_2O_7$：Tb^{3+}（原子分数 9%）/Ce^{3+}（原子分数 x%，$x>0$）纳米晶体的光致发光强度随着 Ce^{3+} 掺杂量的变化而变化的这一实验现象了。增加 Ce^{3+} 掺杂量将增加从 $^5D_{3/2}$ 态的 Ce^{3+} 电子到基态 Tb^{3+} 电子的能量传递概率，从而使得更多的 Tb^{3+} 电子受激到 $^5D_2$ 态。越多受激到 $^5D_2$ 态的 Tb^{3+} 电子导致越高的发射强度；与此同时，在 $La_2Sn_2O_7$：Tb^{3+}（原子分数 9%）/Ce^{3+}（原子分数 x%，$x>0$）的晶格体系中增加 Ce^{3+} 的掺杂量将降低相邻两个 Ce^{3+} 间的距离从而增加形成 Ce^{3+}-Ce^{3+} 离子对的可能性，而 Ce^{3+}-Ce^{3+} 离子对可以通过交叉弛豫过程快速地消耗激发能，Ce^{3+}-Ce^{3+} 离子对

的大量出现抑制了从 Ce^{3+} 到 Tb^{3+} 的能量传递过程的发生，从而使得在高 Ce^{3+} 掺杂量的条件下观察到了 Tb^{3+} 的光致发光相对强度的降低。

3.5.9　抗坏血酸对 $La_2Sn_2O_7$：Tb^{3+}/Ce^{3+} 的光致发光性能的影响

由图 3-21 可以知道抗坏血酸的加入与否对 Ce^{3+}、Tb^{3+} 共掺杂 $La_2Sn_2O_7$ 晶体的物相结构没有明显的影响，不管是否加入抗坏血酸都可以获得具有烧绿石结构的产物。那么是否加入抗坏血酸对所合成产物的光致发光性能会有影响吗？为了解决这个问题，对加入抗坏血酸和不加入抗坏血酸所合成的 Ce^{3+}、Tb^{3+} 共掺杂 $La_2Sn_2O_7$ 纳米晶体的光致发光性能进行了检测，见图 3-30。

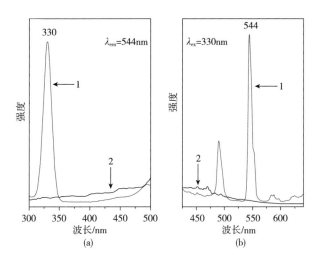

图 3-30　存在或不存在抗坏血酸所合成 Ce^{3+}、Tb^{3+} 共掺杂 $La_2Sn_2O_7$
样品的纳米晶体的激发光谱（a）和发射光谱图（b）
1—加入 1g 抗坏血酸；2—没有加入抗坏血酸

从图 3-30（a）中可以观察到，在其他合成条件不变的前提下加入抗坏血酸所获得产物在检测被 544nm 波长的绿光激发，在 330nm 处出现了一个显著的激发峰，而相应的对于未加抗坏血酸所得产物的激发光谱中则未能观察到明显的激发峰。相似地，从发射光谱［图 3-30（b）］中也可以发现，在合成过程中未加入抗坏血酸所得到的产物在检测波长范围内除了出现几个强度很弱的源自 $La_2Sn_2O_7$ 基体的缺陷所带来的发射峰之外再也没有观察到其他的发射带；相反地，对于在合成过程中加入了抗坏血酸所合成的产物，在相同的检测条件下发射出强烈的 Tb^{3+} 的特征绿色光，同样地，在相同的波长区域也观察到来自 $La_2Sn_2O_7$ 基质的强度很弱的发射。因此，图 3-30 充分说明了加入抗坏血酸与否对产物的光致发光性能具有非常重要的影响。

为了能够更好地分析 Ce 元素的存在形式对光致发光性能的影响，对未加入抗坏血酸所合成产物进行 Ce 3d 窄谱扫描 XPS 分析，如图 3-31 所示。

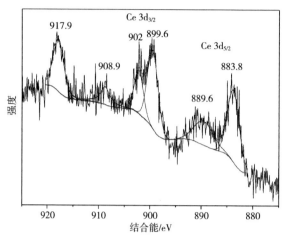

图 3-31　未加入抗坏血酸所合成 Ce^{3+}、Tb^{3+} 共掺杂 $La_2Sn_2O_7$
样品中的 Ce 3d 窄谱扫描 XPS 图谱

从图 3-31 中可以发现，Ce 3d 的窄谱扫描 XPS 图谱中分别在结合能为 883.8eV、889.6eV、899.6eV、902eV、908.9eV 和 917.9eV 处出现了强度不一的光电子峰。由于自旋轨道耦合而使得 Ce $3d_{5/2}$ 和 Ce $3d_{3/2}$ 光电子峰发生峰的劈裂而导致在结合能位于 883.8eV 和 889.6eV 以及 899.6eV 和 902eV 处出现两组共四个光电子峰，而 908.9eV 和 917.9eV 处出现的光电子峰则分别为 Ce $3d_{5/2}$ 和 Ce $3d_{3/2}$ 的卫星峰[246]。值得注意的是，在位于 917.9eV 处出现的卫星峰是正四价 Ce^{4+} 的 XPS 光谱的特征峰[247]，同时没有加入抗坏血酸所获得样品的 Ce 3d 图谱与文献所报道[248, 249]的处于正四价态的 Ce 的 XPS 图谱相类似。因此说明了在合成的过程中没有加入抗坏血酸作为还原剂导致了所掺杂的 Ce^{3+} 在反应的过程中被氧化为 Ce^{4+} 而进入 $La_2Sn_2O_7$ 晶格中。而根据前面的分析可以知道，在合成过程中加入了抗坏血酸，所合成产物中所掺杂的 Ce^{3+} 依然以正三价态的形式进入 $La_2Sn_2O_7$ 晶格中。由于 Ce 的掺杂量比较少，因此少量 Ce^{4+} 进入产物的晶格后并没有明显地改变 $La_2Sn_2O_7$ 的烧绿石结构，所以从加入抗坏血酸和没有加入抗坏血酸所合成产物的 XRD 衍射图谱（图 3-21）中并没有发现存在明显的差异。

众所周知的是，Ce^{4+} 对 Tb^{3+} 的光致发光具有显著的猝灭作用[237, 250]。其原因是当发光基质受到激发后，Ce^{4+} 俘获从发光基质陷阱中逃逸的电子形成 Ce^{3+}，同样地，Ce^{3+} 也可以俘获从发光基质陷阱中逃逸的空穴形成 Ce^{4+}。通过 $Ce^{4+} + e \longrightarrow Ce^{3+}$ 的变化，Ce^{3+}/Ce^{4+} 不断地与陷阱中逃逸出来的空穴和电子分别复合，该过程为非辐射弛豫过程，消耗了大量的激发能，减少了空穴与电子的直接复合，使得空穴和电子直接复合产生的能量降低，也就是传递给 Tb^{3+} 发光中心的激发能降低，使得 Tb^{3+} 的发光被猝灭。

结合上面的分析可以清楚地看出，在水热合成过程中，没有加入抗坏血酸作为还原剂，所掺杂的 Ce^{3+} 容易被氧化为 Ce^{4+}，而 Ce^{4+} 通过非辐射弛豫过程猝灭激发能而抑制了 Tb^{3+} 的发光。实验结果也证实了 Ce^{3+} 在水溶液中容易被氧化为 Ce^{4+} 的事实[157]。当在水热合成过程中加入抗坏血酸抑制了 Ce^{3+} 的氧化过程，使得在所合成的样品中存在着 Ce^{3+}，而 Ce^{3+} 吸收激发能后将激发能传递给 Tb^{3+} 发光中心，从而敏化 Tb^{3+} 的发光。总而言之，在合成 Ce^{3+}、Tb^{3+} 共掺杂 $La_2Sn_2O_7$ 样品的过程中加入抗坏血酸作为还原剂是保证所合成产物具有优秀的绿色光发射性能的重要措施之一。

3.5.10 不同形貌对 $La_2Sn_2O_7$：Tb^{3+} 的光致发光性能的影响

纳米材料的尺寸大小、物相结构以及形貌对材料的性能都具有重要的影响[190~192]。我们在第 2 章的研究内容已经证实不同形貌的 $La_2Sn_2O_7$：Eu^{3+} 晶体具有不同的光致发光性能，为了研究形貌对 $La_2Sn_2O_7$：Tb^{3+} 晶体的光致发光性能的影响，对图 3-8（b）和图 3-15 所示的不规则纳米球状以及八面体状 $La_2Sn_2O_7$：Tb^{3+} 纳米材料的光致发光性能进行检测，如图 3-32 所示。

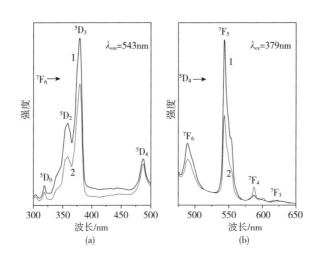

图 3-32　不同形貌的 $La_2Sn_2O_7$：Tb^{3+} 样品的激发光谱（a）和发射光谱图（b）
1—八面体状；2—不规则球状

从图 3-32 可以看出，具有不同形貌的 $La_2Sn_2O_7$：Tb^{3+} 样品都发射出波长一致的绿色光。从它们的发射光谱以及激发光谱中可以观察到类似于图 3-24 中的属于 Tb^{3+} 的特征发射带以及特征激发峰。它们的光致发光光谱无论是谱峰的位置还是谱峰形状都基本保持一致，但是在谱峰的相对强度方面却存在着差别。不管是激发光谱还是发射光谱，拥有八面体形貌的 $La_2Sn_2O_7$：Tb^{3+} 样品相对于

不规则球状 $La_2Sn_2O_7$：Tb^{3+} 样品而言都具有更高的相对强度。这可能是由于八面体状 $La_2Sn_2O_7$：Tb^{3+} 具有相对更高的结晶度和更大的晶粒尺寸，而不规则球状 $La_2Sn_2O_7$：Tb^{3+} 纳米晶体的结晶度较差。对于纳米材料而言，每一个颗粒内都含有一些缺陷或陷阱，晶粒尺寸小的低结晶度的晶体具有更多的缺陷，而陷阱不利于激发能的吸收的同时还可以通过非辐射弛豫过程有效地消耗激发能，从而使得对于光致发光材料而言，过小的晶粒尺寸和较差的结晶度将导致发光强度的降低。

3.5.11　热处理对 $La_2Sn_2O_7$：Ce^{3+}/Tb^{3+} 的光致发光性能的影响

对发光材料而言，具有高的结晶度将有利于提高材料的发光性能。而对材料进行高温热处理是提高发光材料结晶度的有效方法之一。为了研究高温热处理对 $La_2Sn_2O_7$：Tb^{3+}/Ce^{3+} 样品的光致发光性能的影响，对 $La_2Sn_2O_7$：Tb^{3+}（原子分数 9%）/Ce^{3+}（原子分数 3%）样品在空气气氛中于 900℃下热处理 2h 后进行光致发光光谱检测，结果见图 3-33。

图 3-33 显示，在空气气氛中于 900℃下热处理 2h 所制备的样品几乎没有明显的光致发光发射。这是因为空气中含有的分子氧在高温热处理过程中将样品中的 Ce^{3+} 氧化为 Ce^{4+}。正如我们前面的分析，Ce^{4+} 的存在对 Tb^{3+} 的发射产生了显著的猝灭作用，因此在空气气氛中对样品进行热处理不利于获得具有强黄绿色光发射的 $La_2Sn_2O_7$：Tb^{3+}/Ce^{3+} 光致发光材料。

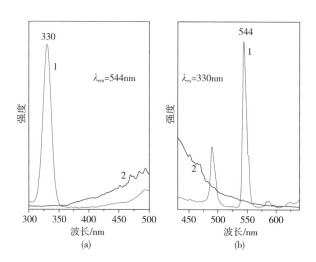

图 3-33　热处理对 $La_2Sn_2O_7$：Tb^{3+}/Ce^{3+} 样品的激发光谱（a）和发射光谱（b）的影响

1—未热处理；2—900℃，2h

第 **4** 章

稀土掺杂 $Y_2Sn_2O_7$ 微/纳米晶体的合成和发光性能

4.1 引言

对于具有 $A_2B_2O_7$ 结构的复合氧化物而言，当 A 位为稀土元素钇（Y），B 位为锡（Sn）元素时，可以形成具有烧绿石结构的稀土锡酸钇（$Y_2Sn_2O_7$），其结构类似于烧绿石结构的 $La_2Sn_2O_7$。由于 $Y_2Sn_2O_7$ 和 $La_2Sn_2O_7$ 具有相似的结构，因此 $Y_2Sn_2O_7$ 和 $La_2Sn_2O_7$ 一样也具有很多相似的物理化学性能，使得 $Y_2Sn_2O_7$ 在发光材料、离子导体材料、催化材料、磁性材料、高温颜料等领域具有广泛的应用前景而日益受到科研工作者的关注[28, 73, 78, 79, 95, 111]。

然而，对于 $Y_2Sn_2O_7$ 的合成，目前较多地采用传统的高温固相法、燃烧法等需要极端高温工艺条件的方法进行合成，不仅工艺复杂，反应时间长，条件苛刻，而且所合成的产物存在成分和尺寸分布不均匀、缺陷较多等方面不足[78]。而水热合成方法则具有反应设备相对简单、反应气氛可控、反应条件可控性高、产物物理化学性能均一等优点，被认为是一种非常适合于制备纳米氧化物功能材料的方法。目前已在烧绿石结构稀土锡酸盐的制备领域得到了一定的应用[98, 110]。

本章采用共沉淀-还原水热合成法和分步沉淀-水热合成法分别成功合成了具有纳米球状 Eu^{3+} 掺杂 $Y_2Sn_2O_7$ 纳米晶体和开口管状 Tb^{3+} 掺杂 $Y_2Sn_2O_7$ 微米晶体。采用了 XRD、SEM、TEM、EDS、SAED、FT-IR、Raman、PL、TG-DSC、XPS 等多种检测手段对所合成产物的物相结构、成分、形貌以及光学性能等进行了表征；在样品的制备工艺参数、形貌形成机理和光学性能等方面进行了探索，发现所合成的样品结晶度不同、尺寸分布不同以及掺入不同的稀土离子都将使材料具有不同的发光性能。

4.2 样品制备

4.2.1 原料与试剂

实验使用的主要原材料与试剂见表 4-1。实验使用的试剂均为分析纯试剂，使用前未经进一步纯化；实验过程中所使用的水均为去离子水。

表 4-1　实验所使用的原材料与试剂

原料名称	规格	厂家/产地
硝酸钇 [$Y(NO_3)_3 \cdot 6H_2O$]	分析纯	大津市光复精细化工研究所
硝酸铽 [$Tb(NO_3)_3 \cdot 6H_2O$]	分析纯	天津市光复精细化工研究所
硝酸铕 [$Eu(NO_3)_3 \cdot 6H_2O$]	分析纯	天津市光复精细化工研究所
四氯化锡 （$SnCl_4 \cdot 5H_2O$）	分析纯	广东汕头市西陇化工厂
锡酸钠 （$Na_2SnO_3 \cdot 3H_2O$）	分析纯	天津市光复精细化工研究所
氢氧化钠 （NaOH）	分析纯	天津市化学试剂厂
氨水 （$NH_3 \cdot H_2O$）	分析纯	广东汕头市西陇化工厂
浓硝酸 （HNO_3）	分析纯	湖南株洲市化学工业研究所
无水乙醇 （CH_3CH_2OH）	分析纯	广东汕头市西陇化工厂

4.2.2 设备与装置

实验使用的主要设备与装置见第 2 章 2.2.2 节。

4.2.3 共沉淀-水热法合成 Eu^{3+} 掺杂 $Y_2Sn_2O_7$ 纳米晶体

溶液配制：分别称取一定量的硝酸钇和硝酸铕溶解丁蒸馏水中配制 $1mol \cdot L^{-1}$ 溶液待用。

实验步骤如下：首先，按照实验设计的 Eu^{3+} 和 Y^{3+} 的比例 （5∶95） 分别量取一定体积的 $1mol \cdot L^{-1}$ 的硝酸铕和硝酸钇溶液 （所取的两种溶液的总体积为 5mL） 加入到 15mL 去离子水中搅拌 20min，再准确称取 1.334g 锡酸钠 （$Na_2SnO_3 \cdot 3H_2O$） 加入到 Eu^{3+} 和 Y^{3+} 的混合溶液中，继续磁力搅拌 1h 形成均匀的悬浮溶液；然后，在激烈搅拌下，将混合溶液逐滴滴入到 25mL 浓氨水溶液中，待混合溶液滴加完毕后采用 $4mol \cdot L^{-1}$ NaOH 溶液和浓硝酸将所得混合溶液的 pH 值调节为 12；继续激烈搅拌 1h 后将所得的混合溶液全部转移入 80mL 反应釜中，用少量去离子水将溶液体积调节到内衬体积的 80%，并置于

180℃下反应 24h。反应结束后，自然冷却至室温，将沉淀物过滤分离并采用去离子水洗涤多次，然后再置于 100℃的真空干燥箱中烘干 4h 制备样品。

为了表述方便，将 Eu^{3+} 与 Y^{3+} 混合离子统称为 RE^{3+}，并且在本章中所提到的掺杂量除了特别说明，均指的是理论掺杂量，即合成过程中所加入的掺杂离子数占 RE^{3+} 离子数的比例。

4.2.4 分步沉淀-水热法合成管状 Tb^{3+} 掺杂 $Y_2Sn_2O_7$ 晶体

分别称取一定量的硝酸钇、硝酸铽和四氯化锡溶解于蒸馏水中配制 $1mol \cdot L^{-1}$ 溶液待用，为了防止四氯化锡在水中发生水解反应，可向配制的四氯化锡溶液中滴加少量硝酸溶液。在实验中用水全部采用去离子水。

首先，按照实验设计的 Tb^{3+} 和 Y^{3+} 的比例（5∶95）分别量取一定体积的 $1mol \cdot L^{-1}$ 的硝酸铽和硝酸钇溶液（所取的两种溶液的总体积保持为 5mL）、5mL $1mol \cdot L^{-1}$ 四氯化锡溶液加入到 10mL 去离子水中，磁力搅拌 10min 形成均匀的混合溶液；在激烈搅拌下，往混合溶液中逐滴滴加 25mL 浓氨水溶液，待浓氨水溶液滴加完毕后采用 $4mol \cdot L^{-1}$ NaOH 溶液和浓硝酸将所得混合溶液的 pH 值调节为 12.5；继续激烈搅拌 1h 后将所得的混合溶液全部转移入 80mL 反应釜中，用少量去离子水将溶液体积调节到内衬体积的 80%，并置于 180℃下反应 24h。反应结束后，自然冷却至室温，将沉淀物过滤分离并采用去离子水洗涤多次，然后再置于 100℃的真空干燥箱中烘干 4h 制备锡酸钇样品。

为了进行对比研究，将分步沉淀过程中的浓氨水替换为 $4mol \cdot L^{-1}$ NaOH 溶液在不改变其他合成条件的情况下进行合成试验。

4.2.5 样品的表征和测试

样品的表征和测试参考 2.2.4 节。

4.3 共沉淀-水热法合成 $Y_2Sn_2O_7$：Eu^{3+} 纳米晶体的物相结构、 成分与形貌特征

4.3.1 $Y_2Sn_2O_7$：Eu^{3+} 纳米晶体的物相结构特征

图 4-1 为共沉淀-水热合成法所合成的 Eu^{3+} 掺杂 $Y_2Sn_2O_7$ 样品的 XRD 衍射图谱。从图 4-1 中可以观察到，$Y_2Sn_2O_7$：Eu^{3+} 样品在 2θ 角分别为 28.363°、29.726°、34.472°、45.287°、49.559°、58.891°、61.779°、68.512°、72.729°、80.503°和 83.054°处出现了衍射峰，这些衍射峰分别对应于（311）、（222）、（400）、（511）、（440）、（622）、（444）、（731）、（800）、（662）和（840）等晶面的衍射。图 4-1 所示的衍射花样可以和 PDF 卡片编号为 73-1684 的 XRD 衍射谱线较好地匹配起来。图 4-1 中的插图（a）和插图（b）分别为 $Y_2Sn_2O_7$：Eu^{3+}

（原子分数 5%）样品的 XRD 衍射花样在 2θ 范围为 $36°\sim48°$ 和 $63°\sim71°$ 的局部放大图。从插图中可以清楚地观察到分别对应于（331）、（422）、（511）、（711）和（731）晶面的衍射峰。图 4-1 所示的 XRD 衍射花样充分证明了所合成的样品为具有立方烧绿石结构的 $Y_2Sn_2O_7$ 晶体，其对应的空间群为 Fd-$3m$（227）。对 XRD 衍射花样进行全谱拟合可以计算出样品的晶格常数为（10.3953 ± 0.0011）Å。使用 XRD 衍射花样中（222）衍射峰的半高宽，通过谢乐公式[203] 进行平均晶粒尺寸计算，可知样品的平均晶粒为（23.9 ± 0.3）nm。

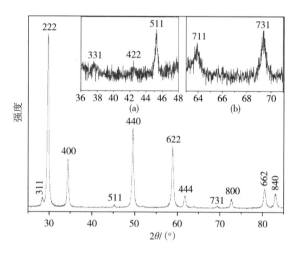

图 4-1　共沉淀-水热法合成 $Y_2Sn_2O_7$：Eu^{3+}（原子分数 5%）样品的 XRD 衍射图谱。

插图（a）和（b）分别表示 2θ 范围为 $36°\sim48°$ 和 $63°\sim71°$ 的局部放大图

　　与第 2 章的 Eu^{3+} 掺杂 $La_2Sn_2O_7$ 的 XRD 衍射图谱（图 2-1）进行比较可以发现，虽然这两类晶体的衍射峰的 2θ 角度存在差异，但是 $Y_2Sn_2O_7$：Eu^{3+} 和 $La_2Sn_2O_7$：Eu^{3+} 却具有相类似的 XRD 衍射花样，其原因是 $Y_2Sn_2O_7$：Eu^{3+} 和 $La_2Sn_2O_7$：Eu^{3+} 都具有相似的烧绿石型晶体结构。有意思的是，从图 4-1 中可以发现，相对于 $La_2Sn_2O_7$：Eu^{3+} 晶体的 XRD 衍射图谱，$Y_2Sn_2O_7$：Eu^{3+} 的 XRD 衍射图谱中可以观察到源自于（311）、（511）和（731）等晶面的衍射峰，而与此同时，$Y_2Sn_2O_7$：Eu^{3+} 样品的（331）晶面的衍射峰相对强度则出现了明显降低的现象。这可能是由于 Y 和 La 的原子散射因子存在较大的差异而导致在 $La_2Sn_2O_7$：Eu^{3+} 和 $Y_2Sn_2O_7$：Eu^{3+} 晶体的 XRD 衍射图谱中各个晶面衍射峰的相对强度出现了明显的差别[251]。让人感到意外的是，从其他文献报道[28, 78, 95, 98, 110, 111, 252] 的 $Y_2Sn_2O_7$ 的 XRD 衍射图谱中鲜能观察到来自（511）、（711）和（731）晶面的衍射峰，而在我们所合成的 $Y_2Sn_2O_7$：Eu^{3+} 样品中则可以清晰地观察到来自上述晶面的衍射峰。这一方面可能是由于我们所合成的 $Y_2Sn_2O_7$：Eu^{3+} 纳米晶体具有较高的结晶度；另一方面可能是 XRD 检测仪器具有较高的功率，使得 XRD 衍射花样中具有较小相对强度的衍射峰也能够清晰地观察到。

4.3.2　$Y_2Sn_2O_7$: Eu^{3+} 纳米晶体的 XPS 分析

图 4-2 是共沉淀-水热法合成的烧绿石结构 $Y_2Sn_2O_7$：Eu^{3+} 样品的 XPS 宽程扫描图谱。从图 4-2 中可以观察到 Sn 3p、O 1s、Sn 3d、Y 3s、Y 3p、C 1s、Y 3d、Eu 4d、Y 4s 和 O 2s 等光电子峰，同时还可以观察到 C KLL 和 O KLL 俄歇电子峰，除此之外，没有观察到来自其他元素明显的谱峰，说明了所合成样品中含有 Y、Sn、Eu、O 和 C 五种元素，其中 C 元素来源于检测过程中所带入和空气中的 CO_2 在样品上的物理吸附。从图 4-2 还可以发现，Y、Sn 和 O 具有相对强度很高的电子结合能，说明了 Y、Sn 和 O 的含量都很高。图 4-2 中也观察到了 Eu 的 4d 峰但是该光电子峰的相对强度较低，这说明了 $Y_2Sn_2O_7$：Eu^{3+} 中 Eu 的含量相对较低，也侧面证实了实验中各个元素的配比。

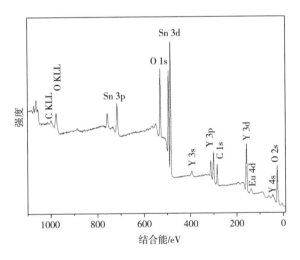

图 4-2　共沉淀-水热法合成 $Y_2Sn_2O_7$：Eu^{3+} 样品的 XPS 宽程扫描图谱

Eu^{3+} 掺杂 $Y_2Sn_2O_7$ 样品中 Y 3d 的窄谱扫描 XPS 谱图如图 4-3 所示。从图 4-3 可以发现 Y $3d_{5/2}$ 和 Y $3d_{3/2}$ 的光电子峰分别位于 157.8eV 和 159.9eV，其自旋轨道劈裂间距为 2.1eV。图 4-3 所示 Y $3d_{5/2}$ 和 Y $3d_{3/2}$ 的光电子峰的位置与文献报道的 Y_2O_3 晶体中 Y 3d 光电子峰位置相一致[253]，证实了 Y 是以 Y^{3+} 形式存在于 $Y_2Sn_2O_7$：Eu^{3+} 晶体中，同时也意味着在 $Y_2Sn_2O_7$：Eu^{3+} 晶体中存在着Y—O键。

图 4-4 为 $Y_2Sn_2O_7$：Eu^{3+} 样品的 Sn 3d 窄谱扫描图。图 4-4 所示的 Sn 3d 窄谱扫描图与图 2-4、图 3-4 所示来自稀土掺杂 $La_2Sn_2O_7$ 晶体的 Sn 3d 的 XPS 谱图基本一致，说明了 Sn 在 $Y_2Sn_2O_7$：Eu^{3+} 样品中也以正四价的形式存在，同时

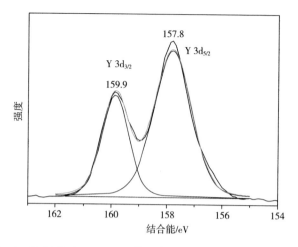

图 4-3　Eu³⁺ 掺杂 Y₂Sn₂O₇ 样品中的 Y 3d 窄谱扫描 XPS 图谱

在 La₂Sn₂O₇ 和 Y₂Sn₂O₇ 晶体中 Sn 所处位置具有相似的化学环境，都存在着 Sn—O 键，与烧绿石晶体结构理论分析相一致[139]。

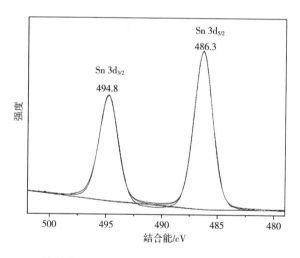

图 4-4　Eu³⁺ 掺杂 Y₂Sn₂O₇ 样品中的 Sn 3d 窄谱扫描 XPS 图谱

从图 4-5 可以看出，O 1s 出现了双峰，说明了氧以两种不同的形式存在。其中位于 532.1eV 附近的弱光电子峰为样品表面吸附 O 所导致的。而出现在 530.5eV 附近的高强度电子结合能峰为晶格中金属与氧结合而产生的吸收峰，在 Y₂Sn₂O₇ 晶体中，分别存在 Y—O 以及 Sn—O 两种不同的结合方式，根据文献的报道[140, 254]，在 Y₂O₃ 和 SnO₂ 晶体中 O 1s 峰峰位相近 （530.1eV 和 530.5eV），因此在 Y₂Sn₂O₇ 体系中虽然存在着 Y—O 和 Sn—O 两种不同的结合方式，但是由于峰位相近而发生峰的部分重叠，所以很难观察到明显的两个峰。

O 1s 的结合能信息说明 O 元素以负二价的形式存在于 $Y_2Sn_2O_7$：Eu^{3+} 晶体中[100]。值得注意的是，相比较第 2 章和第 3 章位于稀土掺杂 $La_2Sn_2O_7$ 晶格中 O 元素的 O 1s 图谱（见图 2-5 和图 3-5），在不同基质中对应于 RE—O（RE＝Y、La）和 Sn—O 金属键合 O 的 1s 光电子峰峰位置仅出现微小的变化（从 $La_2Sn_2O_7$ 的 530.4eV 变化到 $Y_2Sn_2O_7$ 中的 530.5eV），但是样品表面吸附 O 而出现的 O 1s 弱光电子峰峰位则存在较大的差异（从图 3-5 的 532.5eV 到图 2-5 的 532.3eV 再到图 4-5 的 532.1eV）。之所以出现这样有意思的变化，首先，可能是由于处于烧绿石晶格中的 O 虽然其化学环境存在一定的差异（Y—O 和 La—O 的结合），但是从烧绿石的晶体结构分析可知，在烧绿石结构中的 O 主要和 Sn 成键，因此虽然存在 Y—O 和 La—O 相结合的差别，但是差别较小而没有从 XPS 图谱中显著地体现出来；其次，样品所吸附的 O 则由于样品吸附的 H_2O、O_2 和 CO_2 的类别和吸附量上存在着差异而导致了在 XPS 图谱中对应峰位出现了较明显的变化；最后，由于各个 XPS 谱峰的峰位经拟合而得到，而不同的数据在峰的拟合上可能会存在一定的差异，从而也可能产生峰位差异。

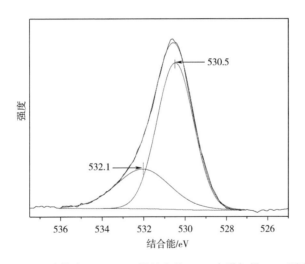

图 4-5　Eu^{3+} 掺杂 $Y_2Sn_2O_7$ 样品中的 O 1s 窄谱扫描 XPS 图谱

Eu 4d 的窄谱扫描 XPS 图谱如图 4-6 所示。从图 4-6 中可以观察到一个中心位于 137.9eV、强度弱而宽的光电子峰，与文献报道的 Eu_2O_3 晶体中 Eu $4d_{5/2}$ 和 Eu $4d_{3/2}$ 的结合能分别为 135eV 和 142.5eV 并不相同[255]。这是因为 Eu 的 4d 层电子和部分充满的 4f 壳层电子之间存在很强的交互作用而导致多重态分裂，从而使得 Eu 4d 的光电子谱峰出现了明显宽化现象[256]，同时由于 Eu^{3+} 的掺杂量较少而使得谱峰的强度较弱，检测结果与文献报道的 Eu^{3+} 掺杂 $Y_2Sn_2O_7$ 晶体中的 Eu 4d 的 XPS 谱图相一致[100]，说明了在 $Y_2Sn_2O_7$：Eu^{3+} 样品中 Eu 以正三价的形式存在。

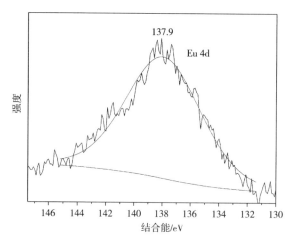

图 4-6　Eu^{3+} 掺杂 $Y_2Sn_2O_7$ 样品中的 Eu 4d 窄谱扫描 XPS 图谱

通过上述分析可知，采用共沉淀-水热法合成的 Eu^{3+} 掺杂 $Y_2Sn_2O_7$ 样品中，Eu^{3+} 进入了烧绿石结构的 $Y_2Sn_2O_7$ 晶格中。根据 Y $3d_{5/2}$、Sn $3d_{5/2}$、Eu 4d 和 O 1s 的 XPS 谱峰面积以及相对应的原子灵敏度因子计算了所合成 $Y_2Sn_2O_7$：Eu^{3+} 样品中各元素的相对含量为 Y：Eu：Sn：O＝0.1922：0.0112：0.2043：0.5923。将稀土元素用 RE 来表示则有 RE：Sn：O＝0.2034：0.2043：0.5923，而按照 $RE_2Sn_2O_7$ 所计算得到的各个元素之间的理论化学计量比 RE：Sn：O＝0.1818：0.1818：0.6364，相比较 XPS 检测结果与理论化学计量比可以发现，在所合成的 $Y_2Sn_2O_7$：Eu^{3+} 晶体中 O 相对不足，形成了氧缺乏非化学计量比型烧绿石结构 $Y_2Sn_2O_{7-\delta}$：Eu^{3+} 晶体，Douma 等也观察到了氧缺乏非化学计量比型烧绿石结构 $Y_2Sn_2O_{7-\delta}$ 晶体的存在[257]。同时，通过 XPS 检测数据计算得到的 Y：Eu＝0.945：0.055，与反应原料中稀土元素的理论加入量 Y：Eu＝95：5 基本一致，说明了经过水热合成过程后 Eu^{3+} 基本上都掺杂进入了 $Y_2Sn_2O_7$ 晶格中。

4.3.3　$Y_2Sn_2O_7$：Eu^{3+} 纳米晶体的形貌特征

图 4-7 为 Eu^{3+} 掺杂 $Y_2Sn_2O_7$ 样品的电镜分析照片。从图 4-7 中可以观察到样品由大量均匀的一次纳米颗粒团聚而形成具有不规则纳米球状形貌的二次纳米结构。所合成的一次纳米颗粒直径在 $20\sim25nm$，与通过谢乐公式计算得到的晶粒尺寸基本一致。图 4-7 所示共沉淀-水热合成 $Y_2Sn_2O_7$：Eu^{3+} 样品的形貌与第 3 章同样采用共沉淀-水热法合成稀土掺杂 $La_2Sn_2O_7$ 样品的形貌（图 3-8）相似，意味着采用共沉淀-水热法合成样品具有相似的形貌特征。归根到底与共沉淀所获得的高度分散的前驱体有关，高的形核数量和高的形核速度导致一次纳米晶体团聚成二次不规则纳米球状形貌颗粒。可以预测采用相似的合成方法也可以合

成出具有相类似形貌特征的烧绿石结构纳米晶体。图 4-7（c）为图 4-7（b）所示样品的选区电子衍射（SAED）照片，从图 4-7（c）中可以清晰地观察到样品的选区电子衍射花样由一系列亮点构成的同心圆环而组成，表明在检测区域内的样品为多晶体，并且样品的结晶度较好。由于纳米颗粒的粒径比较小，并且发生了团聚而在进行选区电子衍射时所选择的样品区域中存在着多颗纳米晶体，因此在样品的选区电子衍射花样中观察到了由系列亮点构成的同心圆环。选区电子衍射花样中各个圆环到中心斑点的距离为对应晶面的晶面间距的倒数值，因此通过测定样品的选区电子衍射花样中各个圆环到中心斑点的距离可以计算出不同圆环所属晶面的晶面间距，从而确定各个圆环亮点所对应的晶面。图 4-7（b）中所示样品的选区电子衍射花样中部分衍射圆环所属晶面如图 4-7（c）所示，通过 SAED 衍射花样所计算得到的晶面间距与 XRD 衍射花样检测得到的晶面间距相一致。图 4-7（c）所示的选区电子衍射花样也证实了样品为立方烧绿石结构的 $Y_2Sn_2O_7$ 晶体。

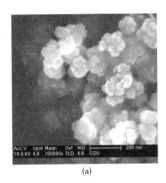 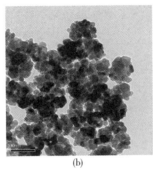 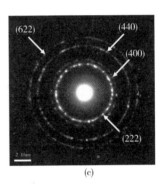

(a)　　　　　　　　　　(b)　　　　　　　　　　(c)

图 4-7　共沉淀-水热合成 $Y_2Sn_2O_7$：Eu^{3+} 样品的电镜照片

（a）SEM；（b）TEM；（c）SAED

4.4　共沉淀-水热法合成工艺参数对 $Y_2Sn_2O_7$：Eu^{3+} 物相结构的影响

4.4.1　pH 值的影响

前面的研究发现反应体系的 pH 值对烧绿石结构 $La_2Sn_2O_7$ 晶体的形成具有非常重要的影响，为了考察反应体系的 pH 值对共沉淀-水热合成 $Y_2Sn_2O_7$：Eu^{3+} 晶体的影响，在 pH 值在 8～14 的范围内进行了合成实验，并对所得产物进行了 XRD 检测。

图 4-8 为不同 pH 值条件下合成产物的 XRD 衍射图谱。由图 4-8 可以观察到，反应体系的 pH 值为 8 时，反应产物由晶态的四方相 SnO_2 构成。当反应体

系的 pH 值为 9 时，所合成产物的 XRD 衍射花样中出现了烧绿石结构 $Y_2Sn_2O_7$：Eu^{3+} 晶体的衍射峰，与此同时，从 XRD 谱图中依然可以清晰地观察到来自 SnO_2 晶体的衍射花样，也就是说 pH 值为 9 时产物为 $Y_2Sn_2O_7$：Eu^{3+} 和 SnO_2 的混合物。当将 pH 值提高为 10 或者 10 以上直至实验范围的 14 时，所合成产物的 XRD 衍射花样都可以和 PDF 卡片编号为 JCPDS 73-1684 的烧绿石相 $Y_2Sn_2O_7$ 相匹配，除此之外没有观察到来自其他物相结构的衍射峰，证实了反应体系的 pH 值为 10～14 都可以合成纯相的立方烧绿石结构 $Y_2Sn_2O_7$：Eu^{3+}，产物的空间群为 Fd-$3m$（227）。XRD 检测结果说明了反应体系的 pH 值对烧绿石结构 $Y_2Sn_2O_7$：Eu^{3+} 的形成具有重要的影响。值得注意的是，相比较于 pH 值对合成烧绿石结构 $La_2Sn_2O_7$ 的影响而言，$Y_2Sn_2O_7$：Eu^{3+} 可以在更宽的 pH 值范围内通过共沉淀-水热法而获得。这是因为 $Y(OH)_3$ 和 $La(OH)_3$ 相比较具有更小的溶度积常数[150]，根据第 2 章所提出的烧绿石相的形成机理可以知道，$RE(OH)_3$ 具有越小的溶度积常数越有利于在更宽的 pH 值范围内形成烧绿石结构的晶体，当然，采用共沉淀法制备前驱体溶液，使得 $Sn(OH)_4$ 和 $Y(OH)_3$ 无定形胶体沉淀在前驱体溶液中高度分散也有利于在宽的 pH 值范围内合成出 $Y_2Sn_2O_7$：Eu^{3+} 晶体。

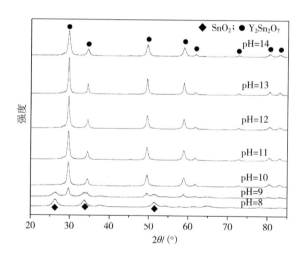

图 4-8　在不同 pH 值下所合成样品的 XRD 衍射图谱

从图 4-8 还可以发现，虽然在 10～14 范围的 pH 值条件下都可以获得单一相立方烧绿石结构 $Y_2Sn_2O_7$ 晶体，但是在不同的 pH 值条件下所合成产物的 XRD 衍射花样的半高宽和强度等都各不相同，意味着在不同条件下所合成产物的平均晶粒尺寸存在着差别。利用 pH 值分别为 9、10、11、12、13 和 14 的条件下所合成产物的 XRD 衍射图谱中 $Y_2Sn_2O_7$：Eu^{3+} 的（222）峰的半高宽，采用谢乐公式对各样品的平均晶粒尺寸进行计算，所得结果分别为（14.7±0.5）nm、

(15.0 ± 0.2)nm、(16.1 ± 0.2)nm、(19.0 ± 0.3)nm、(24.5 ± 0.3)nm 和 (13.3 ± 0.3)nm。从上述的计算结果可以发现，随着反应体系的 pH 值从 9 变化到 14，所合成产物的平均晶粒尺寸先增加后减小，在实验范围内，pH 值为 13 时可以获得相对较大尺寸的纳米晶体。在低 pH 值条件下，由于前驱体溶液中形成的 $Y(OH)_3$ 胶体沉淀相对不足而导致产物具有较小的晶粒尺寸，而相反的是，在高 pH 值条件下则由于 $Sn(OH)_4$ 胶体沉淀发生了部分溶解，同样导致所合成产物具有较小的晶粒尺寸。虽然，上述的计算结果说明了在不同 pH 值条件下所合成的 $Y_2Sn_2O_7:Eu^{3+}$ 晶体具有不同的平均晶粒尺寸，但是由于都采用相同的共沉淀-水热法进行产物的合成，导致产物中 $Y_2Sn_2O_7:Eu^{3+}$ 的平均晶粒尺寸的变化依然较小。

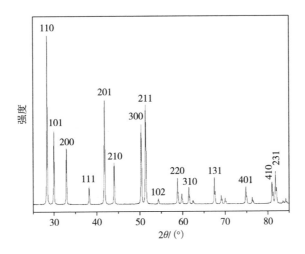

图 4-9 在碱度为 $2mol\cdot L^{-1}$ NaOH 条件下所合成样品的 XRD 衍射图谱

在实验范围内（pH＝8～14），并未能在高 pH 值下所合成产物中检测到 $Y(OH)_3$ 相的存在，如图 4-8 所示。但是根据第 2 章所提出的烧绿石物相结构的形成机理可以预测在更强碱性的反应条件下有望获得 $Y(OH)_3$ 产物。为了验证在强碱性条件下可以合成出 $Y(OH)_3$ 晶体，在保持其他条件相同的情况下，加入适量的 $4mol\cdot L^{-1}$ NaOH 将反应体系的碱度调节为 $2mol\cdot L^{-1}$ NaOH 后进行水热合成试验，将所得产物进行 XRD 检测，结果见图 4-9。

经 XRD 标准图谱对照可知，在碱度为 $2mol\cdot L^{-1}$ 条件下所合成产物的 XRD 图谱中各谱峰的位置均对应于六方晶系的 $Y(OH)_3$（JCPDS 83-2042）的谱峰位置，但是各个衍射峰的相对强度则与 JCPDS 83-2042 标准图谱的相对强度存在较明显的差异，而与文献[110]的报道相似。这可能是由于在不同的条件下所得到的 $Y(OH)_3$ 晶体具有不同的形貌而导致不同晶面上的衍射强度发生了明显的变化。图 4-9 的 XRD 衍射花样证实了在高碱性条件下可以合成 $Y(OH)_3$ 晶体，也进一步证实了在第 2 章提出的烧绿石物相结构的形成机理。

相比较第 3 章共沉淀-还原水热法合成 Ce^{3+}、Tb^{3+} 掺杂/共掺杂 $La_2Sn_2O_7$ 纳米晶体而言，采用共沉淀-水热法可以在更宽的 pH 值范围内合成出具有单一相烧绿石结构的 $Y_2Sn_2O_7$：Eu^{3+} 纳米晶体。

4.4.2 水热反应时间的影响

$Y_2Sn_2O_7$ 纳米晶体的形成受水热反应时间的影响，在保持其他反应条件不变的前提下分别进行了一系列不同水热处理时间的试验，并对所合成的试样进行了 XRD 检测，结果见图 4-10。

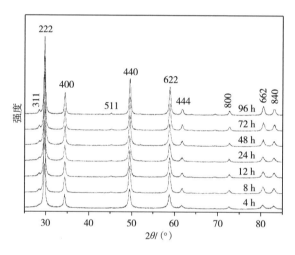

图 4-10 不同水热处理时间下所得样品的 XRD 图谱

从图 4-10 可以观察到，经过 4h 或更长时间直至 96h 的高温水热处理下所合成产物都是具有纯相立方烧绿石结构的 $Y_2Sn_2O_7$：Eu^{3+} 晶体。与共沉淀-水热法合成 $La_2Sn_2O_7$ 晶体相比较（图 3-13），$La_2Sn_2O_7$ 需要经过至少 6h 的高温水热处理才能形成，而 $Y_2Sn_2O_7$：Eu^{3+} 则经过 4h 处理后就可以获得纯相的 $Y_2Sn_2O_7$：Eu^{3+} 纳米晶体，意味着在相同的水热条件下立方烧绿石结构的 $Y_2Sn_2O_7$ 比 $La_2Sn_2O_7$ 更容易形成。

水热处理时间越长，产物的 XRD 衍射图谱中属于（511）晶面的衍射峰就越明显，意味着长时间的水热处理有利于形成高结晶度的 $Y_2Sn_2O_7$：Eu^{3+} 晶体。对图 4-10 中不同时间水热处理所获得产物的晶体尺寸根据谢乐公式进行计算发现样品的平均晶粒尺寸均落在 20～25nm 区间。

4.4.3 前驱体浓度的影响

为了研究在合成烧绿石结构 $Y_2Sn_2O_7$：Eu^{3+} 晶体的过程中前驱体浓度对产

物的物相结构的影响，采用不同浓度的前驱体进行了水热合成试验，所得产物的 XRD 检测结果如图 4-11 所示。

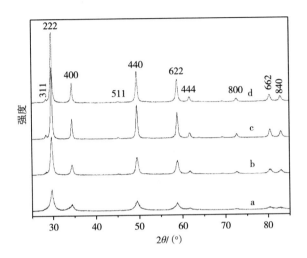

图 4-11　在不同前驱体浓度下所制备样品的 XRD 衍射图谱

a—19.5mmol・L^{-1} RE(NO_3)_3；b—39mmol・L^{-1} RE(NO_3)_3；

c—78mmol・L^{-1} RE(NO_3)_3；d—156mmol・L^{-1} RE(NO_3)_3

图 4-11 为在不同稀土离子浓度的条件下水热合成产物的 XRD 衍射图谱。从图 4-11 中可以看出，合成的产物都是单一相的立方烧绿石结构 $Y_2Sn_2O_7$：Eu^{3+}。在实验范围内并没有观察到在低前驱体浓度和高前驱体浓度条件下所合成产物在物相结构上存在显著的差异，与第 2 章研究发现前驱体浓度对 $La_2Sn_2O_7$ 的合成具有显著影响（图 2-10）有明显不同。这可能与反应体系中 $Y(OH)_3$ 和 $La(OH)_3$ 的溶度积的差异有关，使得 $Y_2Sn_2O_7$ 晶体可以在更宽的前驱体浓度范围内形成。

图 4-11 虽然显示在实验范围的条件下不同的前驱体浓度都可以获得纯相的立方烧绿石结构 $Y_2Sn_2O_7$：Eu^{3+} 纳米晶体，但是从图 4-11 可以明显地发现，随着前驱体浓度的增加，所合成产物的 XRD 衍射峰的半高宽逐渐变小，同时衍射峰的相对强度增大。根据谢乐公式可以知道，半高宽与晶粒尺寸大小成反比。从而可以说明随着前驱体浓度的增大，所合成 $Y_2Sn_2O_7$：Eu^{3+} 晶体的平均晶粒尺寸不断变大。

4.4.4　Eu^{3+} 掺杂量的影响

对于离子掺杂晶体而言，离子掺杂量的多少影响着掺杂晶体的晶体结构以及性能。通过调节前驱体溶液中 Eu^{3+} 的相对含量合成了一系列不同 Eu^{3+} 掺杂量的 $Y_2Sn_2O_7$：Eu^{3+} 纳米晶体。

图 4-12 为不同 Eu^{3+} 掺杂量的 $Y_2Sn_2O_7$：Eu^{3+} 纳米晶体的 XRD 衍射图谱。

从图 4-12 可以清楚地看出，Eu^{3+} 的掺杂量从 1%（原子分数）增加到 15%（原子分数）时，所合成的 $Y_2Sn_2O_7$：Eu^{3+} 纳米晶体的 XRD 衍射花样没有发生明显的变化。通过 XRD 标准图谱对照可以发现不同 Eu^{3+} 掺杂量的 $Y_2Sn_2O_7$：Eu^{3+} 的衍射花样都可以和立方烧绿石结构 $Y_2Sn_2O_7$（JCPDS 73-1684）相对应，同时也没有观察到其他物质的衍射图谱，证实了所合成的样品为纯相烧绿石结构的 $Y_2Sn_2O_7$：Eu^{3+} 晶体。除此之外，从图 4-12 中的插图可以发现，随着 Eu^{3+} 的掺杂量逐步增加，衍射峰的位置也稍微地向低角度移动，意味着所合成样品的晶格常数逐步增大。其原因是 Eu^{3+} 的离子半径（0.95Å）比 Y^{3+} 的离子半径（0.90Å）大[150]，Eu^{3+} 取代 $Y_2Sn_2O_7$ 晶格中的具有较小离子半径的 Y^{3+}，从而使得 $Y_2Sn_2O_7$：Eu^{3+} 的晶格常数增大。

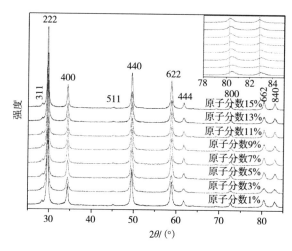

图 4-12　不同 Eu^{3+} 掺杂量样品的 XRD 衍射图谱，插图为 XRD 图谱的局部放大图

4.5　高温热处理对 $Y_2Sn_2O_7$：Eu^{3+} 的物相结构与形貌的影响

文献[165~167]报道烧绿石结构复合氧化物具有优秀的化学稳定性与热稳定性。对共沉淀-水热合成所得到的 $Y_2Sn_2O_7$：Eu^{3+} 样品分别放置在高温电炉中，于 500℃、700℃、900℃、1200℃、1400℃和 1600℃进行 2h 热处理，以观察高温热处理对样品的物相结构与形貌的影响。

4.5.1　高温热处理对 $Y_2Sn_2O_7$：Eu^{3+} 的物相结构的影响

经过不同温度热处理后所得样品的 XRD 衍射花样如图 4-13 所示。从图 4-13 可以清楚地观察到，虽然在不同温度下进行了高温热处理，但是各个样品的

XRD 衍射图谱依然保持着相类似的形状，各个样品的 XRD 衍射花样都可以和 $Y_2Sn_2O_7$ 的衍射花样相对应，说明了 $Y_2Sn_2O_7$：Eu^{3+} 经过高温热处理后依然保持着烧绿石结构，意味着 $Y_2Sn_2O_7$：Eu^{3+} 具有优异的高温稳定性能。

　　表 4-2 为各个样品的 XRD 衍射图谱的部分信息表。从表 4-2 和图 4-13 中可以看出，虽然经过不同温度的热处理后样品依然保持着烧绿石结构，但是经过高温热处理后样品的衍射峰稍微向高角度移动，并且衍射峰的强度以及衍射峰的半高宽都发生了显著的变化。衍射峰向高角度移动说明了经过高温热处理后样品的晶格常数降低。从表 4-2 中可以清楚地观察到随着热处理温度的增加，热处理后所制备样品的晶格常数随之降低。而衍射峰强度增强、衍射峰的半高宽减小则意味着样品中结晶度提高并且平均晶粒尺寸长大。

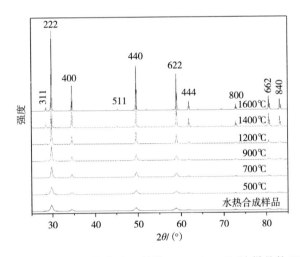

图 4-13　在不同温度条件下进行热处理所得 $Y_2Sn_2O_7$：Eu^{3+} 样品的 XRD 衍射图谱

表 4-2　样品的晶格常数、(222) 衍射峰半高宽以及平均晶粒尺寸与热处理温度的关系

温度/℃	晶格常数/Å	FWHM①	平均晶粒尺寸/nm
25	10.42236±0.00242	0.585±0.005	14.2±0.7
500	10.40000±0.00115	0.540±0.005	15.5±0.2
700	10.39144±0.00047	0.342±0.003	25.1±0.3
900	10.39088±0.00108	0.277±0.002	31.9±0.3
1200	10.38595±0.00095	0.154±0.001	70.2±0.6
1400	10.38488±0.00043	0.112±0.001	269.6±14.4
1600	10.38394±0.00031	0.106±0.001	365.2±18.0

①FWHM：(222) 峰的半高宽。

4.5.2 高温热处理对 $Y_2Sn_2O_7$：Eu^{3+} 形貌的影响

从上述 XRD 衍射图谱的分析可以知道，高温热处理会导致晶粒的长大。为了证实高温热处理导致晶体的长大，对经过不同温度热处理的样品进行 TEM 和 SEM 检测以探究热处理温度对 $Y_2Sn_2O_7$：Eu^{3+} 形貌的影响。

从图 4-14（a）可以看出，水热处理后未进行高温热处理的 $Y_2Sn_2O_7$：Eu^{3+} 为不规则状的纳米晶体，并且纳米颗粒出现明显的团聚现象。水热合成样品在 700℃条件下热处理 2h 后依然为不规则的团聚纳米晶体，但是相比较未经热处理的样品的 TEM 照片，可以发现经过 700℃热处理后样品的结晶度明显提高。在 900℃下进行热处理所制备样品呈现出不规则纳米颗粒团聚成球状的形貌。从图 4-14（d）的 SEM 照片中可以观察到明显的单个不规则多面体状颗粒，并且颗粒的尺寸明显长大，说明经过 1200℃热处理后样品的结晶度显著地提高。图 4-14（e）显示经过 1400℃热处理所得到的样品具有不规则多面体状形貌，并且颗粒的尺寸进一步增大，除此之外，还可以发现颗粒已经部分烧结生长在一起。经过 1600℃处理的样品的 SEM 照片显示样品发生了明显的烧结，如图 4-14（f）所示。从高温热处理后所得样品的 SEM 照片中可以清楚地观察到样品颗粒呈明显的不规则多面体的形状，说明了样品的结晶度高。从上面的分析可以知道，高温热处理有利于提高 $Y_2Sn_2O_7$：Eu^{3+} 样品的结晶度，促进样品颗粒的生长，但是过高的热处理温度也会导致 $Y_2Sn_2O_7$：Eu^{3+} 颗粒间出现部分烧结现象。

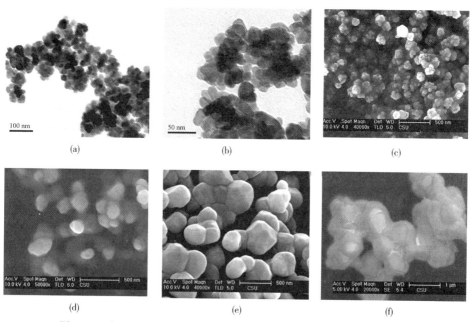

图 4-14　在不同温度下热处理的 $Y_2Sn_2O_7$：Eu^{3+} 的 SEM/TEM 照片

（a）未进行热处理；（b）700℃；（c）900℃；（d）1200℃；（e）1400℃；（f）1600℃

4.5.3　$Y_2Sn_2O_7$：Eu^{3+} 的热重-差热分析

对共沉淀-水热法合成的 $Y_2Sn_2O_7$：Eu^{3+} 样品在 N_2 保护下进行热重-差热（TG-DSC）检测，结果如图 4-15 所示。

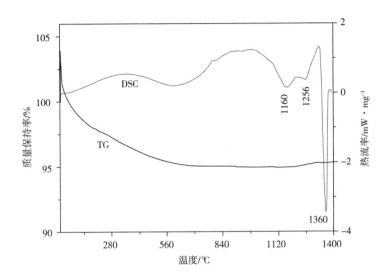

图 4-15　共沉淀-水热合成 $Y_2Sn_2O_7$：Eu^{3+} 的热重-差热曲线

从图 4-15 中可以看出，在 N_2 气氛中进行 TG-DSC 检测，由于 $Y_2Sn_2O_7$：Eu^{3+} 物理吸附了 N_2 或者是由于加热炉内气体的浮力效应和对流影响等[170] 作用，使得 $Y_2Sn_2O_7$：Eu^{3+} 在开始升温过程中发生了较明显的增重现象。随着温度的升高，从热重曲线中首先观察到在不高于 100℃ 之前出现了明显的失重现象，这种失重现象是由于样品脱附表面所吸附的 H_2O 和 N_2；然后在 100～600℃ 温度区间由于 CO_2、CO_3^{2-} 和 NO_3^- 通过分解、解吸附等过程从样品本身脱去而导致失重现象。上述的两阶段的失重在相应温度区间的 DSC 曲线中出现了较宽但较弱的吸热峰。随着温度的继续增加样品的重量变化相对较小。从室温升温到 1400℃ 的过程中样品的总失重率约 4.7%。

除此之外，还可以在 1160℃、1256℃ 和 1360℃ 附近观察到三个吸热峰，特别是 1360℃ 附近的吸热峰具有很高的强度。结合前面 SEM 照片分析可知，在高于 1200℃ 温度下热处理的样品发生了显著的长大，同时具有比较明显的颗粒烧结的痕迹，因此可以认为由于样品在高温热处理过程中存在颗粒的合并长大以及局部熔融烧结过程而导致了 DSC 曲线在高温区出现了强的吸热峰。

4.6 共沉淀-水热法合成 $Y_2Sn_2O_7$：Eu^{3+} 的光学性能

4.6.1 $Y_2Sn_2O_7$：Eu^{3+} 的傅里叶变换红外光谱分析

对于具有烧绿石结构的复合氧化物，由于金属原子与氧原子之间的伸缩振动和弯曲振动，在 $750\sim50cm^{-1}$ 区间存在 7 个红外吸收带[20, 221]。图 4-16 中的 a 光谱为共沉淀-水热法所合成的不规则球状 $Y_2Sn_2O_7$：Eu^{3+} 纳米晶体在 $400\sim1200cm^{-1}$ 范围内的傅里叶变换红外光谱图。从图 4-16 的 a 红外光谱中可以观察到两个显著的红外吸收带，其中位于 $648cm^{-1}$ 处宽阔的红外吸收带是由于 $Y_2Sn_2O_7$：Eu^{3+} 晶格中的 Sn—O 的伸缩振动；另外由于 Y—O′ 键的伸缩振动使得在 $445.5cm^{-1}$ 处出现了一个红外吸收带。由于在水溶液体系中进行 $Y_2Sn_2O_7$：Eu^{3+} 纳米晶体的合成，在所获得的 $Y_2Sn_2O_7$：Eu^{3+} 纳米晶体的表面不可避免地会吸附着大量的羟基。羟基的存在会使得光致发光材料出现强烈的发光猝灭现象。为此对水热合成的产物在 1400℃ 下热处理 2h 以去除样品表面吸附的羟基，提高样品的光致发光性能。经过高温热处理的样品的 FT-IR 光谱见图 4-16 中标识为 b 的曲线。从图 4-16 中的 b 红外光谱可以发现，经过高温热处理后样品的红外光谱图依然存在着两个宽阔的红外吸收峰，分别属于 Sn—O 和 La—O′ 的红外吸收带。相比较未进行高温热处理样品的红外光谱可以发现，经过高温热处理后源自 Sn—O 键和 Y—O′ 键的伸缩振动的红外吸收带分别移动到了 $650cm^{-1}$ 和 $451cm^{-1}$ 处，同时两个红外吸收带的宽度稍有变窄。红外吸收带的位置以及光谱形状的变化可能是由于晶格常数、颗粒形貌和尺寸大小的不同。由于受到检测仪器检测范围的限制不能观察到位于小波数范围内的其他五个红外吸收带，但是图 4-16 所示的 FT-IR 光谱与文献报道基本一致[110]。

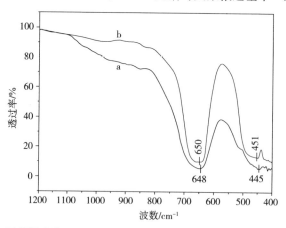

图 4-16　不规则球状 $Y_2Sn_2O_7$：Eu^{3+} 纳米晶体的傅里叶变换红外光谱图

a—水热合成样品；b—1400℃热处理 2h 样品

4.6.2　$Y_2Sn_2O_7$: Eu^{3+} 的拉曼光谱分析

共沉淀-水热法合成的不规则球状 $Y_2Sn_2O_7$：Eu^{3+} 样品的拉曼光谱如图 4-17 所示。从第 2 章的分析可以知道，对于烧绿石结构的 $Y_2Sn_2O_7$：Eu^{3+} 样品理论上可以观察到六条拉曼谱线。由于采用共沉淀-水热法所合成的 $Y_2Sn_2O_7$：Eu^{3+} 样品具有较小的晶粒尺寸，在图 4-17 中只在拉曼位移约为 $311cm^{-1}$、$408cm^{-1}$ 和 $511cm^{-1}$ 附近出现了三个拉曼峰。这三个拉曼峰分别属于 F_{2g}、F_{2g} 和 A_{1g} 模式的简正振动频率峰，与文献报道相一致[110]。

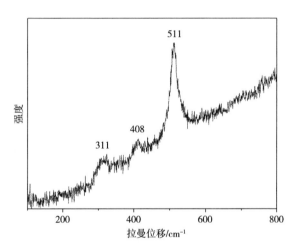

图 4-17　不规则球状 $Y_2Sn_2O_7$：Eu^{3+} 样品的拉曼光谱图

4.6.3　$Y_2Sn_2O_7$: Eu^{3+} 的光致发光光谱分析

图 4-18 为 $Y_2Sn_2O_7$：Eu^{3+} 样品检测波长 589nm 的激发光谱图。从图 4-18 可以看出，在 240～300nm 区间出现了一个中心位于 273nm 附近的宽带激发峰，宽带激发峰对应电子由 O^{2-} 的 2p 轨道迁移到 Eu^{3+} 的 4f 轨道而形成电荷迁移带（CTB）。图 4-18 中的插图显示激发光谱在长波区域的局部放大图，从该插图中可以观察到一系列强度较弱的锐谱线，分别位于 362nm、382nm、393nm、414nm 和 465nm 波长附近，这些尖锐谱线峰来自于 Eu^{3+} 的 f-f 壳层电子的直接激发，分别属于 Eu^{3+} 的电子从基态 $^7F_0$ 到 $^5D_4$、^5G_J、$^5L_6$、$^5D_3$ 和 $^5D_2$ 等激发态间的跃迁。从图 4-18 可以清晰地看出，电荷迁移带是 $Y_2Sn_2O_7$：Eu^{3+} 激发光谱的最主要的激发峰，说明在紫外光的激发下，O^{2-}-Eu^{3+} 电荷迁移跃迁带的强度很大程度上决定了发射光谱的强度。由于稀土离子的 f-f 跃迁都属于禁戒跃迁的窄带，强度较弱，不利于吸收激发光能，这已成为稀土离子的发光效率不高的原因之一，利用电荷迁移带对激发光能量的宽带吸收和对稀土激活离子的能量传递，

已成为提高稀土离子发光效率的有效途径之一。

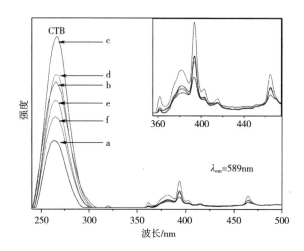

图 4-18   不同 Eu^{3+} 掺杂量的 $Y_2Sn_2O_7$：Eu^{3+} 纳米晶体的激发光谱图

a—5%（原子分数）；b—7%（原子分数）；c—9%（原子分数）；

d—11%（原子分数）；e—13%（原子分数）；f—15%（原子分数）

在 270nm 波长激发下，不同 Eu^{3+} 掺杂量的 $Y_2Sn_2O_7$：Eu^{3+} 的室温发射光谱如图 4-19 所示。在相同波长的紫外光的激发下，不同 Eu^{3+} 掺杂量的样品具有相似的发射光谱，但是发射峰的相对强度存在较大的差异。从图 4-19 中可以在 578nm、589nm、599nm、614nm 和 631nm 波长处观察到明显的线状发射谱峰，分别对应于 Eu^{3+} 的 $4f^6$ 壳层电子的特征跃迁发射峰：$^5D_0$-$^7F_0$（578nm）、$^5D_0$-$^7F_1$（589nm，599nm）、$^5D_0$-$^7F_2$（614nm、631nm）。当 Eu^{3+} 进入一个具有反演对称性的位置时，$^5D_0$-$^7F_1$ 磁偶极电子跃迁带具有最强的发射强度，反之当 Eu^{3+} 进入一个不具有反演对称性的位置时，$^5D_0$-$^7F_2$ 电偶极电子跃迁带具有最强的发射强度。$Y_2Sn_2O_7$：Eu^{3+} 的发射谱带中，位于 589nm 处、属于 $^5D_0$-$^7F_1$ 磁偶极电子跃迁带具有最强的发光强度，而属于 $^5D_0$-$^7F_2$ 电偶极电子跃迁的发射峰强度则次之。意味着在 $Y_2Sn_2O_7$：Eu^{3+} 晶体中 Eu^{3+} 处于具有反演对称性的位置。从图 4-19 可知，Eu^{3+} 的 $^5D_0$-$^7F_1$ 跃迁峰劈裂为两个跃迁峰，并且两个劈裂峰的能量差为 283cm^{-1}，这些实验现象充分证实了 Eu^{3+} 主要位于具有 D_{3d} 反演对称性的位置[80,183]。

从图 4-18 和图 4-19 都可以清楚地看出，激发光谱和发射光谱的相对强度随着 Eu^{3+} 掺杂量的变化而变化。随着 Eu^{3+} 的掺杂量从 5%（原子分数）增大到 9%（原子分数）时，光致发光光谱的相对强度随之增大并在掺杂量为 9%（原子分数）时达到最大；随后继续增大 Eu^{3+} 的掺杂量后光致发光光谱的强度随之降低。意味着当 Eu^{3+} 的掺杂量高于 9%（原子分数）时，$Y_2Sn_2O_7$：Eu^{3+} 将发

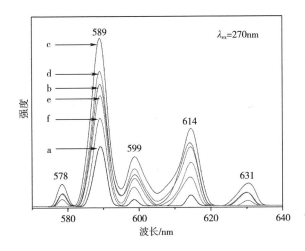

图 4-19 不同 Eu^{3+} 掺杂量的 $Y_2Sn_2O_7$ ：Eu^{3+} 纳米晶体的发射光谱图

a—5%（原子分数）；b—7%（原子分数）；c—9%（原子分数）；

d—11%（原子分数）；e—13%（原子分数）；f—15%（原子分数）

生浓度猝灭现象。Eu^{3+} 的最优掺杂浓度和其他文献报道[100,113]存在差异，可能和 $Y_2Sn_2O_7$ ：Eu^{3+} 样品的形貌、尺寸等存在差异有关。

4.6.4　高温热处理对 $Y_2Sn_2O_7$ ：Eu^{3+} 的光致发光性能的影响

对发光材料进行高温热处理可以提高材料的结晶度，同时可以减少材料表面吸附的羟基，进而可以有效地提高材料的光致发光性能[196]。为了考察在不同温度下进行热处理对 $Y_2Sn_2O_7$ ：Eu^{3+} 的光致发光性能的影响，对 $Y_2Sn_2O_7$ ：Eu^{3+} 分别在700℃、1200℃和1600℃温度下热处理2h后进行光致发光光谱检测，结果见图4-20和图4-21。

图4-20为经过不同温度热处理后的 $Y_2Sn_2O_7$ ：Eu^{3+} 在检测589nm波长发射所得的激发光谱图。从图4-20可知，经过热处理后样品的激发光谱依然以电荷迁移带（CTB）为主。值得注意的是，在700℃下热处理2h所制备样品的CTB激发峰位置和未经热处理样品的位置近似，但是对于经过1200℃或1600℃处理所制备样品的CTB激发峰都发生了明显的蓝移现象。CTB激发峰位置从未进行热处理样品的273nm移动到经过1200℃热处理样品的269nm再到经过1600℃热处理样品的267nm。$Y_2Sn_2O_7$ ：Eu^{3+} 样品经高温热处理后发生CTB激发带的蓝移刚好与 $La_2Sn_2O_7$ ：Eu^{3+} 样品经过高温热处理后CTB带发生红移的现象相反。在 $Y_2Sn_2O_7$ 基质中，Eu^{3+} 与近邻的 O^{2-} 和次近邻的 Y^{3+} 形成 $Eu—O—Y$ ，O^{2-} 的电子从充满的2p轨道迁移至 Eu^{3+} 的部分填充的 $4f^6$ 壳层而产生电荷迁移带。O^{2-} 的2p电子迁移的难易和所需能量的大小，取决于 O^{2-} 周围的离子对 O^{2-} 所产生的势场，与 $Eu—O$ 键的共价性质有关。从图4-13和表4-2可以

知道，随着热处理温度的提高，经过热处理所制备样品的晶格常数降低。晶格常数的降低意味着热处理温度越高样品中 Eu—O—Y 键的键长越小。由于 Eu^{3+} 的离子半径（0.95Å）比 Y^{3+} 的离子半径（0.90Å）大，同时 Eu 的电负性（1.20）小于 Y 的电负性（1.22）[258]，因此当 Eu—O—Y 键的键长变小时，相对于 Eu^{3+} 而言，Y^{3+} 具有更强的吸电子效应，使得电子云偏向于 Y^{3+} 一侧，降低了 Eu—O 键的电子云密度，使得 Eu—O 键的共价性降低，提高了 O 2p 价带和 Eu^{3+} 的 4f 带的能量差，使得 O^{2-} 到 Eu^{3+} 的电荷迁移带向高能量区域移动，从而使得 CTB 发生了蓝移[189]。

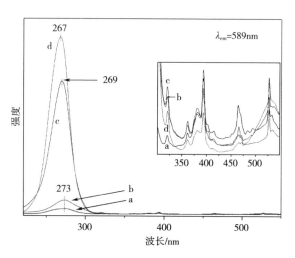

图 4-20　热处理对 $Y_2Sn_2O_7$：Eu^{3+} 的激发光谱的影响
a—未进行热处理；b—700℃；c—1200℃；d—1600℃

　　此外，从图 4-20 中还可以发现激发光谱中电荷迁移带的相对强度随着热处理温度的提高而明显提高，并且相对于电荷迁移带相对强度的提高而言，激发光谱中属于 Eu^{3+} 中 f-f 电子跃迁激发峰的相对强度则没有发生显著的变化，见图 4-20 中的插图。电荷迁移带的强度受到晶格常数、结晶度等多方面因素的影响[259]，因而高温热处理可以有效地提高电荷迁移带的相对强度。而 Eu^{3+} 的 f-f 电子跃迁激发峰的强度主要取决于发光基质中 Eu^{3+} 的浓度与检测发射光的波长[260]，在进行热处理的 $Y_2Sn_2O_7$：Eu^{3+} 样品中具有相同的 Eu^{3+} 掺杂量，同时在相同波长条件下测定激发光谱，因而在图 4-20 的激发光谱图中发现高温热处理并不能显著地改变 Eu^{3+} 的 f-f 跃迁激发带的相对强度。

　　图 4-21 为在不同温度下热处理所制备的 $Y_2Sn_2O_7$：Eu^{3+} 在 270nm 波长的紫外光激发下的发射光谱图，在 570～660nm 范围可以观察到分别属于 $^5D_0$-$^7F_0$、$^5D_0$-$^7F_1$ 和 $^5D_0$-$^7F_2$ 等 Eu^{3+} 的 $4f^6$ 壳层特征跃迁线状发射峰。与图 2-34 所示的高温热处理对 $La_2Sn_2O_7$：Eu^{3+} 样品的发射光谱的影响相似，热处理温度对

$Y_2Sn_2O_7$：Eu^{3+} 样品的相对发光强度有显著的影响。从图 4-21 可以发现，随着热处理温度的升高，$^5D_0$-$^7F_1$ 和 $^5D_0$-$^7F_2$ 的发射峰的相对强度都随之增大，尤其是经过 1200℃ 或更高温度的热处理后，相对强度增大尤为明显。图 4-21 中上面的插图为发射光谱中 $^5D_0$-$^7F_1$ 发射峰的局部放大图，从该插图中可以知道，对于位于 589nm 附近的 $^5D_0$-$^7F_1$ 发射峰而言，经过 700℃、1200℃ 和 1600℃ 热处理样品的相对强度分别是未进行热处理的样品（图 4-21 中 a）的 3.01 倍、27.74 倍和 28.63 倍。与激发光谱中电荷迁移带的相对强度随着热处理温度升高而增强相似。这是因为经过高温热处理后，$Y_2Sn_2O_7$：Eu^{3+} 样品的晶化程度提高，晶体尺寸的适度增大降低了样品的比表面积，使得表面 Eu^{3+} 的数量减少，同时吸附在样品表面的 OH^- 的数量也大大地减少，从而可以有效地提高样品的光致发光强度。图 4-21 中下部的插图为 604～665nm 范围的发射光谱的放大图。从图 4-21 中下部的插图可以发现，经过高温处理后发射光谱中属于 $^5D_0$-$^7F_2$ 跃迁的两组简并峰劈裂现象加剧，经过 1200℃ 或更高温度的热处理后，可以观察到 $^5D_0$-$^7F_2$ 发射峰劈裂为 4 个发射峰，与 Judd-Ofelt 理论分析相一致[197]。上述分析充分说明了经过高温热处理后样品的晶体结晶度显著增高同时减少了晶体表面吸附的羟基数量，从而有利于获得具有高发光强度的发光材料。

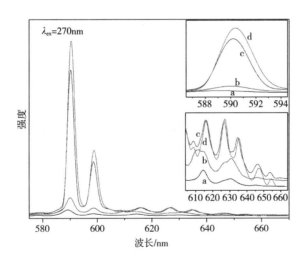

图 4-21　热处理对 $Y_2Sn_2O_7$：Eu^{3+} 的发射光谱的影响

a—未进行热处理；b—700℃；c—1200℃；d—1600℃

4.7　分步沉淀-水热法合成 $Y_2Sn_2O_7$：Tb^{3+} 微米晶体的物相结构与形貌特征

虽然共沉淀-水热法可以有效地合成具有单一烧绿石相的 $Y_2Sn_2O_7$：Eu^{3+} 纳

米晶体，但是由于所合成的一次 $Y_2Sn_2O_7$：Eu^{3+} 纳米晶体具有不规则的形貌并且非常容易发生团聚，影响了荧光粉的发光性能。分步沉淀-水热法可以获得具有较好结晶度的大尺寸晶体，因此有必要对采用分步沉淀-水热法合成 $Y_2Sn_2O_7$ 进行介绍。分别采用浓氨水和 $4mol \cdot L^{-1}$ NaOH 溶液作为沉淀剂进行合成实验。下面将阐述分步沉淀-水热法合成的 $Y_2Sn_2O_7$：Tb^{3+}（原子分数 5%）纳米晶体的物相结构、成分、形貌和发光性能。

4.7.1　$Y_2Sn_2O_7$：Tb^{3+} 微米晶体的物相结构特征

图 4-22 为采用分步沉淀-水热法在 180℃下反应 24h 所得样品的 XRD 图谱。

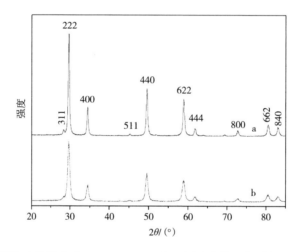

图 4-22　分步沉淀-水热法合成 $Y_2Sn_2O_7$：Tb^{3+}（原子分数 5%）样品的 XRD 衍射图谱
a—$NH_3 \cdot H_2O$；b—NaOH

图 4-22 中 a 和 b 分别对应于采用浓氨水和 NaOH 作为沉淀剂所合成产物的 XRD 衍射花样。从图 4-22 中可以发现，采用不同沉淀剂所合成产物具有相似的 XRD 衍射花样，在 2θ 角度分别为 28.429°、29.742°、34.483°、49.564°、58.890°、61.801°、72.744°、80.497°和 83.027°附近出现了 9 个特征衍射峰，分别对应于（311）、（222）、（400）、（440）、（622）、（444）、（800）、（662）和（840）等晶面的衍射。除此之外，其他衍射峰的强度均不大。由于 Tb^{3+} 的掺杂量比较少，图 4-22 所示的衍射花样与纯立方烧绿石结构的 $Y_2Sn_2O_7$ 的参考标准 XRD 图谱（JCPDS 82-0662）基本一致，同时图谱中并没有发现其他杂相的衍射峰，说明分步沉淀-水热法合成的样品具有高的纯度。对图 4-22 中的衍射图谱进行全谱拟合后可以计算出 a、b 两个样品的晶格常数分别为（10.39637 ± 0.00022）Å 和（10.39751 ± 0.00046）Å。和参考标准 XRD 图谱（JCPDS 82-0662）的晶格常数（10.372Å）相比较稍稍偏大。由于 Tb^{3+} 的离子半径（0.923Å）

稍大于 Y^{3+} 的离子半径（0.90Å），因此晶格常数的稍微增大意味着 Tb^{3+} 已经通过水热合成过程进入了 $Y_2Sn_2O_7$ 晶格中。从图 4-22 还可以发现，虽然采用 $NH_3 \cdot H_2O$ 和 $NaOH$ 作为沉淀所合成的产物具有相似的 XRD 衍射花样，但是采用 $NH_3 \cdot H_2O$ 作为沉淀剂相比较于 $NaOH$ 作为沉淀剂所合成的 $Y_2Sn_2O_7$：Tb^{3+} 样品的 XRD 衍射峰具有更大的相对强度和更小的半高宽。大的衍射峰强度以及窄的衍射峰半高宽意味着样品具有高的结晶度和更大的晶粒尺寸。

图 4-23 是以 $NH_3 \cdot H_2O$ 为沉淀剂所合成的 $Y_2Sn_2O_7$：Tb^{3+} 晶体的 X 射线能量散射光谱图（EDS）。从图 4-23 可以清楚地知道，样品中含有 Y、Sn 和 Tb 三种元素，其中 Tb 元素含量相对较少，说明经过水热合成过程，少量的 Tb^{3+} 掺杂进入了立方烧绿石结构 $Y_2Sn_2O_7$ 晶体中。结合图 4-22 的 XRD 衍射花样分析可以知道，少量 Tb^{3+} 掺杂并没有改变 $Y_2Sn_2O_7$：Tb^{3+} 所具有的烧绿石晶体结构。

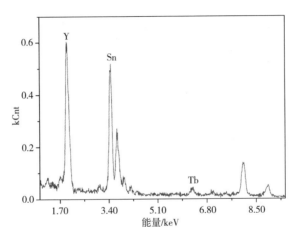

图 4-23 采用 $NH_3 \cdot H_2O$ 为沉淀剂合成 $Y_2Sn_2O_7$：Tb^{3+}（原子分数 5%）样品的 EDS 图谱

4.7.2 $Y_2Sn_2O_7$：Tb^{3+} 微米晶体的形貌特征

以 $NH_3 \cdot H_2O$ 和 $NaOH$ 为沉淀剂采用分步沉淀-水热法合成的 $Y_2Sn_2O_7$：Tb^{3+} 样品的扫描电镜和透射电镜照片如图 4-24 所示。从图 4-24（a）可以清楚地观察到，以 $NH_3 \cdot H_2O$ 为沉淀剂所合成的 $Y_2Sn_2O_7$：Tb^{3+} 样品呈现出棒状形貌，并且具有很高的产率，且 $Y_2Sn_2O_7$：Tb^{3+} 微米棒具有较大的长径比。图 4-24（b）为 $NH_3 \cdot H_2O$ 为沉淀剂所合成 $Y_2Sn_2O_7$：Tb^{3+} 样品的高倍扫描电镜照片，可见 $Y_2Sn_2O_7$：Tb^{3+} 样品为外壁规则的六方棱柱形的开口管状微米晶体。$NH_3 \cdot H_2O$ 为沉淀剂合成的 $Y_2Sn_2O_7$：Tb^{3+} 微米管的 TEM 照片也证实了 $Y_2Sn_2O_7$：Tb^{3+} 为开口管状微米晶体，如图 4-24（c）所示。值得注意的是，从 TEM 照片还可以清楚地看到，$Y_2Sn_2O_7$：Tb^{3+} 为两端开口但是中间部位堵塞的管状晶体。当以 NaOH 作为沉淀剂时，采用分步沉淀-水热法所合成的 $Y_2Sn_2O_7$：Tb^{3+} 样品却呈现出明显的 3D 八面体形貌，如图 4-24（d）所示，与相似工艺条件下所合成的 $La_2Sn_2O_7$：Eu^{3+} 晶体（图 2-17）的形貌相类似，但是所合成 $Y_2Sn_2O_7$：Tb^{3+} 样品具有较宽的尺寸分布。

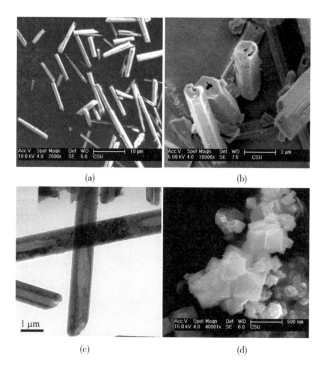

图 4-24　（a）～（c）$NH_3 \cdot H_2O$ 为沉淀剂合成 $Y_2Sn_2O_7$：Tb^{3+} 样品的 SEM/TEM 照片；
（d）NaOH 为沉淀剂合成的 $Y_2Sn_2O_7$：Tb^{3+} 样品的 SEM 照片

采用不同的沉淀剂可以合成出具有不同形貌的 $Y_2Sn_2O_7$：Tb^{3+}，并且 $NH_3 \cdot H_2O$ 在合成具有管状 $Y_2Sn_2O_7$：Tb^{3+} 晶体的过程中起着极其重要的作用。

4.7.3　不同形貌 $Y_2Sn_2O_7$：Tb^{3+} 微米晶体的形成机理

从 $Y_2Sn_2O_7$：Tb^{3+} 样品的形貌分析中可以看出，$NH_3 \cdot H_2O$ 在管状 $Y_2Sn_2O_7$：Tb^{3+} 的形成过程中扮演了非常重要的角色。

在实验中，采用稀土硝酸盐和四氯化锡作为起始反应原料，因而在前驱体溶液中含有 Y^{3+}、Tb^{3+}（由于 Tb^{3+} 的量非常少，并且具有 Y^{3+} 相类似的化学性质，为了便于表述，将 Y^{3+} 和 Tb^{3+} 统称为 Y^{3+}）、Sn^{4+}、NO_3^- 和 Cl^- 等离子，当往前驱体混合溶液中滴加入 $NH_3 \cdot H_2O$，所加入的 $NH_3 \cdot H_2O$ 在溶液中电离生成 OH^- 和 NH_4^+，电离生成的 OH^- 使得反应溶液体系的 pH 值增大，而 NH_4^+ 则可以和溶液中的 NO_3^- 和 Cl^- 相结合形成 NH_4NO_3 和 NH_4Cl。随着反应溶液体系的碱性不断增强，Sn^{4+} 首先和 OH^- 基团发生反应生成 $Sn(OH)_4$ 无定形胶体沉淀；当反应溶液体系的 pH 值增大到一定程度之后稀土离子 Y^{3+} 也和 OH^- 基团发生沉淀反应生成 $Y(OH)_3$ 无定形胶体沉淀。所形成的 $Sn(OH)_4$ 和 $Y(OH)_3$ 无定形胶体沉淀在剧烈搅拌下相互分散而形成均匀的前驱体悬浮液。在水热处理过程中，随着反应体系温度的升高，具有六方结构的 $Y(OH)_3$ 团簇首先形成作为晶种。$Y(OH)_3$ 无定形沉淀可以溶解在沸腾的含 NH_4NO_3/NH_4Cl 的溶液中[261]，与此同时，由于反应溶液体系具有高的 pH 值，使得溶解在溶液中的 Y^{3+} 会和 OH^- 反应再次生成 $Y(OH)_3$ 沉淀析出。在溶液中 $Y(OH)_3$ 的溶解和沉淀过程将最终达到一个动态的平衡。类似地，在高温高压的强碱性溶液中，部分 $Sn(OH)_4$ 无定形沉淀也会逐渐发生溶解，以 $Sn(OH)_6^{2-}$ 的形式存在于溶液中。随后，存在于溶液中的 Y^{3+} 和 $Sn(OH)_6^{2-}$ 发生碰撞反应形成 $Y_2Sn_2O_7$ 生长基元。随着 $Y_2Sn_2O_7$ 生长基元浓度的增大，$Y_2Sn_2O_7$ 生长基元聚集在一起，并且对于六方晶系的 $Y(OH)_3$ 晶种而言具有六边形的形状，而在六边形的边缘区域则具有相对高密度的成核位置，所以 $Y_2Sn_2O_7$ 生长基元优先依附在晶种的边缘区域，当所依附的 $Y_2Sn_2O_7$ 生长基元团聚超过临界尺寸后形成 $Y_2Sn_2O_7$ 晶核。由于反应体系中存在 NH_4^+ 并且具有高的碱性，使得 $Y(OH)_3$ 和 $Sn(OH)_4$ 无定形沉淀不断地溶解，从而在溶液中存在足量的 Y^{3+} 和 $Sn(OH)_6^{2-}$ 基团。大量的 Y^{3+} 和 $Sn(OH)_6^{2-}$ 基团使得 $Y_2Sn_2O_7$ 具有较高的形核速度而保持了晶种所具有的六边形外貌。随后 $Y_2Sn_2O_7$ 生长基元快速聚集于晶种的周边区域，然后继续沿着 (111) 方向长大形成 $Y_2Sn_2O_7$ 晶体[262,263]。在 $Y_2Sn_2O_7$ 晶体的边沿持续不断地供给 $Y_2Sn_2O_7$ 生长基元将导致生长基元往两个方向发生扩散并生长，这两个方向分别是向晶体内侧扩散和平行于 (111) 方向的扩散。在扩散层具有高浓度的生长基元的情况下，生长基元更容易往两端而不是往内部发生快速的扩散并伴随着晶体的生长。由于优先往两端发生扩散和生长导致生成了中心封闭的开口管状结构的 $Y_2Sn_2O_7$：Tb^{3+} 晶体。从上面的分析可以知道，$NH_3 \cdot H_2O$ 在形成管状 $Y_2Sn_2O_7$：Tb^{3+} 晶体的过程中起着至关重要的作用。上述所提出的管状晶体的生长机理和其他文献报道的管状晶体生长机理相类似[264,265]。

而对于 NaOH 作为沉淀剂的反应体系而言，由于反应溶液中没有 NH_4^+ 而无法加速 $Y(OH)_3$ 沉淀的溶解，因此反应体系中的 $Y(OH)_3$ 和 $Sn(OH)_4$ 无定形沉淀只能通过沉淀平衡部分溶解在反应溶液中。由于 $Y(OH)_3$ 和 $Sn(OH)_4$ 都具有很小的溶度积常数，也就是说 $Y(OH)_3$ 和 $Sn(OH)_4$ 都难直接溶解于反应溶液中，使得反应溶液中 Y^{3+} 和 $Sn(OH)_6^{2-}$ 基团的浓度相对比较低，导致形成 $Y_2Sn_2O_7$ 生长基元的数量也少。由于 $Y_2Sn_2O_7$ 生长基元的浓度很低从而导致 $Y_2Sn_2O_7$ 晶体的生长速度变慢。类似于第 2 章中八面体状 $La_2Sn_2O_7$：Eu^{3+} 的生长过程，缓慢的生长速度以及在强碱性反应体系中，使得生长基元聚集在不同晶面生长的概率相似，从而生成了具有最稳定的八面体状 $Y_2Sn_2O_7$：Tb^{3+} 晶体，与自然界中烧绿石结构晶体的形貌相一致[266]。

基于上述分析，不同形貌的 $Y_2Sn_2O_7$：Tb^{3+} 晶体的生长机理如图 4-25 所示。

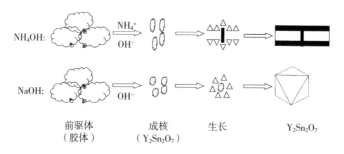

图 4-25 不同形貌的 $Y_2Sn_2O_7$：Tb^{3+} 晶体的形成机理

4.8 $Y_2Sn_2O_7$：Tb^{3+} 的光学性能

4.8.1 管状 $Y_2Sn_2O_7$：Tb^{3+} 的傅里叶变换红外光谱分析

为了考察采用分步沉淀-水热法合成的开口管状 $Y_2Sn_2O_7$：Tb^{3+} 样品的分子吸收光谱，对其进行了傅里叶变换红外光谱（FT-IR）检测。图 4-26 为管状 $Y_2Sn_2O_7$：Tb^{3+} 样品的傅里叶变换红外光谱。

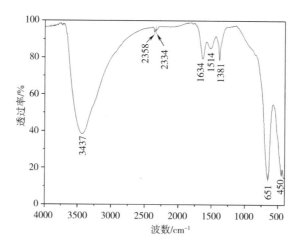

图 4-26 开口管状 $Y_2Sn_2O_7$：Tb^{3+} 微米晶体的傅里叶变换红外光谱图

开口管状 $Y_2Sn_2O_7$：Tb^{3+} 样品分别在 $3437cm^{-1}$、$2358cm^{-1}$、$2334cm^{-1}$、$1634cm^{-1}$、$1514cm^{-1}$、$1381cm^{-1}$、$651cm^{-1}$ 和 $450cm^{-1}$ 处出现了红外吸收峰。

其中位于 $651cm^{-1}$ 处的强烈的红外吸收峰源于 $Y_2Sn_2O_7$：Tb^{3+} 晶格中的 Sn—O 键的伸缩振动。与此同时，在 $450cm^{-1}$ 处观察到尖锐的 Y—O′键的伸缩振动所导致的红外吸收带。来自管状 $Y_2Sn_2O_7$：Tb^{3+} 样品晶格本身的红外吸收带与图 4-16 中经过高温热处理后的 $Y_2Sn_2O_7$：Eu^{3+} 的吸收带比较接近，而与未经热处理的 $Y_2Sn_2O_7$：Eu^{3+} 纳米晶体的红外吸收带存在着较大的差异。这可能是因为管状 $Y_2Sn_2O_7$：Tb^{3+} 微米晶体以及高温热处理后的 $Y_2Sn_2O_7$：Eu^{3+} 样品一样都具有较高的结晶度和大的颗粒尺寸 [见图 4-14（e）和图 4-24（a）～（c）]。除了样品晶格本身所导致的红外吸收带之外，从图 4-26 中还可以观察到样品表面物理吸附的 H_2O 所产生的羟基伸缩振动峰和 H_2O 分子的弯曲振动红外峰分别位于 $3437cm^{-1}$ 和 $1634cm^{-1}$ 处。在 $2358 \sim 2334cm^{-1}$ 区间出现红外吸收带是 $Y_2Sn_2O_7$：Tb^{3+} 样品吸收了环境中的 CO_2 所致。$3437cm^{-1}$ 处出现的高强度的、宽阔的红外吸收带意味着通过水热法所合成的 $Y_2Sn_2O_7$：Tb^{3+} 表面吸附了比较多的 H_2O，样品吸附空气中的 CO_2 部分溶解在样品所吸附的 H_2O 中以 CO_3^{2-} 基团的形式存在，因此在 $1514cm^{-1}$ 和 $1381cm^{-1}$ 处观察到了属于 CO_3^{2-} 基团的特征红外振动峰[172]。

4.8.2　管状 $Y_2Sn_2O_7$：Tb^{3+} 的拉曼光谱分析

据文献报道[173]，烧绿石结构的稀土锡酸盐存在六个拉曼活性的振动吸收带，分别为 A_{1g}、E_g 和 $4F_{2g}$。分步沉淀-水热法合成的管状 $Y_2Sn_2O_7$：Tb^{3+} 微米晶体的拉曼光谱如图 4-27 所示。管状 $Y_2Sn_2O_7$：Tb^{3+} 样品在拉曼位移分别为 $310cm^{-1}$、$409cm^{-1}$ 和 $511cm^{-1}$ 处出现了比较明显的拉曼谱峰，特别是在 $511cm^{-1}$ 处出现最大强度的拉曼峰。据文献报道[110]，这三个拉曼峰分别属于 F_{2g}、F_{2g} 和 A_{1g} 的振动吸收带。与共沉淀-水热法合成的 $Y_2Sn_2O_7$：Eu^{3+} 样品的拉曼光谱（图 4-17）相比较，发现两个样品具有大体一致的拉曼光谱，只是在拉曼谱峰的位置以及相对强度上存在少许的差别。这是因为两个样品都具有相同的 $Y_2Sn_2O_7$ 基质，所以使得它们的拉曼光谱基本一致；而同时两个样品无论是在掺杂离子还是在样品的结晶度、平均晶粒尺寸方面都存在着较大的差别，使得管状 $Y_2Sn_2O_7$：Tb^{3+} 样品具有相对更强的拉曼光谱峰，并且各个谱峰的位置也稍有差别。

4.8.3　$Y_2Sn_2O_7$：Tb^{3+} 的光致发光光谱分析

从分步沉淀-水热法合成的 $Y_2Sn_2O_7$：Tb^{3+} 样品的形貌分析发现，采用不同沉淀剂所合成的 $Y_2Sn_2O_7$：Tb^{3+} 具有不同的形貌，为了考察这两种不同形貌样品的光致发光光谱特征而进行了激发光谱和发射光谱检测，见图 4-28 和图 4-29。

图 4-28 为分步沉淀-水热法合成的 $Y_2Sn_2O_7$：Tb^{3+} 微米晶体的室温激发光谱图（检测波长为 543nm）。从图 4-28 可以知道，虽然采用 $NH_3 \cdot H_2O$ 和

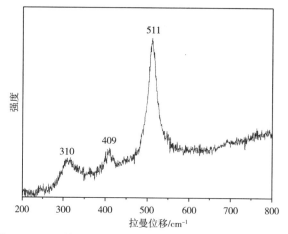

图 4-27 开口管状 $Y_2Sn_2O_7$：Tb^{3+} 微米晶体的拉曼光谱图

NaOH 作为沉淀剂经分步沉淀-水热法合成的 $Y_2Sn_2O_7$：Tb^{3+} 样品在形貌上具有显著的差别，但是在激发光谱上除了存在相对强度的差别之外，在激发光谱的形状上却基本保持一致。在 300～500nm 波长区域出现了一系列由于 Tb^{3+} 的 4f 壳层电子的 f-f 的电子跃迁而产生的激发锐线谱。Tb^{3+} 中的 4f 电子吸收能量后从 $^7F_6$ 基态跃迁到 $^5H_6$、$^5D_0$、$^5D_2$、$^5D_3$ 和 $^5D_4$ 等更高的能级间的电子跃迁激发峰分别位于 304nm、319nm、359nm、379nm 和 488nm 处[222]。其中，来自 $^7F_6$ 到 $^5D_3$ 能级间的电子跃迁带在激发光谱的检测范围中具有最大的相对强度，与文献报道相一致[223]。在 $Y_2Sn_2O_7$：Tb^{3+} 样品的激发光谱中除了出现了 Tb^{3+} 的 4f 电子的 f-f 电子跃迁特征激发带之外，在紫外区还观察到了一个属于 Tb^{3+} 的 $4f^8$ 能级到 $4f^75d^1$ 能级间的高自旋禁止的电子跃迁激发峰，该激发峰位于 284nm，激发峰的相对强度较弱。

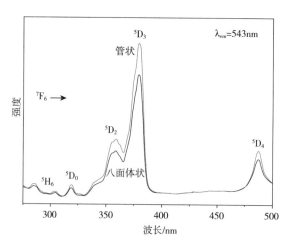

图 4-28 不同形貌的 $Y_2Sn_2O_7$：Tb^{3+} 样品的激发光谱图

Tb^{3+} 掺杂的 Y$_2$Sn$_2$O$_7$ 在 379nm 波长光的激发下的发射光谱如图 4-29 所示。与 Y$_2$Sn$_2$O$_7$：Tb^{3+} 的激发光谱相类似，具有管状形貌和八面体状形貌的 Y$_2$Sn$_2$O$_7$：Tb^{3+} 样品呈现出了类似的发射光谱，只是在发射光谱的谱峰相对强度上存在一定的差异。从发射光谱中可以发现，在 488nm、543nm、587nm 和 621nm 附近出现了 Tb^{3+} 的特征发射峰，分别属于 Tb^{3+} 中的电子从 ^{5}D$_4$ 能级弛豫到 ^{7}F$_6$、^{7}F$_5$、^{7}F$_4$ 和 ^{7}F$_3$ 能级间所发射出的特征发射光。并且源自 ^{5}D$_4$-^{7}F$_5$ 能级间的电子跃迁具有最大的相对发射强度，该发射峰位于 543nm，证实了 Y$_2$Sn$_2$O$_7$：Tb^{3+} 可以发射出绿色光。除了来自 ^{5}D$_4$-^{7}F$_J$ （J＝3，4，5，6）的电子跃迁发射带之外，从发射光谱中还可以观察到在 451nm 和 469nm 附近出现了强度很弱的发射峰，这些发射峰是 Y$_2$Sn$_2$O$_7$：Tb^{3+} 晶体表面氧空位和缺陷所致[177]。

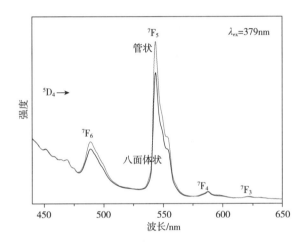

图 4-29 不同形貌的 Y$_2$Sn$_2$O$_7$：Tb^{3+} 样品的发射光谱图

从图 4-28 和图 4-29 中可以清晰地观察到，无论是激发光谱还是发射光谱，管状 Y$_2$Sn$_2$O$_7$：Tb^{3+} 的谱峰强度都要比八面体状 Y$_2$Sn$_2$O$_7$：Tb^{3+} 的谱峰强度要强，这可能是与管状 Y$_2$Sn$_2$O$_7$：Tb^{3+} 样品相对于八面体状 Y$_2$Sn$_2$O$_7$：Tb^{3+} 样品而言具有更规则的形貌和较大的晶粒尺寸有关。

比较 Tb^{3+} 掺杂的 La$_2$Sn$_2$O$_7$ 和 Y$_2$Sn$_2$O$_7$ 的光致发光光谱（图 3-24 和图 4-29）可以发现，具有相同 Tb^{3+} 掺杂的 La$_2$Sn$_2$O$_7$ 和 Y$_2$Sn$_2$O$_7$ 样品具有形状相近的光致发光光谱，只是在光谱的相对强度上可能存在差异。这是因为 La$_2$Sn$_2$O$_7$ 和 Y$_2$Sn$_2$O$_7$ 都具有相类似的晶体结构，并且对于 Tb^{3+} 激发的烧绿石结构稀土锡酸盐发光材料来说，其光致发光光谱的形状主要依赖于掺杂的 Tb^{3+} 的 4f 壳层电子的跃迁，与 Eu^{3+} 激活的发光材料不同，从而使得 Tb^{3+} 掺杂的不同基质的稀土锡酸盐发光材料具有相似的光致发光光谱；而光致发光光谱的强度与发光材料的形貌、尺寸、结晶度以及表面吸附的羟基等有关，从而使得 La$_2$Sn$_2$O$_7$：Tb^{3+} 和 Y$_2$Sn$_2$O$_7$：Tb^{3+} 的光致发光光谱具有不同的相对强度。

第 5 章

稀土掺杂 $Gd_2Sn_2O_7$ 纳米晶体的合成和发光性能

5.1 引言

对于具有 $A_2B_2O_7$ 结构的复合氧化物而言，当 A 位为稀土元素钆（Gd），B 位为锡（Sn）元素时，可以形成具有立方烧绿石结构的锡酸钆（$Gd_2Sn_2O_7$）。$Gd_2Sn_2O_7$ 在磁性材料、离子导体材料、催化材料、发光材料、高温颜料等领域具有广泛的潜在应用前景而日益受到关注[28,72,109,267,268]。

Gd 具有独特的电子结构，失去 $5d^1 6s^2$ 电子层的三个电子成为 Gd^{3+} 后，最外层 4f 电子结构为半充满状态而处于稳定的结构。由于立方烧绿石特殊的晶体结构使得 $Gd_2Sn_2O_7$ 有望成为优秀的发光基质材料。目前，对于 $Gd_2Sn_2O_7$ 材料的研究主要集中于磁学性能方面[63,74,269~271]，而对其作为发光基质材料的研究才刚刚起步[109]。

本章采用共沉淀-水热合成法合成了具有纳米球状 Eu^{3+} 掺杂 $Gd_2Sn_2O_7$ 纳米晶体。采用了 XRD、SEM、TEM、SAED、EDS、FT-IR、Raman、PL、TG-DSC、XPS 等多种检测方法对所合成产物的物相结构、成分、形貌以及光学性能等进行了表征，发现所合成的样品结晶度高，尺寸分布均匀，掺杂 Eu^{3+} 的 $Gd_2Sn_2O_7$ 在紫外光的激发下可以发射出橙红色光，在照明、显示等多个领域具有潜在的应用价值。

5.2 实验部分

5.2.1 原料与试剂

实验使用的主要原材料与试剂见表 5-1。实验使用的试剂均为分析纯试剂，使用前未经进一步纯化；实验过程中所使用的水均为去离子水。

表 5-1 实验所使用的原材料与试剂

原料名称	规格	厂家/产地
硝酸钆 [$Gd(NO_3)_3 \cdot 6H_2O$]	分析纯	天津市光复精细化工研究所
硝酸铕 [$Eu(NO_3)_3 \cdot 6H_2O$]	分析纯	天津市光复精细化工研究所
硝酸铽 [$Tb(NO_3)_3 \cdot 6H_2O$]	分析纯	天津市光复精细化工研究所
四氯化锡（$SnCl_4 \cdot 5H_2O$）	分析纯	广东汕头市西陇化工厂
氢氧化钠（$NaOH$）	分析纯	天津市化学试剂厂
氨水（$NH_3 \cdot H_2O$）	分析纯	广东汕头市西陇化工厂
浓硝酸（HNO_3）	分析纯	湖南株洲市化学工业研究所

5.2.2 设备与装置

实验使用的主要设备与装置见第 2 章 2.2.2 节。

5.2.3 共沉淀-水热法合成 Eu^{3+} 掺杂 $Gd_2Sn_2O_7$ 纳米晶体

溶液配制：分别称取一定量的硝酸钆、硝酸铕和和四氯化锡溶解于蒸馏水中配制 $1mol \cdot L^{-1}$ 溶液待用，为了防止四氯化锡在水中发生水解反应，可向往配制的四氯化锡溶液中滴加少量硝酸溶液。由于硝酸钆、硝酸铕和四氯化锡都含有结晶水，为不可准确称量的物质，所以在使用前对每一种化合物采用重量法进行标定，标定出化合物中有效成分的准确含量。

实验步骤：首先，按照实验设计的 Eu^{3+} 和 Gd^{3+} 的比例（5∶95）分别量取一定体积的 $1mol \cdot L^{-1}$ 的硝酸铕和硝酸钇溶液（所取的两种溶液的总体积为 5mL），同时准确量取 5mL $1mol \cdot L^{-1}$ 四氯化锡溶液，将所取的稀土硝酸盐溶液以及四氯化锡溶液加入 10mL 去离子水中，磁力搅拌 1h 形成均匀的混合溶液；其次，在激烈搅拌下，将混合溶液中逐滴滴入 25mL 浓氨水溶液中，待混合溶液滴加完毕后采用 $4mol \cdot L^{-1}$ $NaOH$ 溶液和浓硝酸将所得混合溶液的 pH 值调节为 11.5；继续激烈搅拌 1h 后，将所得的混合物全部转移入 80mL 反应釜中，用少量去离子水将溶液体积调节到内衬体积的 80%，并置于 180℃下反应 24h。反应结束后，自然冷却至室温，将沉淀物过滤分离并采用去离子水洗涤多次，然后再置于 100℃的真空干燥箱中烘干 4h 制备样品。

为了表述方便，本章将 Eu^{3+} 与 Gd^{3+} 混合离子统称为 RE^{3+}，并且在本章中所提到的掺杂量除了特别说明，均指的是理论掺杂量，即合成过程中所加入的掺杂离子数占 RE^{3+} 的离子数的比例。

5.2.4　样品的表征和测试

样品的表征和测试参考 2.2.4 节。

5.3　共沉淀-水热法合成 $Gd_2Sn_2O_7$：Eu^{3+} 纳米晶体的物相结构、成分与形貌特征

5.3.1　$Gd_2Sn_2O_7$：Eu^{3+} 纳米晶体的物相结构特征

共沉淀-水热法所合成的 Eu^{3+} 掺杂 $Gd_2Sn_2O_7$ 样品的 XRD 衍射图谱如图 5-1 所示。

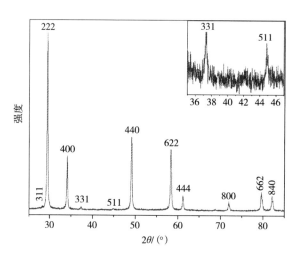

图 5-1　共沉淀-水热法合成 $Gd_2Sn_2O_7$：Eu^{3+}（原子分数 5%）样品的 XRD 衍射图谱，插图为 2θ（35°～47°）的局部放大图

从图 5-1 中可以观察到来自 $Gd_2Sn_2O_7$：Eu^{3+} 样品的（311）、（222）、（400）、（511）、（440）、（622）、（444）、（800）、（662）和（840）等晶面的衍射线。所合成样品的 XRD 衍射花样和编号为 JCPDS 88-0456 的标准 XRD 衍射谱线能较好地匹配。同时，从图 5-1 中的插图中可以清楚地观察到分别属于（331）和（511）晶面的衍射峰，证实了共沉淀-水热法合成的 Eu^{3+} 掺杂样品为具有立方烧绿石结构、空间群为 $Fd\text{-}3m$（227）的 $Gd_2Sn_2O_7$：Eu^{3+} 晶体。对 XRD 衍射花样进行全谱拟合可以知道样品的晶格常数为（10.48950±0.00130）Å，和 JCPDS 88-0456 标准 $Gd_2Sn_2O_7$ 晶体的晶格常数相比较稍微偏大。这是因为在合成的样品中掺杂了 Eu^{3+}，而 Eu^{3+} 的离子半径（0.95Å）比 Gd^{3+} 的离子半径

(0.938Å) 大。具有较大离子半径的 Eu^{3+} 取代较小离子半径的 Gd^{3+} 进入 Gd$_2$Sn$_2$O$_7$ 的晶格中，导致了样品的晶格常数稍微偏大。使用 XRD 衍射花样中属于（222）衍射峰的半高宽信息，通过谢乐公式[203]进行平均晶粒尺寸计算可知样品的平均晶粒尺寸为（67.9±0.7）nm。

为了便于对 Eu^{3+} 掺杂量都为 5%（原子分数）的 Gd$_2$Sn$_2$O$_7$、Y$_2$Sn$_2$O$_7$ 和 La$_2$Sn$_2$O$_7$ 样品的 XRD 衍射图谱进行比较，分别将图 2-1、图 4-1 和图 5-1 所示样品的 XRD 衍射花样合并作图，见图 5-2。从图 5-2 可以发现，Eu^{3+} 掺杂的 Gd$_2$Sn$_2$O$_7$、Y$_2$Sn$_2$O$_7$ 和 La$_2$Sn$_2$O$_7$ 由于都具有相似的立方烧绿石型晶体结构而使得它们的 XRD 衍射花样具有较多的相似性。这三种样品中的 XRD 衍射花样中各个衍射峰的晶面指数、同个样品中衍射峰的角度顺序以及相对强度都基本一致。从图 5-2 中还可以清楚地观察到，不同样品的 XRD 衍射花样中具有相同晶面指数的衍射峰的峰位具有明显的差异。从 La$_2$Sn$_2$O$_7$ 到 Gd$_2$Sn$_2$O$_7$ 再到 Y$_2$Sn$_2$O$_7$，样品的相同晶面指数的衍射峰向高角度移动，意味着从 La$_2$Sn$_2$O$_7$、Gd$_2$Sn$_2$O$_7$ 到 Y$_2$Sn$_2$O$_7$ 晶体的晶胞常数降低。经全谱拟合计算得到的晶格常数也印证了这一点，这是因为从 La^{3+}、Gd^{3+} 到 Y^{3+} 的离子半径依次从 1.06Å、0.938Å 降低到 0.90Å[150]。除此之外，从图 5-2 中观察到的不同样品的 XRD 衍射花样的相对强度并不一样，这可能是因为不同样品的晶粒尺寸、形貌和结晶度等不同。

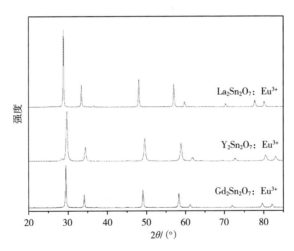

图 5-2　Eu^{3+}（原子分数 5%）掺杂的 Gd$_2$Sn$_2$O$_7$、Y$_2$Sn$_2$O$_7$
和 La$_2$Sn$_2$O$_7$ 样品的 XRD 衍射图谱

5.3.2　Gd$_2$Sn$_2$O$_7$: Eu^{3+} 纳米晶体的 XPS 分析

对合成的 Gd$_2$Sn$_2$O$_7$：Eu^{3+}（原子分数 5%）样品进行 XPS 检测以分析样品中不同元素的存在形态。

图 5-3 为共沉淀-水热法合成的烧绿石结构 $Gd_2Sn_2O_7$：Eu^{3+} 样品的 XPS 宽程扫描图谱。从图 5-3 可以观察到 Sn 3p、O 1s、Sn 3d、C 1s、Gd 4d 和 O 2s 等光电子峰，同时还可以观察到 C KLL 和 O KLL 俄歇电子峰，说明了所合成样品中含有 Gd、Sn、O 和 C 这四种元素，其中 C 元素来源于检测过程中所带入和空气中的 CO_2 在样品上的物理吸附。由于 Eu^{3+} 的掺杂量相对较少并且 Eu 4d 和 Gd 4d 的结合能相近[272]而导致 Eu 4d 光电子峰和 Gd 4d 光电子峰发生部分重叠，因此并不能从图 5-3 中观察到明显来自于 Eu 的谱峰。与图 2-2、图 3-2 以及图 4-2 相比较可以发现，虽然由于样品的成分不一样，使得各个样品的 XPS 宽程扫描图存在很大的差别，但是由于各个样品都具有相似的立方烧绿石晶体结构从而使得在各个样品中 Sn 和 O 具有相似的化学环境，从而在上述的各个不同样品的 XPS 宽程扫描图中源自 Sn、O 和 C 的光电子峰和俄歇电子峰基本保持一致。

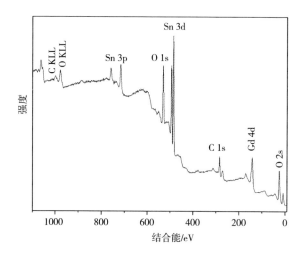

图 5-3　共沉淀-水热法合成 $Gd_2Sn_2O_7$：Eu^{3+} 样品的 XPS 宽程扫描图谱

图 5-4 为 Eu^{3+} 掺杂 $Gd_2Sn_2O_7$ 样品中 Gd 3d 的窄谱扫描 XPS 谱图。Gd $3d_{5/2}$ 和 Gd $3d_{3/2}$ 的光电子峰分别位于 1189.3eV 和 1221.6eV，其自旋轨道劈裂间距为 32.3eV，如图 5-4 所示。除此之外，在结合能为 1199.4eV 附近观察到了属于 Gd $3d_{5/2}$ 的卫星峰，与文献报道相一致[273]。Gd $3d_{5/2}$ 和 Gd $3d_{3/2}$ 的光电子峰的位置与文献报道的 Gd^{3+} 掺杂 $LaPO_4$ 中 Gd 3d 光电子峰位置基本一致[274]，说明了在 $Gd_2Sn_2O_7$：Eu^{3+} 样品中 Gd 以 Gd^{3+} 形式存在。

$Gd_2Sn_2O_7$：Eu^{3+} 样品的 Sn 3d 窄谱扫描图如图 5-5 所示。从图 5-5 中可以观察到 Sn $3d_{3/2}$ 和 Sn $3d_{5/2}$ 的光电子峰分别位于 495.1eV 和 486.6eV 处，其自旋轨道劈裂间距为 8.5eV，与文献报道在 SnO_2 晶体中 Sn 3d 图谱相一致[275]，证实了 Sn 在 $Gd_2Sn_2O_7$：Eu^{3+} 样品中以正四价的形式存在。有意思的是，$Gd_2Sn_2O_7$：Eu^{3+} 样品中的 Sn 3d 窄谱扫描图与图 2-4、图 3-4 和图 4-4 所示来自

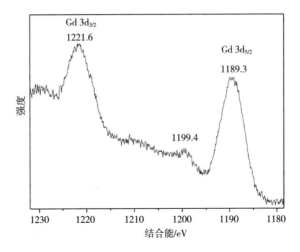

图 5-4　Eu^{3+} 掺杂 $Gd_2Sn_2O_7$ 样品中的 Gd 3d 窄谱扫描 XPS 图谱

稀土掺杂 $La_2Sn_2O_7$ 和 $Y_2Sn_2O_7$ 晶体的 Sn 3d 的 XPS 谱图在谱图形状上基本一致，但是稀土掺杂的 $La_2Sn_2O_7$ 和 $Y_2Sn_2O_7$ 样品中的 Sn $3d_{3/2}$ 和 Sn $3d_{5/2}$ 的两个光电子峰都分别位于 494.8eV 和 486.3eV，而 $Gd_2Sn_2O_7$：Eu^{3+} 中的 Sn $3d_{3/2}$ 和 Sn $3d_{5/2}$ 光电子峰则都相应地向高键合能方向移动了 0.3eV，但是自旋轨道劈裂间距依然保持为 8.5eV。由于 $La_2Sn_2O_7$、$Y_2Sn_2O_7$ 和 $Gd_2Sn_2O_7$ 都具有相类似的立方烧绿石型晶体结构，Sn 在样品的晶格中具有相似的局部化学环境和相同的元素价态，使得样品中的 Sn 3d 窄带扫描 XPS 图谱具有相类似的形状以及同样的自旋轨道劈裂间距；由于 La^{3+} 和 Y^{3+} 的核外电子都处于全空状态而 Gd^{3+} 的核外电子处于半充满状态，因此使得在不同样品中的 Sn $3d_{3/2}$ 和 Sn $3d_{5/2}$ 的键合能存在一定的差异。

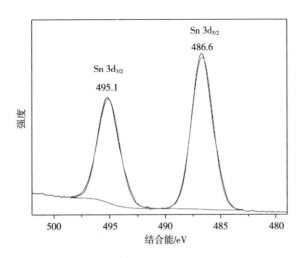

图 5-5　Eu^{3+} 掺杂 $Gd_2Sn_2O_7$ 样品中的 Sn 3d 窄谱扫描 XPS 图谱

图 5-6 为 $Gd_2Sn_2O_7$ ：Eu^{3+} 样品的 O 1s 窄带扫描 XPS 图。从图 5-6 可以看出，$Gd_2Sn_2O_7$ ：Eu^{3+} 样品中的 O 1s 的 XPS 谱峰由两个单峰部分重叠而成，这两个单峰的中心位置分别位于 531.7eV 和 530.9eV，其中位于 531.7eV 附近的弱光电子峰为样品表面吸附 O 所导致，而出现在 530.9eV 附近的强光电子峰则由晶格中的金属与氧成键而导致。根据晶体结构分析可以知道在 $Gd_2Sn_2O_7$ 晶体中分别存在着 Gd—O 和 Sn—O 两种不同的金属与氧成键方式。根据文献报道[140, 276]可以知道，在 Gd_2O_3 和 SnO_2 晶体中 O 1s 峰峰位相近（531.2eV 和530.5eV）而容易发生双峰重叠，因此在 $Gd_2Sn_2O_7$ 样品中只观察到了键合能位于 530.9eV 处的强吸收峰。比较图 2-5、图 3-5 和图 4-5 中的稀土掺杂 $La_2Sn_2O_7$、$Y_2Sn_2O_7$ 样品中的 O 1s 的 XPS 谱图可以发现，源自样品晶体内部的 RE—O（RE＝Y、La、Gd）和 Sn—O 金属键合 O 的 O 1s 光电子峰的键合能从 $La_2Sn_2O_7$ 样品的 530.4eV 变化到 $Y_2Sn_2O_7$ 样品的 530.5eV，再到 $Gd_2Sn_2O_7$ 样品的530.9eV。从文献报道[141, 254, 276]可以知道在 La_2O_3、Y_2O_3 和 Gd_2O_3 晶体中的O 1s 的键合能分别为 530.0eV、530.1eV 和 531.2eV，可能是由于 RE—O（RE＝Y、La、Gd）键的不同而导致晶体内部的 O 的局部环境存在着差别而导致在$La_2Sn_2O_7$、$Y_2Sn_2O_7$ 和 $Gd_2Sn_2O_7$ 样品中 O 1s 键合能的差别。

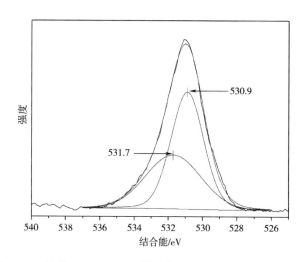

图 5-6　Eu^{3+} 掺杂 $Gd_2Sn_2O_7$ 样品中的 O 1s 窄谱扫描 XPS 图谱

Eu 3d 的窄谱扫描 XPS 图谱如图 5-7 所示，在键合能为 1166.3eV 和 1136.8eV附近分别观察到一个强度比较弱的谱峰，这两个谱峰分别属于 Eu $3d_{3/2}$ 和Eu $3d_{5/2}$，自旋轨道劈裂能差为 29.5eV。谱峰的位置以及自旋轨道劈裂能差与文献报道的 Eu^{3+} 的 Eu 3d XPS 信息基本一致[143]，证实了经过水热处理过程 Eu^{3+}成功掺杂进入 $Gd_2Sn_2O_7$ 晶体中，并且以正三价的形式存在。由于 Eu^{3+} 的掺杂量比较少而导致所获得的 Eu 3d 谱峰的强度较弱。

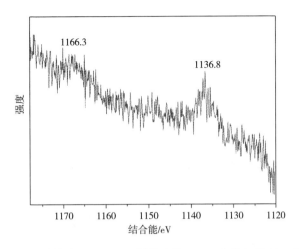

图 5-7　Eu^{3+} 掺杂 $Gd_2Sn_2O_7$ 样品中的 Eu 3d 窄谱扫描 XPS 图谱

　　从上述分析可以知道，采用共沉淀-水热法合成的 Eu^{3+} 掺杂 $Gd_2Sn_2O_7$ 样品由 Gd、Eu、Sn 和 O 元素组成。根据 Gd $3d_{5/2}$、Sn $3d_{5/2}$、Eu $3d_{5/2}$ 和 O 1s 的 XPS 谱峰面积以及相对应的原子灵敏度因子计算了所合成 $Gd_2Sn_2O_7$：Eu^{3+} 样品中各元素的相对含量为 Gd：Eu：Sn：O＝0.1968：0.0061：0.1985：0.5986。将稀土元素用 RE 来表示则有 RE：Sn：O＝0.2029：0.1985：0.5986，与 $RE_2Sn_2O_7$ 中各元素的化学计量比例相比较可以发现 O 的含量相对偏少。XPS 的检测结果意味着所合成的产物为氧缺乏非化学计量比型烧绿石结构 $Gd_2Sn_2O_{7-\delta}$：Eu^{3+} 晶体，已有其他文献报道了氧缺乏型非化学计量比烧绿石结构 $Gd_2Sn_2O_{7-\delta}$ 的存在[277]。与此同时，通过 XPS 检测还可以发现 Gd：Eu 的比例约为 0.97：0.03，与反应原料中稀土元素的理论加入量 Gd：Eu＝95：5 存在一定的差别，说明了经过水热合成过程后只有部分的 Eu^{3+} 掺杂进入了 $Gd_2Sn_2O_7$ 晶格中。

5.3.3　$Gd_2Sn_2O_7$：Eu^{3+} 纳米晶体的电镜分析

　　对共沉淀-水热法所合成的样品进行 SEM、TEM 检测以对其形貌特征进行分析，并对样品进行了选区电子衍射（SAED）和 EDS 分析，结果见图 5-8。

　　从样品的 SEM 照片中可以知道样品具有不规则团聚球状形貌，从不规则团聚球的表面可以观察到颗粒状物的存在，如图 5-8（a）所示。图 5-8（b）和图 5-8（c）为样品的 TEM 照片，从 TEM 照片中可以清楚地看出不规则球状物由若干晶粒尺寸约为 65nm 的纳米颗粒团聚而成。TEM 观察到的一次纳米颗粒尺寸与采用 XRD 衍射花样信息通过谢乐公式所计算得到晶粒尺寸基本一致。图 5-8（d）为图 5-8（c）所示样品的选区电子衍射照片，从图 5-8（d）中可以清晰地观察到样品的选区电子衍射花样由一系列亮点构成的同心圆环而组成。样品的选区电子衍射花样证实了样品的结晶度较高。样品的选区电子衍射花样也证实了样品为立方烧绿石结构的 $Gd_2Sn_2O_7$ 晶体。对图 5-8（c）所示样品进行了 EDS 分析，结果如图 5-8（e）所示。图 5-8（e）中的 Cu 元素来自于 TEM 检测中样品制样所用的铜网。从图 5-8（e）中可以清楚地知道样品中含有 Gd、Eu 和 Sn 元素。EDS 检测结果与 XPS 的检测结果相一致，证实了样品为 Eu^{3+} 掺杂的 $Gd_2Sn_2O_7$ 纳米晶体。

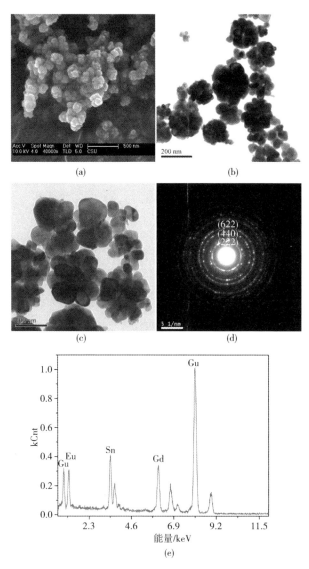

图 5-8　共沉淀-水热合成 $Gd_2Sn_2O_7$：Eu^{3+} 样品的电镜分析图

图 5-8 中所示样品的形貌与图 3-8 和图 4-7 中所示的稀土掺杂 $La_2Sn_2O_7$ 和

$Y_2Sn_2O_7$ 纳米晶体的形貌一定程度上相类似，只是在一次纳米晶体的平均晶粒尺寸上 $Gd_2Sn_2O_7$ 相对 $La_2Sn_2O_7$ 和 $Y_2Sn_2O_7$ 晶体更大一些。上述分析说明了采用共沉淀-水热法合成的样品都具有由一次纳米晶体团聚成二次不规则纳米球状形貌的特点，这是因为共沉淀制备前驱体的过程中可以获得高度分散的前驱体，从而在水热过程中具有高的形核数量和快的形核速度，导致所合成产物从纳米晶体团聚为不规则球状。

5.4　合成工艺参数对 $Gd_2Sn_2O_7$：Eu^{3+} 的物相结构的影响

5.4.1　pH 值的影响

对 $La_2Sn_2O_7$ 和 $Y_2Sn_2O_7$ 的研究发现水热反应体系的 pH 值对产物的物相结构具有显著的影响，因此也可以预测水热反应体系的 pH 值对 $Gd_2Sn_2O_7$ 晶体的形成同样具有显著的影响。为了研究反应体系的 pH 值对共沉淀-水热合成 $Gd_2Sn_2O_7$：Eu^{3+} 晶体的影响，在 pH 值为 7.5～14.5 的范围内改变体系的 pH 值进行了系列合成实验，并对所得产物进行了 XRD 检测。

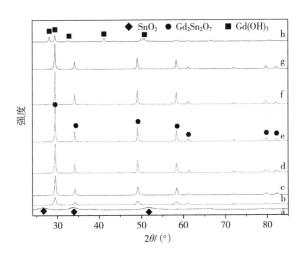

图 5-9　在不同 pH 值条件下所制备样品的 XRD 衍射图谱
a—7.5；b—8.5；c—9.5；d—10.5；e—11.5；f—12.5；g—13.5；h—14.5

图 5-9 为不同 pH 值条件下合成产物的 XRD 衍射花样。由图 5-9 可以知道，当反应体系的 pH 值为 7.5 时，水热合成的产物为四方相的 SnO_2 纳米晶体。将反应体系的 pH 值调节为 8.5～13.5 的情况下，通过共沉淀-水热法所合成产物的 XRD 衍射花样都可以和 PDF 卡片编号为 JCPDS 88-0456 的烧绿石相 $Gd_2Sn_2O_7$ 完美地匹配起来，并且除此之外没有观察到其他衍射峰的存在，说明了反应体系

的 pH 值在 8.5～13.5 的范围内通过共沉淀-水热法都可以合成出空间群为 Fd-$3m$（227）的单一立方烧绿石结构的 $Gd_2Sn_2O_7$：Eu^{3+} 晶体。有意思的是，当继续提高反应体系的 pH 值至 14.5，在该条件下所获得产物的 XRD 衍射花样则和卡片编号为 JCPDS 83-2037 的参考衍射花样相一致，并且没能观察到属于烧绿石结构 $Gd_2Sn_2O_7$ 晶体、四方相 SnO_2 晶体或者其他晶体的衍射花样，意味着在该条件下所获得的产物为纯相的六方结构的 $Gd(OH)_3$ 晶体，空间群为 $P63/m$（176）。XRD 检测结果证实了反应体系的 pH 值对烧绿石结构 $Gd_2Sn_2O_7$：Eu^{3+} 的形成同样具有重要的影响作用。

从图 5-9 还可以发现，虽然在 8.5～13.5 范围的 pH 值条件下都可以通过共沉淀-水热法获得单一相立方烧绿石结构 $Gd_2Sn_2O_7$：Eu^{3+} 纳米晶体，但是在不同 pH 值条件下所合成产物的 XRD 衍射花样的半高宽和强度等都各不相同。根据所合成 $Gd_2Sn_2O_7$：Eu^{3+} 纳米晶体的 XRD 衍射花样中（222）衍射峰的半高宽信息利用谢乐公式对各样品的平均晶粒尺寸进行了估算，pH 值从 8.5 提高到 13.5 的条件下所合成样品的平均晶粒尺寸分别为（16.6±0.3）nm、（25.1±0.3）nm、（48.9±0.5）nm、（67.9±0.7）nm、（89.6±1.1）nm 和（50.0±0.6）nm。从上述的计算结果可以清晰地看出，随着 pH 值的增大，所合成的 $Gd_2Sn_2O_7$：Eu^{3+} 纳米晶体的平均晶粒尺寸先增加后再减小。在低 pH 值条件下，由于前驱体溶液中形成 $Gd(OH)_3$ 胶体沉淀相对不足而导致产物具有较小的晶粒尺寸，而相反的是，在过高的 pH 值条件下则由于 $Sn(OH)_4$ 胶体沉淀发生了部分溶解，使得 $Sn(OH)_4$ 胶体沉淀相对不足，同样也导致了所合成产物具有较小的晶粒尺寸。$Gd_2Sn_2O_7$：Eu^{3+} 纳米晶体的平均晶粒尺寸随 pH 值的变化规律类似于在不同 pH 值条件下合成 $Y_2Sn_2O_7$：Eu^{3+} 纳米晶体的平均晶粒尺寸变化规律（图 4-8）。

除了上述分析之外，还值得注意的是，相比较于 pH 值对采用共沉淀-水热法合成 $La_2Sn_2O_7$、$Y_2Sn_2O_7$ 纳米晶体的影响而言，从图 3-10、图 4-8 和图 5-9 可以看出，采用共沉淀-水热法可以在更宽的 pH 值范围内合成出单一烧绿石结构的 $Gd_2Sn_2O_7$：Eu^{3+} 晶体。根据第 2 章所提出的烧绿石型物相结构的形成机理可以知道前驱体中的稀土氢氧化物具有越小的溶度积常数越有利于在更宽的 pH 值范围内形成烧绿石结构的晶体。从梁氏化学手册[150] 中可以知道 $La(OH)_3$、$Y(OH)_3$ 和 $Gd(OH)_3$ 在标态下的溶度积常数分别为 $2.0×10^{-19}$、$1.0×10^{-22}$ 和 $1.8×10^{-23}$，因此具有更小溶度积的 $Gd(OH)_3$ 有利于在更宽的 pH 值范围内合成烧绿石结构 $Gd_2Sn_2O_7$ 晶体，与试验结果相符，也反过来证实了在第 2 章所提出的烧绿石相稀土锡酸盐晶体形成机理的正确性。

5.4.2 水热反应温度的影响

为了考察水热合成温度对产物的影响，分别在 160℃、180℃ 和 200℃ 下进行

了 $Gd_2Sn_2O_7$：Eu^{3+} 的对比合成实验，并对合成产物进行 XRD 检测分析。

图 5-10 为在不同水热温度下进行水热合成反应所获得产物的 XRD 衍射花样。图 5-10 中 a 显示，在 160℃下进行合成实验所获得的产物的 XRD 衍射花样中可以观察到若干个非晶峰。将水热反应温度提高为 180℃，如图 5-10 中 b 所示，产物的 XRD 衍射花样可以和立方烧绿石结构 $Gd_2Sn_2O_7$ 晶体（JCPDS 88-0456）的标准衍射花样相匹配，并且除了 $Gd_2Sn_2O_7$ 的衍射峰之外没有其他衍射峰的出现，说明了在 180℃条件下可以合成出纯相的立方烧绿石结构 $Gd_2Sn_2O_7$：Eu^{3+} 晶体。继续提高水热合成温度至 200℃，在该温度下所合成的产物的 XRD 衍射图谱同样可以和立方烧绿石结构 $Gd_2Sn_2O_7$：Eu^{3+} 晶体的标准衍射花样完美匹配（图 5-10 中 c）。相比较在 180℃和 200℃下所合成产物的 XRD 衍射花样可以发现，在 200℃下所合成产物的 XRD 衍射峰的半高宽变窄的同时相对强度增强，说明了在 200℃下所合成产物相比较于在 180℃下所合成产物而言具有更大的平均晶粒尺寸和更高的结晶度。对 180℃和 200℃下所合成样品的（222）峰的半高宽信息采用谢乐公式进行晶粒尺寸计算可知 180℃和 200℃条件下所合成产物的平均晶粒尺寸分别为（67.9±0.7）nm 和（92.2±1.0）nm。实验结果说明了在 180℃或更高温度下进行水热合成反应可以获得单一相烧绿石结构 $Gd_2Sn_2O_7$：Eu^{3+} 纳米晶体，并且高温有利于获得高结晶度和大尺寸的晶体。

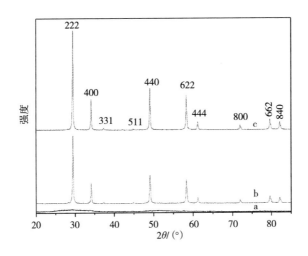

图 5-10　不同水热温度下所得样品的 XRD 图谱

a—160℃；b—180℃；c—200℃

5.4.3　水热反应时间的影响

为了研究水热反应时间对合成 $Gd_2Sn_2O_7$：Eu^{3+} 样品的影响，在保持其他反应条件不变的前提下分别进行不同水热处理时间的一系列试验，并对所合成的试样进行了 XRD 检测，检测结果见图 5-11。

从图 5-11 可以观察到，在经过 4h 或更长水热处理时间所合成产物的衍射花样都可以和立方烧绿石结构 $Gd_2Sn_2O_7$ 晶体的衍射花样相匹配，并且都没有观察到属于其他物相的衍射峰，说明了在 4h 或更长的水热处理时间可以获得单一烧绿石结构的 $Gd_2Sn_2O_7$：Eu^{3+} 晶体。与合成 $La_2Sn_2O_7$ 晶体相比较（图 3-13），采用共沉淀-水热法可以在更短的水热处理时间内合成出具有单一烧绿石结构的 $Gd_2Sn_2O_7$ 晶体。

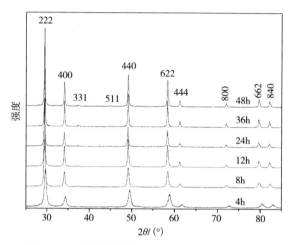

图 5-11　不同水热时间下所得样品的 XRD 图谱

从图 5-11 还可以发现，随着水热处理时间的增加，产物的 XRD 衍射花样的相对强度增强，同时衍射峰的半高宽则随着时间的延长而减小。产物 XRD 衍射花样中相对强度和半高宽的变化说明了随着水热处理时间的增加，所获得产物的结晶度提高的同时产物的平均晶粒尺寸增大。除此之外，还可以发现，随着水热处理时间从 4h 增加到 12h，所合成产物的 XRD 衍射峰向低角度移动，但是当水热处理时间达到或者长于 12h 后，产物的 XRD 衍射峰的峰位则基本保持不变。衍射峰的角度向低角度移动意味着所获得 $Gd_2Sn_2O_7$：Eu^{3+} 晶体的晶格常数增大。在经过较短水热处理时间（4h）所合成的 $Gd_2Sn_2O_7$：Eu^{3+} 晶体的晶格常数较小，其原因可能是 $Gd_2Sn_2O_7$：Eu^{3+} 晶体在刚开始形成的过程中，晶体内部存在着相对较多的空位与缺陷，空位与缺陷的存在导致了晶体的内应力相对较大，而相对较大的内应力挤压着晶胞而导致所获得产物具有相对较小的晶格常数；随着水热处理时间的延长（8h），$Gd_2Sn_2O_7$：Eu^{3+} 晶体逐渐生长变完美，空位与缺陷减少，从而使得产物的晶格常数逐渐增大；当水热处理时间延长到一定程度时（大于或等于 12h），此时所合成的晶体已经具有相对完美的结构，因此在此条件下继续延长水热处理时间并不会对产物的晶格常数产生明显的影响。Zhu 等在纳米 ZnO 的生长过程中也观察到了合成时间对产物的晶格常数有一定的影响[278]。上述的分析证实，长的水热处理时间有利于合成高结晶度、大晶粒尺寸和相对具有更完美的烧绿石结构的 $Gd_2Sn_2O_7$：Eu^{3+} 晶体。

5.4.4 前驱体浓度的影响

图 5-12 为在不同稀土离子浓度的条件下进行水热合成所得产物的 XRD 衍射图谱。从图 5-12 中可以看出，在实验范围所合成产物的 XRD 衍射花样都可以和立方烧绿石结构的 $Gd_2Sn_2O_7$ 参考衍射花样相匹配，意味着所合成的产物都是纯相的烧绿石结构 $Gd_2Sn_2O_7$：Eu^{3+} 纳米晶体。试验结果与第 2 章的研究发现在低前驱体浓度下获得产物为 $La_2Sn_2O_7$：Eu^{3+} 和 $La(OH)_3$：Eu^{3+} 的混合物不同（图 2-10），而与图 4-11 所示前驱体浓度对 $Y_2Sn_2O_7$：Eu^{3+} 晶体的影响相似。从前面的分析可以知道，在合成上述三种烧绿石结构稀土锡酸盐的过程中，前驱体中的 $La(OH)_3$、$Y(OH)_3$ 和 $Gd(OH)_3$ 胶体沉淀具有不同的溶度积可能是导致出现这种试验结果的直接原因。对于 $La(OH)_3$、$Y(OH)_3$ 和 $Gd(OH)_3$ 的溶度积而言，$La(OH)_3$ 的溶度积明显比后两者的溶度积要大，而 $Y(OH)_3$ 和 $Gd(OH)_3$ 的溶度积差别不大[150]。根据第 2 章所提出的烧绿石结构稀土锡酸盐的形成机理可以知道，稀土氢氧化物具有越小的溶度积常数就可以在越宽的浓度范围内获得作为形成烧绿石结构稀土锡酸盐的前驱体的稀土氢氧化物胶体沉淀。

图 5-12 显示虽然在实验范围的条件下都可以获得纯相的立方烧绿石结构 $Gd_2Sn_2O_7$：Eu^{3+} 纳米晶体，但是从图 5-12 可以清楚地发现，随着前驱体浓度的增加，所合成产物的 XRD 衍射峰的半高宽逐渐变小，同时衍射峰的相对强度增大。不同样品的 XRD 衍射花样变化说明随着前驱体浓度的增大，所合成 $Gd_2Sn_2O_7$：Eu^{3+} 晶体的平均晶粒尺寸变大。

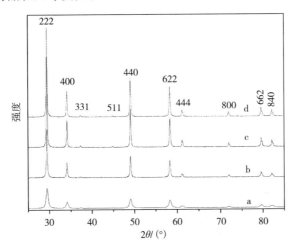

图 5-12 在不同前驱体浓度下所合成样品的 XRD 衍射图谱

a—19.5mmol·L^{-1} RE$(NO_3)_3$；b—39mmol·L^{-1} RE$(NO_3)_3$；

c—78mmol·L^{-1} RE$(NO_3)_3$；d—156mmol·L^{-1} RE$(NO_3)_3$

5.4.5 Eu³⁺的掺杂量的影响

不同 Eu³⁺ 掺杂量的 $Gd_2Sn_2O_7$：Eu^{3+} 纳米晶体的 XRD 衍射花样如图 5-13 所示。从图 5-13 可以知道，Eu^{3+} 的掺杂量从 1％（原子分数）增加到 9％（原子分数），所合成的 $Gd_2Sn_2O_7$：Eu^{3+} 纳米晶体的 XRD 衍射花样并没有显著的差异，各个样品的 XRD 衍射花样都可以和立方烧绿石结构的 $Gd_2Sn_2O_7$：Eu^{3+} 晶体的参考衍射花样相对应，说明了 Eu^{3+} 的掺杂并没有改变 $Gd_2Sn_2O_7$：Eu^{3+} 纳米晶体的烧绿石结构。从图 5-13 可以发现，虽然各个产物的 XRD 衍射花样并没有发现显著的差异，但是随着 Eu^{3+} 掺杂量的增加，$Gd_2Sn_2O_7$：Eu^{3+} 纳米晶体的各晶面对应的衍射峰稍微向低角度移动，说明了随着 Eu^{3+} 掺杂量的增加所合成 $Gd_2Sn_2O_7$：Eu^{3+} 纳米晶体的晶格常数也随之稍微增加。由于 Eu^{3+} 的离子半径（0.95Å）稍微大于 Gd^{3+} 的离子半径（0.938Å）[150]，Eu^{3+} 掺杂量的增加导致 $Gd_2Sn_2O_7$：Eu^{3+} 晶体的晶格常数也随之稍微增大。$Gd_2Sn_2O_7$：Eu^{3+} 纳米晶体的晶格常数随着 Eu^{3+} 掺杂量的增加也说明了在水热处理过程中 Eu^{3+} 进入了 $Gd_2Sn_2O_7$ 晶格中。

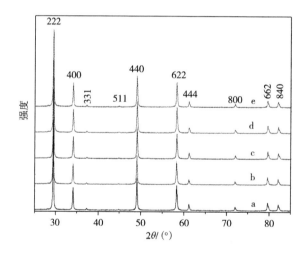

图 5-13　不同 Eu^{3+} 掺杂量样品的 XRD 衍射图谱
a—1％（原子分数）；b—3％（原子分数）；c—5％（原子分数）；d—7％（原子分数）；e—9％（原子分数）

5.5　高温热处理对 $Gd_2Sn_2O_7$：Eu^{3+} 物相结构与形貌的影响

把共沉淀-水热合成所得到的 $Gd_2Sn_2O_7$：Eu^{3+} 样品分别放置在高温电炉中，在 500℃、700℃、900℃、1200℃、1400℃ 和 1600℃ 下进行热处理 2h，研究高温热处理对其物相结构与形貌的影响。

5.5.1 高温热处理对 $Gd_2Sn_2O_7$：Eu^{3+} 的物相结构的影响

经过不同温度热处理后所得样品的 XRD 衍射花样如图 5-14 所示。从图 5-14 可以清楚地观察到，在不同温度下进行了高温热处理后所得样品的 XRD 衍射花样保持着高度的相似性。各个样品的 XRD 衍射花样都可以和 $Gd_2Sn_2O_7$ 晶体的标准衍射花样相匹配，并且从各个样品的 XRD 衍射花样中观察不到来自除了 $Gd_2Sn_2O_7$ 晶体以外的衍射峰，说明了产物经过高温热处理后依然保持着单一烧绿石晶体结构，证实了 $Gd_2Sn_2O_7$：Eu^{3+} 具有优秀的热稳定性能。

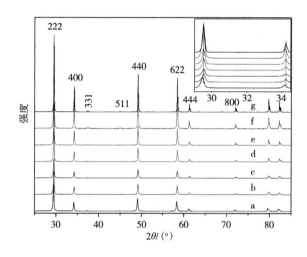

图 5-14 不同温度下热处理所得 $Gd_2Sn_2O_7$：Eu^{3+} 样品的 XRD 衍射图谱，
插图为 2θ（$29°\sim34.5°$）的局部放大图

a—水热合成；b—500℃；c—700℃；d—900℃；e—1200℃；f—1400℃；g—1600℃

表 5-2 样品的晶格常数、（222）衍射峰半高宽以及平均晶粒尺寸与热处理温度的关系

温度/℃	晶格常数/Å	FWHM[①]	平均晶粒尺寸/nm
25	10.48950±0.00130	0.174±0.002	67.9±0.7
500	10.47137±0.00103	0.167±0.002	69.6±0.7
700	10.46928±0.00092	0.159±0.002	71.2±0.9
900	10.46926±0.00080	0.152±0.001	73.9±0.7
1200	10.46898±0.00064	0.136±0.001	89.3±0.9
1400	10.46853±0.00047	0.125±0.001	235.8±16.7
1600	10.46820±0.00001	0.106±0.001	342.6±19.2

①FWHM：（222）衍射峰半高宽。

图 5-14 显示经过高温热处理后所制备的样品依然保持为 $Gd_2Sn_2O_7$：Eu^{3+} 的晶体结构，但是从图 5-14 中也可以观察到各个样品的 XRD 衍射花样的半高宽随着热处理温度的升高而变窄，同时各个衍射峰的相对强度则随着热处理温度的提高而增强。半高宽和相对强度的变化意味着样品的结晶度和平均晶粒尺寸发生了变化。除此之外，从图 5-14 中的插图可以发现，随着热处理温度的提高，样品的衍射峰稍微向高角度移动，尤其是未经热处理样品和经过高温热处理样品之间的比较更为显著。XRD 衍射峰向高角度移动意味着样品的晶格常数随着热处理温度的提高而变小。表 5-2 为通过样品的 XRD 衍射花样所提取到的部分信息。从表 5-2 可以清楚地知道，随着热处理温度的提高，所制备样品的晶格常数降低的同时平均晶粒尺寸增大。

5.5.2 高温热处理对 $Gd_2Sn_2O_7$：Eu^{3+} 形貌的影响

为了考察高温热处理后样品的形貌变化，对经过不同温度热处理后所制备的样品进行 SEM 检测，结果见图 5-15。

从图 5-15 （a） 可以看出，水热处理后未进行高温热处理的 $Gd_2Sn_2O_7$：Eu^{3+} 样品具有不规则纳米球形貌，纳米颗粒团聚明显。水热合成样品在 700℃ 条件下热处理 2h 后所制备的样品依然具有不规则球状形貌，但是从图 5-15 （b） 可以发现在该条件下制备的样品的结晶度较未经热处理的样品要高。当热处理温度达到 900℃ 时所制备样品的形貌与上述两个样品存在明显的差异。从图 5-15 （c） 可以发现，此时样品中的纳米颗粒虽然依然呈现出团聚状态，但是所团聚的纳米颗粒已经不再保持着不规则球状形貌，从图 5-15 （c） 中可以观察到明显的单个颗粒清晰的外貌，并且一次颗粒的尺寸有所长大，说明了经过 900℃ 热处理后样品的结晶度发生了明显的提高。继续提高热处理温度达 1200℃ 时所制备样品的 SEM 照片如图 5-15 （d） 所示，从该图中可以清楚地观察到样品颗粒具有多面体形貌，样品颗粒尺寸增大。图 5-15 （e） 显示经过 1400℃ 温度热处理所得到的样品的颗粒尺寸进一步增大，除此之外，还可以发现颗粒已经部分发生烧结长在一起。经过 1600℃ 处理的样品的 SEM 照片显示样品发生了明显的烧结，如图 5-15 （f） 所示。从上面的分析可以知道，高温热处理有利于提高 $Gd_2Sn_2O_7$：Eu^{3+} 样品的结晶度并且促进晶体的长大，但是过高的热处理温度也会导致 $Gd_2Sn_2O_7$：Eu^{3+} 颗粒间发生烧结。上述的分析结果与图 5-14 的 XRD 衍射图谱分析结果相一致，也与 $La_2Sn_2O_7$：Eu^{3+} 晶体和 $Y_2Sn_2O_7$：Eu^{3+} 晶体经过高温热处理后的变化相似（如图 2-23 和图 4-14 所示）。

5.5.3 $Gd_2Sn_2O_7$：Eu^{3+} 的热重-差热分析

共沉淀-水热法合成的 $Gd_2Sn_2O_7$：Eu^{3+} 样品的热重-差热（TG-DSC）曲线如图 5-16 所示。

图 5-15 在不同温度下进行热处理的 $Gd_2Sn_2O_7$：Eu^{3+} 样品的 SEM 照片
（a）未进行热处理；（b）700℃；（c）900℃；（d）1200℃；（e）1400℃；（f）1600℃

从图 5-16 中可以看出，在 N_2 气氛中进行样品的 TG-DSC 检测，发现 $Gd_2Sn_2O_7$：Eu^{3+} 首先发生了样品的增重现象，与稀土掺杂 $La_2Sn_2O_7$ 和 $Y_2Sn_2O_7$ 样品在热重-差热分析过程中出现的增重现象相类似（见图 2-24 和图 4-15）。随着温度的升高，从热重曲线中观察到在不高于 100℃ 的温度区间出现了明显的失重现象，出现该现象与样品脱附 H_2O 和 N_2 有关；然后在 100～700℃ 温度区间可以观察到出现了比较平缓的样品重量的损失；随后样品的重量基本上没有发生显著的变化。从室温升温到 1400℃ 的过程中样品的总失重率约 3.0%。

从样品的差热分析曲线中可以发现，在 100℃ 左右存在着一个比较弱的并且很宽的吸热峰，对应于样品脱附 H_2O 和 N_2；随后样品在温度约高于 400℃ 后出现了比较宽的吸热峰，与样品的失重现象相对应。值得注意的是，在 $Gd_2Sn_2O_7$：Eu^{3+} 样品的差热曲线中位于 738℃ 处出现了一个明显的吸热峰，而在图 2-24 的 $La_2Sn_2O_7$：Eu^{3+} 样品的差热曲线和图 4-15 的 $Y_2Sn_2O_7$：Eu^{3+} 的差热曲线在相近的位置未能观察到明显的吸热峰。$Gd_2Sn_2O_7$：Eu^{3+} 样品在 738℃ 出现的吸热峰源自于样品纳米颗粒间的部分熔融生长过程，与文献报道相类似[96]。从前述

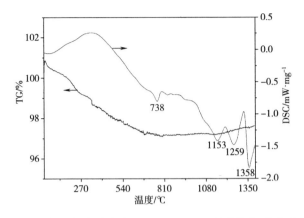

图 5-16 共沉淀-水热合成 $Gd_2Sn_2O_7$：Eu^{3+} 的热重-差热曲线

关于图 5-15 的分析可以知道经过 900℃ 热处理样品的形貌和水热合成的样品以及经过 700℃ 热处理样品的形貌发生了明显的不同，经过 900℃ 热处理样品的 SEM 图中已经隐约可以观察到样品出现了烧结长大现象，该现象也从侧面证实了 $Gd_2Sn_2O_7$：Eu^{3+} 样品发生了部分熔融生长。除此之外，在差热曲线中还分别在 1153℃、1259℃ 和 1358℃ 附近观察到三个明显的吸热峰。

5.6 $Gd_2Sn_2O_7$：Eu^{3+} 的光学性能

5.6.1 $Gd_2Sn_2O_7$：Eu^{3+} 的傅里叶变换红外光谱分析

共沉淀-水热合成 $Gd_2Sn_2O_7$：Eu^{3+} 样品的傅里叶变换红外光谱（FT-IR）见图 5-17。

图 5-17 中 a 为共沉淀-水热法所合成的 $Gd_2Sn_2O_7$：Eu^{3+} 纳米晶体在 $4000 \sim 400cm^{-1}$ 范围内的傅里叶变换红外光谱图。从图 5-17 中 a 可以观察到在 $634cm^{-1}$ 和 $435cm^{-1}$ 处出现了两个强烈的红外吸收带，其中位于 $634cm^{-1}$ 处的红外吸收带属于 $Gd_2Sn_2O_7$：Eu^{3+} 晶格中的 $Sn-O$ 的伸缩振动吸收带，而 $435cm^{-1}$ 处的红外吸收带则属于 $Gd-O'$ 键的伸缩振动吸收带，与文献报道相似[268]。除此之外，还在 $3434cm^{-1}$ 和 $1634cm^{-1}$ 附近观察到了属于 H_2O 的特征红外吸收带；在 $2926cm^{-1}$、$2853cm^{-1}$、$2360cm^{-1}$、$2331cm^{-1}$、$1525cm^{-1}$ 和 $1380cm^{-1}$ 等处附近出现了来自 CO_2 和 CO_3^{2-} 基团的特征红外吸收峰。这说明了 $Gd_2Sn_2O_7$：Eu^{3+} 样品吸附了 H_2O、CO_2 并随之形成了 CO_3^{2-} 基团。众所周知的是发光材料表面吸附的 H_2O 会导致发光猝灭现象的产生，为此对共沉淀-水热合成 $Gd_2Sn_2O_7$：Eu^{3+} 样品在 1400℃ 下热处理 2h 以消除样品表面所吸附的大量羟基。经过高温热处理后所制备的样品的 FT-IR 光谱如图 5-17 中 b 所示。从图 5-17 中 b 可以观察到，经过高温热处理后的样品的红外光谱图中源自 H_2O、CO_2 和 CO_3^{2-} 的红外吸收带的强度大大

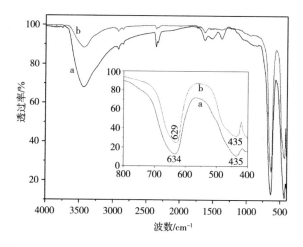

图 5-17 $Gd_2Sn_2O_7$：Eu^{3+} 样品的傅里叶变换红外光谱图，

插图为 $800\sim400cm^{-1}$ 区域的局部放大图

a—水热合成样品；b—1400℃热处理 2h 样品

降低甚至消失，意味着高温热处理可以有效地降低样品表面所吸附的 H_2O 和 CO_2 的量。除此之外，依然可以在低波数区域观察到来自于 $Gd_2Sn_2O_7$：Eu^{3+} 晶体内部的 Sn—O 和 Gd—O′ 的高强度的红外吸收带。图 5-17 中的插图为经过高温热处理前后的 $Gd_2Sn_2O_7$：Eu^{3+} 样品在 $800\sim400cm^{-1}$ 范围内的 FT-IR 局部放大图。有意思的是，从插图中可以清楚地观察到经过高温热处理后的 $Gd_2Sn_2O_7$：Eu^{3+} 样品的 Sn—O 的伸缩振动吸收带从 $634cm^{-1}$ 红移到了 $629cm^{-1}$，而与此同时来自 Gd—O′ 的伸缩振动带则依然保持为 $435cm^{-1}$。Sn—O 的红外吸收带的红移现象可能是由于经过高温热处理后样品的表面具有更多的表面缺陷，降低了 Sn—O 键的刚性而使得晶格更容易发生弛豫而出现红移，Liu 等在纳米 SnO_2 晶体中也观察到了相似的红移现象[279]。

5.6.2 $Gd_2Sn_2O_7$：Eu^{3+} 的拉曼光谱分析

由于拉曼光谱对金属氧化物的晶体结构以及键的性质（键长、键角、键级等）非常敏感，晶体结构微小的变化都将引起拉曼光谱的变化，从而使得拉曼光谱成为获得复合氧化物结构信息的有效手段之一[280]。

共沉淀-水热法合成的 $Gd_2Sn_2O_7$：Eu^{3+} 样品的拉曼光谱如图 5-18 所示。从群论分析可以知道具有烧绿石结构的晶体理论上可以观察到六条拉曼谱线[173]，但是在图 5-18 中则只能观察到在拉曼位移分别约为 $315cm^{-1}$、$413cm^{-1}$、$507cm^{-1}$、$584cm^{-1}$ 和 $620cm^{-1}$ 处出现了五个拉曼峰，而剩下的一个拉曼谱峰可能是强度比较小并且和旁边的拉曼谱峰发生部分重叠而不能从图 5-18 中清晰地观察到。这五个拉曼峰分别属于 F_{2g}、F_{2g}、A_{1g}、F_{2g} 和 F_{2g} 模式的简正振动频率峰。Zhang 等[116]在 $Gd_2Sn_2O_7$ 中也观察到了相似的连续拉曼峰，与图 5-18 的检测结果相符。除此之外，从图 5-18 中还可以在 $743cm^{-1}$ 附近观察到一个强度比较弱的拉曼峰。这个拉曼峰可能是由晶体内部的 SnO_6 八面体结构的局部产生了扭曲[174]或者是由拉曼谱带的组合[49]而引起的。在其他的烧绿石结构化合物的拉曼光谱中也观察到了类似的拉曼峰的存在[281,282]。

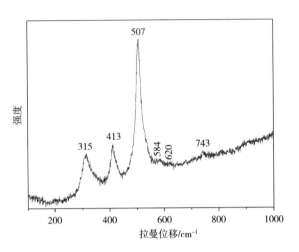

图 5-18　共沉淀-水热法合成 $Gd_2Sn_2O_7$：Eu^{3+} 样品的拉曼光谱图

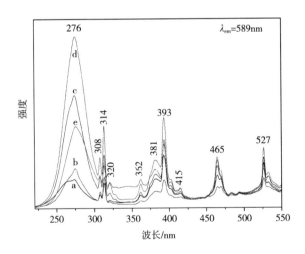

图 5-19　不同 Eu^{3+} 掺杂量的 $Gd_2Sn_2O_7$：Eu^{3+} 纳米晶体的激发光谱图
a—1%（原子分数）；b—3%（原子分数）；c—5%（原子分数）；d—7%（原子分数）；e—9%（原子分数）

5.6.3　$Gd_2Sn_2O_7$：Eu^{3+} 的光致发光光谱分析

$Gd_2Sn_2O_7$：Eu^{3+} 样品检测发射波长 589nm 的激发光谱如图 5-19 所示。从

图 5-19 可知，在 230 ～300nm 范围观察到了一个中心位于 276nm 附近的宽带激发峰。这个宽带激发峰对应于电荷由 O^{2-} 的 2p 轨道迁移到 Eu^{3+} 的 4f 轨道而形成的电荷迁移带（CTB）。除了位于 276nm 附近的电荷迁移带宽带激发峰外，在 300 ～550nm 波长范围内还存在一系列强度强弱不一的锐线激发峰。分别位于 308nm、314nm、320nm、362nm、381nm、393nm、415nm、467nm 和 527nm 波长附近。其中 308nm 和 314nm 处的激发峰分别属于 Gd^{3+} 的 $^8S_{7/2}$ 态到 $^6P_{5/2}$ 和 $^6P_{7/2}$ 激发态间的电子跃迁[283]，而 320nm、362nm、381nm、393nm、415nm、467nm 和 527nm 波长附近的激发峰则来自于 Eu^{3+} 的 f-f 壳层电子的直接激发，分别属于 Eu^{3+} 的基态 $^7F_0$ 到 ^5H_J、$^5D_4$、^5G_J、$^5L_6$、$^5D_3$、$^5D_2$ 和 $^5D_1$ 等激发态的电子跃迁[115]。在检测 Eu^{3+} 特征发射波长所得到的激发光谱中观察到了属于 Gd^{3+} 的激发峰，说明了在 $Gd_2Sn_2O_7$：Eu^{3+} 体系中 Gd^{3+} 可以直接将吸收的能量传递给发光中心 Eu^{3+}。$Gd_2Sn_2O_7$：Eu^{3+} 的激发光谱与 $La_2Sn_2O_7$：Eu^{3+} 和 $Y_2Sn_2O_7$：Eu^{3+} 样品的激发光谱（图 2-27 和图 4-18）进行比较。除了在 $Gd_2Sn_2O_7$：Eu^{3+} 的激发光谱中存在 Gd^{3+} 的 $^8S_{7/2}$-$^6P_{5/2}$，$^6P_{7/2}$ 跃迁激发带之外，其他的激发带的组成基本与 $La_2Sn_2O_7$：Eu^{3+} 和 $Y_2Sn_2O_7$：Eu^{3+} 样品的激发光谱相一致。从图 5-19 可以清晰地看出，$Gd_2Sn_2O_7$：Eu^{3+} 样品的激发光谱中的最主要的激发峰属于 O^{2-}-Eu^{3+} 的电荷迁移带，与 $La_2Sn_2O_7$：Eu^{3+} 和 $Y_2Sn_2O_7$：Eu^{3+} 样品相类似。因此，O^{2-}-Eu^{3+} 电荷迁移跃迁带的强度很大程度上决定了发射光谱的强度。

O^{2-} 到 Eu^{3+} 的电荷迁移跃迁带的强度决定了 $Gd_2Sn_2O_7$：Eu^{3+} 的发光强度。从图 5-19 可以清楚地观察到，激发光谱中电荷跃迁带的相对强度随着 Eu^{3+} 掺杂量的不同而发生显著的变化。随着 Eu^{3+} 的掺杂量从 1%（原子分数）增大到 7%（原子分数），激发光谱中各激发带的相对强度随着 Eu^{3+} 掺杂量的增大而增大，并在掺杂量为 7%（原子分数）时达到最大；随后继续增大 Eu^{3+} 的掺杂量后激发光谱的相对强度发生显著的降低。检测结果说明当 Eu^{3+} 的掺杂量高于 7%（原子分数）时，在 $Gd_2Sn_2O_7$：Eu^{3+} 样品中将发生浓度猝灭现象。在 $La_2Sn_2O_7$：Eu^{3+} 和 $Y_2Sn_2O_7$：Eu^{3+} 样品中观察到相似的浓度猝灭现象，如图 2-31 和图4-18 所示，只是在不同的基质中发生浓度猝灭的 Eu^{3+} 掺杂浓度相互间存在差异。

图 5-20 为不同 Eu^{3+} 掺杂量的 $Gd_2Sn_2O_7$：Eu^{3+} 样品在 275nm 波长激发下的室温发射光谱。在紫外光的激发下，具有不同 Eu^{3+} 含量的 $Gd_2Sn_2O_7$：Eu^{3+} 样品的发射光谱在光谱的形状上保持着相似性，但是发射光谱的相对强度则存在着显著的差别。从图 5-20 中观察到了属于 Eu^{3+} 的 $4f^6$ 壳层特征跃迁发射的系列线状发射谱峰，这些线状光谱中心分别位于 578nm、589nm、600nm、615nm 和 630nm 附近，其中 578nm 的发射峰源自 Eu^{3+} 的 $^5D_0$-$^7F_0$ 间的能级跃迁而发光，589nm 和 600nm 处的两个发射峰则由 Eu^{3+} 的 $^5D_0$-$^7F_1$ 间的能级跃迁而产生，类似地，615nm 和 630nm 处的发射峰则归因于 Eu^{3+} 在 $^5D_0$-$^7F_2$ 间的跃迁。除此之外，发射光谱中 638～698nm 范围的放大图，如图 5-20 中的插图所示，可以在

640～665nm 波长范围内观察到一组属于 Eu^{3+} 的 $^5D_0$-$^7F_3$ 跃迁的发射峰，同时在 670～698nm 波长范围内观察到属于 $^5D_0$-$^7F_4$ 跃迁的发射峰。在上述一系列 Eu^{3+} 的 $4f^6$ 壳层特征跃迁发射光谱中，位于 589nm 处属于 $^5D_0$-$^7F_1$ 磁偶极电子跃迁带具有最强的发光强度。众所周知的是，对于 Eu^{3+} 掺杂发光材料而言，当 Eu^{3+} 在发光材料的晶体结构中占据了一个具有反演对称性的位置时，$^5D_0$-$^7F_1$ 磁偶极电子跃迁带具有最强的发射强度，反之当 Eu^{3+} 进入非反演对称性的位置时，属于 $^5D_0$-$^7F_2$ 电偶极电子跃迁带则具有最强的发射强度。图 5-20 证实了在 $Gd_2Sn_2O_7$：Eu^{3+} 晶体中 Eu^{3+} 占据了具有反演对称性的位置。从图 5-20 还知道，$Gd_2Sn_2O_7$：Eu^{3+} 样品中 $^5D_0$-$^7F_1$ 跃迁峰劈裂为两个跃迁峰，并且两个劈裂峰的能量差为 $311cm^{-1}$，意味着在 $Gd_2Sn_2O_7$：Eu^{3+} 晶体中 Eu^{3+} 主要位于具有 D_{3d} 反演对称性的位置，与文献报道相一致[80,183]。

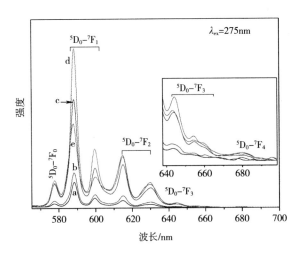

图 5-20　不同 Eu^{3+} 掺杂量的 $Gd_2Sn_2O_7$：Eu^{3+} 纳米晶体的发射光谱图，
插图为 638～698nm 波长范围发射光谱的局部放大图

a—1%（原子分数）；b—3%（原子分数）；c—5%（原子分数）；d—7%（原子分数）；e—9%（原子分数）

从图 5-20 还可以清楚地观察到，Eu^{3+} 掺杂量对 $Gd_2Sn_2O_7$：Eu^{3+} 样品发射光谱的相对强度具有明显的影响。随着 Eu^{3+} 掺杂量的增加，$Gd_2Sn_2O_7$：Eu^{3+} 样品的发光强度先增大后减小，并且 Eu^{3+} 的掺杂量为 7%（原子分数）时，$Gd_2Sn_2O_7$：Eu^{3+} 纳米晶体具有最强的发光性能。这是因为过高浓度 Eu^{3+} 的掺入，使得在 $Gd_2Sn_2O_7$：Eu^{3+} 晶体中 Eu^{3+} 发光中心间的距离变得足够小，从而容易形成 Eu^{3+}-Eu^{3+} 离子对，在 Eu^{3+} 发光中心间发生非辐射弛豫消耗了大量的激发能而猝灭发光。在发射光谱中观察到的浓度猝灭现象与图 5-19 中激发光谱观察到的浓度猝灭现象相一致。

5.6.4 高温热处理对 $Gd_2Sn_2O_7$：Eu^{3+} 的光致发光光谱的影响

液相法合成的发光材料通过高温热处理可以有效地提高材料的光致发光性能[196]。将 $Gd_2Sn_2O_7$：Eu^{3+} 样品分别在 700℃、1200℃和 1600℃温度下热处理 2h 后进行光致发光光谱检测。

图 5-21 为经过不同温度热处理后所制备的 $Gd_2Sn_2O_7$：Eu^{3+} 样品的发射光谱图。从图 5-21 中可以观察到 $^5D_0$-$^7F_0$、$^5D_0$-$^7F_1$、$^5D_0$-$^7F_2$ 和 $^5D_0$-$^7F_3$ 等 Eu^{3+} 的 $4f^6$ 壳层特征跃迁线状发射峰，与图 5-20 所示的发射光谱相类似。有意思的是，从图 5-21 中的插图可以发现，发射光谱中属于 $^5D_0$-$^7F_2$ 跃迁的两个发射峰（位于 607~642nm 范围）随着热处理温度的提高发射峰劈裂现象加剧，经过 900℃或更高温度的热处理后，可以观察到 $^5D_0$-$^7F_2$ 发射峰劈裂为两组共 4 个发射峰，与 Judd-Ofelt 理论分析结果相一致[197]。上述分析充分说明了经过高温热处理后样品的晶体结晶度显著地增高，和图 5-14、图 5-15 的分析结果相一致。

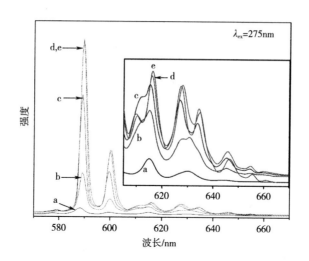

图 5-21 不同温度下进行热处理所制备 $Gd_2Sn_2O_7$：Eu^{3+} 样品的发射光谱图，插图为样品发射光谱在 605~670nm 波长范围的局部放大图

a—未热处理；b—500℃；c—900℃；d—1200℃；e—1600℃

从图 5-21 中可以清楚地知道，在不同温度下进行热处理对 $Gd_2Sn_2O_7$：Eu^{3+} 样品的发射光谱的组成并没有显著的影响，各个样品的发射光谱的形状都基本相似，但是各样品的发射光谱的相对发光强度却差别非常明显。从图 5-21 可以看出，随着热处理温度的升高，$^5D_0$-$^7F_1$ 跃迁发射峰的相对强度随之增大，尤其是经过 900℃或更高温度的热处理后，相对强度增大尤为明显。对位于 589nm 附近的 $^5D_0$-$^7F_1$ 发射峰而言，经过 500℃、900℃、1200℃和 1600℃温度热处理后所制备样品的相对强度分别是未进行热处理的样品（图 5-21 中 a 样品）对应谱

峰的相对强度的 6.33 倍、18.26 倍、26.37 倍和 26.74 倍。值得注意的是，对于 $Gd_2Sn_2O_7$：Eu^{3+} 样品，由图 5-21 发现，在 1200℃ 和 1600℃ 下进行热处理 2h 所制备样品的发射光谱无论在发射峰的形状还是相对强度上都基本相似，因此从图 5-21 中观察到这两个样品的发射光谱基本上发生了重叠。检测结果说明 $Gd_2Sn_2O_7$：Eu^{3+} 样品的最优热处理温度为 1200℃，更高温度热处理并不会显著地提高样品的发光强度。$Gd_2Sn_2O_7$：Eu^{3+} 样品的发光强度随着热处理温度的提高而增强，与 $La_2Sn_2O_7$：Eu^{3+} 和 $Y_2Sn_2O_7$：Eu^{3+} 样品的发光性能随热处理温度的变化而变化的规律相似（如图 2-34 和图 4-21 所示）。

在检测波长 589nm 的条件下，不同温度下进行热处理所制备的 $Gd_2Sn_2O_7$：Eu^{3+} 样品的激发光谱如图 5-22 所示。经过热处理后 $Gd_2Sn_2O_7$：Eu^{3+} 样品的激发光谱的组成与未经热处理的 $Gd_2Sn_2O_7$：Eu^{3+} 样品激发光谱（图 5-19）的组成相一致，并且激发光谱依然以 O^{2-} 到 Eu^{3+} 的电荷迁移带为主。从图 5-22 中的插图（b）可以清楚地观察到来自 Gd^{3+} 的 $^8S_{7/2}$ 态到 $^6P_{5/2}$ 和 $^6P_{7/2}$ 激发态间的电子跃迁激发峰[283]以及来自于 Eu^{3+} 由基态 $^7F_0$ 到 ^5H_J、$^5D_4$、^5G_J、$^5L_6$、$^5D_3$、$^5D_2$ 和 $^5D_1$ 等 Eu^{3+} 的 f-f 壳层电子直接激发的线状激发峰[115]。虽然图 5-22 中各个样品的激发光谱的组成相同，但是各个样品的相对强度却存在着显著的差别，特别是占主导地位的电荷迁移带。

从图 5-22 可以发现，随着热处理温度的提高，样品激发光谱中电荷迁移带的相对强度也随之提高，特别是经过 900℃ 或更高温度的热处理后，电荷迁移带的相对强度增大尤为明显。经过 500℃、900℃、1200℃ 和 1600℃ 温度热处理后所制备样品的激发光谱中电荷迁移带的相对强度分别是未进行热处理的样品（图 5-22 中 a 样品）电荷迁移带的相对强度的 9.43 倍、28.03 倍、32.55 倍和 46.25 倍。有意思的是，在图 5-21 中发现经过 1200℃ 和 1600℃ 热处理的两个样品的发射光谱基本上发生了重叠，但是这两个样品的激发光谱的相对强度间依然存在明显的差异，具体原因有待进一步的研究。虽然激发光谱中电荷迁移带的相对强度随着热处理温度的提高而提高，但是从图 5-22 中的插图（b）可以发现，激发光谱中属于 Eu^{3+} 中 f-f 电子跃迁激发峰的相对强度则并没有发生显著的变化。这是因为电荷迁移带的相对强度受到晶格常数、结晶度等多方面因素的影响[259]，而 Eu^{3+} 的 f-f 电子跃迁激发峰的强度则主要取决于发光基质中 Eu^{3+} 的浓度[260]，因此在对具有相同理论掺杂量的 $Gd_2Sn_2O_7$：Eu^{3+} 样品进行热处理后所制备样品的激发光谱中不能观察到 Eu^{3+} 的 f-f 跃迁激发带的相对强度发生明显的变化就不足为奇了。

除此之外，从图 5-22 中插图（a）还可以清晰地看出，随着热处理温度的提高，$Gd_2Sn_2O_7$：Eu^{3+} 样品的激发光谱中电荷迁移带发生了蓝移。水热合成样品的电荷迁移带的中心位置为 276nm，而对于经过 500℃、900℃、1200℃ 和 1600℃ 温度热处理后所制备样品而言，电荷迁移带的中心位置则依次蓝移到了

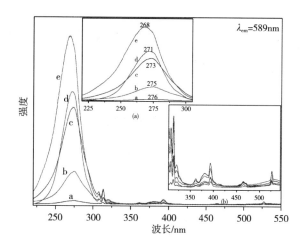

图 5-22　不同温度下进行热处理所制备 $Gd_2Sn_2O_7$：Eu^{3+} 样品的激发光谱图，

插图（a）和（b）分别是 220～305nm 和 305～545nm 波长范围的激发光谱的局部放大图

a—未热处理；b—500℃；c—900℃；d—1200℃；e—1600℃

275nm、273nm、271nm 和 268nm。在 $Y_2Sn_2O_7$：Eu^{3+} 体系中也观察到了随着热处理温度的提高电荷迁移带发生蓝移的现象（图 4-20）；而对于 $La_2Sn_2O_7$：Eu^{3+} 体系则刚好相反，电荷迁移带随着热处理温度的提高而发生红移（图 2-35）。$Gd_2Sn_2O_7$：Eu^{3+} 激发光谱中电荷迁移带发生蓝移的原因也与 $Y_2Sn_2O_7$：Eu^{3+} 激发光谱中电荷迁移带发生蓝移的原因相似。O^{2-} 到 Eu^{3+} 的电荷迁移带是由于 O^{2-} 的电子从充满的 2p 轨道迁移至 Eu^{3+} 的部分填充的 $4f^6$ 壳层而产生。因此电荷迁移带的位置取决于 O^{2-} 的 2p 电子往 Eu^{3+} 的 4f 轨道迁移的难易程度和所需能量的大小，而 O^{2-} 周围的离子对 O^{2-} 所产生的晶体场影响着 O^{2-} 的 2p 电子的迁移。一般认为，Eu—O 键的共价性对 O^{2-} 到 Eu^{3+} 的电荷迁移带有着至关重要的影响。在 $Gd_2Sn_2O_7$ 晶格中，由于 Eu^{3+} 的掺入使得在 $Gd_2Sn_2O_7$：Eu^{3+} 体系中存在着 Eu—O—Gd 键。从图 5-14 和表 5-2 可以清楚地知道高温热处理可以降低 $Gd_2Sn_2O_7$：Eu^{3+} 样品的晶格常数。晶格常数降低的同时会使得样品中的 Eu—O—Gd 键的键长变小，而 Gd^{3+} 的离子半径（0.938Å）比 Eu^{3+} 的离子半径（0.95Å）小，同时两者具有相同的电负性[258]，因此当 Eu—O—Gd 键的键长变小时，相对于 Eu^{3+} 而言，Gd^{3+} 具有更强的吸电子效应，使得电子云偏向于 Gd^{3+} 一侧，降低了 Eu—O 键的电子云密度，从而降低了 Eu—O 键的共价性。而 Eu—O 键的共价性的降低则意味着提高了 O 2p 价带和 Eu^{3+} 的 4f 带的能量差，使得 O^{2-} 与 Eu^{3+} 之间的电荷迁移带向高能量区域移动，从而使得 CTB 发生了蓝移[189]。对于 $La_2Sn_2O_7$：Eu^{3+} 而言，由于 Eu 的电负性强于 La 的电负性，并且 Eu^{3+} 的离子半径比 La^{3+} 的离子半径小，因而使得 Eu^{3+} 具有相对更强的吸电子效应而导致 Eu—O 键的共价性增加，从而使得 CTB 发生红移。

5.7 Gd₂Sn₂O₇：Tb³⁺纳米发光材料的共沉淀-水热合成与性能

5.7.1 Gd₂Sn₂O₇：Tb³⁺纳米发光材料的XRD分析

图 5-23 为所合成 Tb³⁺掺杂 Gd₂Sn₂O₇样品的 XRD 衍射图谱。由图 5-23 可以清楚地看出，所合成样品都具有相似的衍射花样，样品的衍射花样源自于 Tb³⁺掺杂 Gd₂Sn₂O₇晶体的（222）、（400）、（331）、（511）、（440）、（622）、（444）、（800）、（662）和（840）等晶面的衍射线。所合成样品的 XRD 衍射花样和 JCPDS 编号为 88-0456 的标准 XRD 衍射谱线完美地相匹配。同时，由 Tb³⁺掺杂量为 3%（原子分数）时所制备样品在 2θ 角度为 35°～48°范围的 XRD 衍射花样局部放大图（图 5-23 插图）可以清楚地观察到分别属于（331）和（511）晶面的衍射峰，证实了所合成的样品均为立方烧绿石结构的 Gd₂Sn₂O₇：Tb³⁺晶体，其对应的空间群为 Fd-$3m$（227）[284]。利用谢乐公式选取相对衍射强度最强的源于（222）晶面的衍射峰的半高宽对各样品的晶粒尺寸进行估算，估算结果表明所制备样品的晶粒尺寸约为 55～67nm，估算结果意味着所合成的样品为纳米晶粒。从图 5-23 还可以发现，虽然所合成的为不同 Tb³⁺掺杂量的样品，但是在实验范围内未能从各样品的 XRD 衍射图谱中观察到明显的差异，这可能是由于 Tb³⁺的离子半径（0.923Å）与 Gd³⁺的离子半径（0.938Å）非常接近[155]，当 Tb³⁺掺杂时以取代 Gd³⁺的方式进入 Gd₂Sn₂O₇晶格，而并未明显改变晶体的

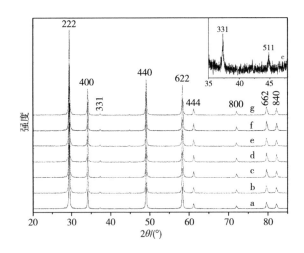

图 5-23　Gd₂Sn₂O₇：Tb³⁺（原子分数 x%）样品的 XRD 谱，插图为 Gd₂Sn₂O₇：Tb³⁺

（原子分数 3%）样品在 2θ 范围为 35°～48°的 XRD 衍射花样局部放大图

a—x=0；b—x=1；c—x=3；d—x=5；e—x=7；f—x=9；g—x=11

结构，从而在 XRD 谱图中未能观察到各样品的衍射花样存在显著的差异。

5.7.2　$Gd_2Sn_2O_7$：Tb^{3+} 纳米发光材料的形貌分析

　　$Gd_2Sn_2O_7$：Tb^{3+}（原子分数 3％）样品的 SEM 与 TEM 图片如图 5-24 所示。从样品的 SEM 图中可以观察到所合成的样品具有不规则团聚球状形貌，从不规则团聚球的表面都可以清楚地观察到颗粒状物的存在，如图 5-24（a）所示。从图 5-24（b）中样品的 TEM 照片中可以清楚地看出不规则球状物由若干尺寸约为 50～70nm 的一次纳米晶粒团聚而成。由 SEM 与 TEM 照片观察到的一次纳米颗粒的尺寸与通过 XRD 衍射峰估算的晶粒尺寸基本一致，意味着所合成样品为单晶纳米颗粒。

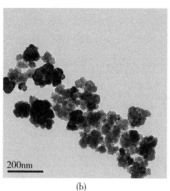

(a)　　　　　　　　　　　　　(b)

图 5-24　合成 $Gd_2Sn_2O_7$：Tb^{3+}（原子分数 3％）样品的 SEM 图（a）和 TEM 图（b）

5.7.3　$Gd_2Sn_2O_7$：Tb^{3+} 纳米发光材料的 FT-IR 分析

　　图 5-25 为 $Gd_2Sn_2O_7$：Tb^{3+}（原子分数 3％）样品的 FT-IR 图谱。由图5-25 可以观察到样品分别在 $640cm^{-1}$ 和 $436cm^{-1}$ 处出现了两个强烈的红外吸收带，其中位于 $436cm^{-1}$ 处的红外吸收带属于 $Gd_2Sn_2O_7$：Tb^{3+} 晶格中的 Gd—O 键的伸缩振动吸收带，而 $640cm^{-1}$ 处的吸收带则属于 Sn—O 的伸缩振动吸收带，与文献报道相似[268]。此外，在 $3447cm^{-1}$、$3173cm^{-1}$ 和 $1636cm^{-1}$ 附近观察强度较强的属于 H_2O 的特征红外吸收带；在 $1384cm^{-1}$、$1143cm^{-1}$、$989cm^{-1}$ 和 $835cm^{-1}$ 附近还观察到强弱不一的源于 CO_3^{2-} 的红外振动峰。样品的 FT-IR 分析结果意味着所合成的 $Gd_2Sn_2O_7$：Tb^{3+} 样品表面吸附了少量的 H_2O 与 CO_2 并随之形成了 CO_3^{2-} 基团。

5.7.4　$Gd_2Sn_2O_7$：Tb^{3+} 纳米发光材料的拉曼分析

　　$Gd_2Sn_2O_7$：Tb^{3+}（原子分数 3％）样品的拉曼光谱如图 5-26 所示，在拉曼

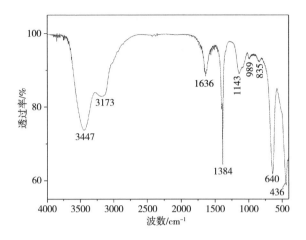

图 5-25　$Gd_2Sn_2O_7$：Tb^{3+}（原子分数 3%）样品的 FT-IR 图

位移分别约为 $310cm^{-1}$、$410cm^{-1}$ 和 $507cm^{-1}$ 附近处出现了三个强度较强的拉曼峰，分别属于烧绿石结构 F_{2g}、F_{2g} 和 A_{1g} 模式的简正振动频率峰，与 XRD 检测结果相一致。此外，在 $741cm^{-1}$ 附近还观察到一个强度较弱的拉曼峰，该拉曼峰可能由于晶体内部 SnO_6 八面体结构的局部扭曲或能带组合，与文献报道相一致[285]。

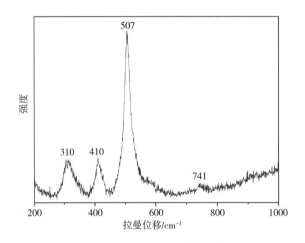

图 5-26　$Gd_2Sn_2O_7$：Tb^{3+}（原子分数 3%）样品的拉曼图

5.7.5　$Gd_2Sn_2O_7$：Tb^{3+} 纳米发光材料的荧光光谱分析

图 5-27 为样品在 543nm 的绿光下发生电子跃迁所获得的激发光谱。在位于 300～500nm 波长范围内观察到了尖锐的属于 Tb^{3+} 的 4f 壳层电子的 f-f 电子跃迁带，这些跃迁带分别对应于 Tb^{3+} 的 4f 电子吸收能量后从 $^7F_6$ 基态跃迁到更高的能

级间的电子跃迁，比如 $^5H_6$（308nm）、$^5D_0$（313nm）、$^5D_1$（320nm）、$^5L_7$（341nm）、$^5L_7$（354nm）、$^5D_2$（359nm）、$^5D_3$（379nm）和 $^5D_4$（487nm），并且 $Gd_2Sn_2O_7$：Tb^{3+} 样品的最强激发峰位于 379nm 波长处，源自 $^7F_6$-$^5D_3$ 间的电子跃迁，与文献报道相一致[286~288]。此外，在图 5-27 还可以看出，所合成样品的激发光谱在 452nm、470nm、474nm、483nm 和 494nm 等处出现了系列强度较弱的激发峰，并且将图 5-27 中 a 谱线与其他谱线相对比可以发现，该系列激发峰的出现和相对强度与 Tb^{3+} 的掺杂以及掺杂量并无直接相关，意味着该系列激发峰可能是由于 $Gd_2Sn_2O_7$ 晶体存在氧空位缺陷，贺跃辉等也观察到了类似的现象[289]。

由图 5-27 还可以发现，虽然 $Gd_2Sn_2O_7$：Tb^{3+} 样品的激发光谱由类似的激发带构成，但是属于 Tb^{3+} 的激发带的相对强度却随着 Tb^{3+} 掺杂量的增加先增大后降低，意味着 Tb^{3+} 的掺杂浓度过大时 $Gd_2Sn_2O_7$：Tb^{3+} 样品将发生浓度猝灭现象。有意思的是，从图 5-27 可以观察到位于 379nm 和 487nm 处的两个激发峰发生激发峰猝灭的浓度并不相同。位于 379nm 处属于 $^7F_6$-$^5D_3$ 的激发峰当 Tb^{3+} 的掺杂浓度大于 5%（原子分数）时观察到了浓度猝灭现象，而位于 487nm 处属于 $^7F_6$-$^5D_4$ 的激发峰当掺杂量大于 7%（原子分数）时才能观察到浓度猝灭现象。之所以会观察到这种现象是由于 Tb^{3+} 的 $^5D_3$ 能级和 $^5D_4$ 能级比较接近，Tb^{3+} 掺杂浓度增大会导致 $^5D_3$-$^5D_4$ 能级间的交叉弛豫增强，从而使得 $^5D_3$ 能级寿命降低，故而更容易发生浓度猝灭现象[287]。

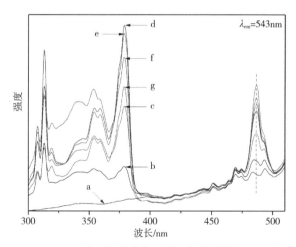

图 5-27　$Gd_2Sn_2O_7$：Tb^{3+}（原子分数 $x\%$）样品检测 543nm 的激发光谱图
a—$x=0$；b—$x=1$；c—$x=3$；d—$x=5$；e—$x=7$；f—$x=9$；g—$x=11$

在 379nm 波长光的激发下所合成样品的发射光谱如图 5-28 所示。由图 5-28 可知，在相同波长的紫外光的激发下，Tb^{3+} 掺杂样品的发射光谱由相近的发射峰簇构成。$Gd_2Sn_2O_7$：Tb^{3+} 样品的发射光谱分别在 488nm、543nm、583nm 和 621nm 等处出现了分别属于 Tb^{3+} 的 $^5D_4$-$^7F_6$、$^5D_4$-$^7F_5$、$^5D_4$-$^7F_4$ 和 $^5D_4$-$^7F_3$ 的特征电子跃迁发射峰。此外，从图 5-28 的发射光谱中还分别在 452nm、470nm、474nm 和 494nm 等处观察到系列与 Tb^{3+} 掺杂无直接关联的强度较弱的发射峰，该系列发射峰的位置与激发光谱（如图 5-27 所示）中的激发峰位置相一致，进一步证实 $Gd_2Sn_2O_7$：Tb^{3+} 纳米晶体存在氧空位缺陷导致该系列发射峰的出现[289]。从图 5-28 还可以发现，位于 543nm 绿光发射区的 $^5D_4$-$^7F_5$ 的电子跃迁峰具有最高相对强度，在发射光谱中占据主导地位，而位于 583nm 和 621nm 处的发射峰相对强度很弱，意味着所合成 $Gd_2Sn_2O_7$：Tb^{3+} 样品在 379nm 的紫外光激发下可发射出色纯度较高的绿色光。从图 5-28 可以观察到，发射光谱的相对强度随着 Tb^{3+} 掺杂浓度的增大先增大后降低，并且在 Tb^{3+} 掺杂浓度为 5%（原子分数）时发射光谱的相对强度值达到最大，随后继续增大 Tb^{3+} 的掺杂量则样品的发射谱带的相对强度随之降低，说明当 Tb^{3+} 的掺杂浓度大于 5%（原子分数）时 $Gd_2Sn_2O_7$：Tb^{3+} 样品将发生浓度猝灭现象，与 379nm 处激发带的猝灭浓度相一致。

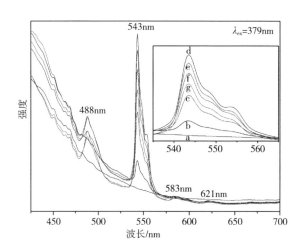

图 5-28　$Gd_2Sn_2O_7$：Tb^{3+}（原子分数 $x\%$）样品在 379nm 光激发下的发射光谱图，
插图为 530～570nm 波长范围内的发射光谱放大图
a—$x=0$；b—$x=1$；c—$x=3$；d—$x=5$；e—$x=7$；f—$x=9$；g—$x=11$

参考文献

[1] Xiao John Q, Jiang J Samuel, Chien C L. Giant magnetoresistance in nonmultilayer magnetic systems. Physical Review Letters, 1992, 68 (25): 3749-3752.

[2] Hodes G. When Small Is Different: Some Recent Advances in Concepts and Applications of Nanoscale Phenomena. Advanced Materials, 2007, 19 (5): 639-655.

[3] Henglein A. Small-particle research: physicochemical properties of extremely small colloidal metal and semiconductor particles. Chemical Reviews, 1989, 89 (8): 1861-1873.

[4] Lombardi J R, Davis B. Periodic properties of force constants of small transition-metal and lanthanide clusters. Chemical Reviews, 2002, 102 (6): 2431-2460.

[5] Ishikawa K, Yoshikawa K, Okada N. Size effect on the ferroelectric phase transition in $PbTiO_3$ ultrafine particles. Physical Review B, 1988, 37 (10): 5852-5855.

[6] Yoo J S. The effects of particle size and surface recombination rate on the brightness of low-voltage phosphor. Journal of Applied Physics, 1997, 81 (6): 2810-2813.

[7] Bhargava R N, Gallagher D, Hong X, et al. Optical properties of manganese-doped nanocrystals of ZnS. Physical Review Letters, 1994, 72 (3): 416-419.

[8] Stroyuk O L, Dzhagan V M, Shvalagin V V, et al. Size-Dependent Optical Properties of Colloidal ZnO Nanoparticles Charged by Photoexcitation. Journal of Physical Chemistry C, 2010, 114 (1): 220-225.

[9] Haro-Poniatowski E, Serna R, de Castro M J, et al. Size-dependent thermo-optical properties of embedded Bi nanostructures. Nanotechnology, 2008, 19 (48): 485708.

[10] Kar S, Panda S K, Satpati B, et al. Morphology and size dependent optical properties of CdS nanostructures. Journal of Nanoscience and Nanotechnology, 2006, 6 (3): 771-776.

[11] Wei Z G, Sun L D, Liao C S, et al. Size-dependent chromaticity in YBO_3: Eu nanocrystals: Correlation with microstructure and site symmetry. Journal of Physical Chemistry B, 2002, 106 (41): 10610-10617.

[12] Yu X J, Xie P B, Su Q D. Size-dependent optical properties of nanocrystalline CeO_2: Er obtained by combustion synthesis. Physical Chemistry Chemical Physics, 2001, 3 (23): 5266-5269.

[13] Yu L X, Song H W, Liu Z X, et al. Fabrication and photolumineseent characteristics of La_2O_3: Eu^{3+} nanowires. Physical Chemistry Chemical Physics, 2006, 8 (2): 303-308.

[14] Fang Y P, Su L, Tao P F, et al. Fabrication of photoluminescent S doped Y_2O_3: Eu^{3+} nanobelts. Journal of Nanoscience and Nanotechnology, 2008, 8 (6): 3164-3170.

[15] Thirumalai J, Chandramohan R, Auluck S, et al. Controlled synthesis, optical and electronic properties of Eu^{3+} doped yttrium oxysulfide (Y_2O_2S) nanostructures. Journal of Colloid and Interface Science, 2009, 336 (2): 889-897.

[16] Dai Q L, Song H W, Wang M Y, et al. Size and Concentration Effects on the Photoluminescence of La_2O_2S: Eu^{3+} Nanocrystals. Journal of Physical Chemistry C, 2008, 112 (49): 19399-19404.

[17] Lee D Y, Kang Y C, Jung K Y. Effect of aluminum polycation solution on the morphology and VUV characteristics of $BaMgAl_{10}O_{17}$ blue phosphor prepared by spray pyrolysis. Electrochemical and Solid State Letters, 2003, 6 (11): 27-29.

[18] Kang Y C, Roh H S, Park H D, et al. Optimization of VUV characteristics and morphology of $BaMgAl_{10}O_{17}$: Eu^{2+} phosphor particles in spray pyrolysis. Ceramics International, 2003, 29 (1): 41-47.

[19] 赖华生. 彩色 PDP 用新型稀土荧光粉制备及发光特性研究. 长春: 中国科学院长春光学精密机械与物理研究所, 2005.

[20] Subramanian M A, Aravamudan G, Subba Rao G V. Oxide pyrochlores—A review. Progress In Solid State Chemistry, 1983, 15 (2): 55-143.

[21] 唐新德, 叶红齐, 马晨霞, 等. 烧绿石型复合氧化物的结构、制备及其光催化性能. 化学进展, 2009, 21 (10): 2100-2114.

[22] 谢亚红, 刘瑞泉, 王吉德, 等. 烧绿石型复合氧化物结构及离子导电性. 化学进展, 2005, 17 (4): 102-107.

[23] Greedan J E. Frustrated rare earth magnetism: Spin glasses, spin liquids and spin ices in pyrochlore oxides. Journal of Alloys and Compounds, 2006, 408-412: 444-455.

[24] Weller M T, Hughes R W, Rooke J, et al. The pyrochlore family-a potential panacea for the frustrated perovskite chemist. Dalton Transactions, 2004, (19): 3032-3041.

[25] Mani R, Fischer M, Joy J E, et al. Ruthenium (IV) pyrochlore oxides: Realization of novel electronic properties through substitution at A- and B-sites. Solid State Sciences, 2009, 11 (1): 189-194.

[26] Lumsden M D, Dunsiger S R, Sonier J E, et al. Temperature dependence of the magnetic penetration depth in the vortex state of the pyrochlore superconductor, $Cd_2RE_2O_7$. Physical Review Letters, 2002, 89 (14): 147002.

[27] Hou Y, Huang Z M, Xue J Q, et al. Study of the ferroelectricity in $Bi_2Ti_2O_7$ by infrared spectroscopic ellipsometry. Applied Physics Letters, 2005, 86 (11): 112905.

[28] Mao Yachun, Li Guangshe, Xu Wei, et al. Hydrothermal synthesis and characterization of nanocrystalline pyrochlore oxides $M_2Sn_2O_7$ (M=La, Bi, Gd or Y). Journal of Materials Chemistry, 2000, 10 (2): 479-482.

[29] Poulsen F W, Glerup M, Holtappels P. Structure, Raman spectra and defect chemistry modelling of conductive pyrochlore oxides. Solid State Ionics, 2000, 135 (1-4): 595-602.

[30] Strachan D M, Scheele R D, Buck E C, et al. Radiation damage effects in candidate titanates for Pu disposition: Pyrochlore. Journal of Nuclear Materials, 2005, 345 (2-3): 109-135.

[31] Fu Zuoling, Yang H K, Moon B K, et al. $La_2Sn_2O_7$: Eu^{3+} Micronanospheres: Hydrothermal Synthesis and Luminescent Properties. Crystal Growth and Design, 2009, 9 (1): 616-621.

[32] Pavlov R S, Castello J B C, Marza V B, et al. New red-shade ceramic pigments based on $Y_2Sn_{2-x}Cr_xO_{7-\delta}$ pyrochlore solid solutions. Journal of The American Ceramic Society, 2002, 85 (5): 1197-1202.

[33] Zeng Jia, Wang Hao, Zhang Yongcai, et al. Hydrothermal synthesis and photocatalytic properties of pyrochlore $La_2Sn_2O_7$ nanocubes. Journal of Physical Chemistry C, 2007, 111 (32): 11879-11887.

[34] Sickafus K E, Minervini L, Grimes R W, et al. Radiation tolerance of complex oxides. Science, 2000, 289: 748-751.

[35] Petersen J C, Caswell M D, Dodge J S, et al. Nonlinear optical signatures of the tensor order in $Cd_2RE_2O_7$. Nature Physics, 2006, 2 (9): 605-608.

[36] 徐叙瑢, 苏勉曾. 发光学与发光材料. 北京: 化学工业出版社, 2004.

[37] 孙家跃, 杜海燕, 胡文祥. 固体发光材料. 北京: 化学工业出版社, 2003.

[38] 苏锵. 稀土化学. 郑州: 河南科学出版社, 1989.

[39] 李建宇. 稀土发光材料及其应用. 北京: 化学工业出版社, 2003.

[40] 张中太, 张俊英. 无机光致发光材料及应用. 北京: 化学工业出版社, 2005.

[41] 张希艳, 卢利平. 稀土发光材料. 北京: 国防工业出版社, 2005.

[42] Panero W R, Stixrude L, Ewing R C. First-principles calculation of defect-formation energies in the $Y_2(Ti, Sn, Zr)_2O_7$ pyrochlore. Physical Review B, 2004, 70 (5): 054110.

[43] Chakoumakos Bryan C. Systematics of the pyrochlore structure type, ideal $A_2B_2X_6Y$. Journal of Solid

State Chemistry, 1984, 53 (1): 120-129.

[44] Ismunandar Dr, Kennedy Brendan J, Hunter Brett A. Structural and magnetic studies of manganese-containing pyrochlore oxides. Journal of Alloys and Compounds, 2000, 302 (1-2): 94-100.

[45] Xiao H, Wang L M, Zu X T, et al. Theoretical investigation of structural, energetic and electronic properties of titanate pyrochlores. Journal of Physics-condensed Matter, 2007, 19 (34): 346203.

[46] Kennedy Brendan J. Structural trends in pyrochlore-type oxides. Physica B: Condensed Matter, 1998, 241-243: 303-310.

[47] Greedan J E, Gout D, Lozano-Gorrin A D, et al. Local and average structures of the spin-glass pyrochlore $Y_2Mo_2O_7$ from neutron diffraction and neutron pair distribution function analysis. Physical Review B, 2009, 79 (1): 014427.

[48] Sleight A W. Rare earth plumbates with pyrochlore structure. Inorganic Chemistry, 1969, 8 (8): 1807-1808.

[49] Vandenborre MT, Husson E, Chatry JP, et al. Rare-earth titanates and stannates of pyrochlore structure: vibrational spectra and force fields. Journal of Raman Spectroscopy, 1983, 14 (2): 63-71.

[50] Chen Z J, Xiao H Y, Zu X T, et al. Structural and bonding properties of stannate pyrochlores: A density functional theory investigation. Computational Materials Science, 2008, 42 (4): 653-658.

[51] Tabira Y, Withers R, Thompson J, et al. Structured diffuse scattering as an indicator of inherent cristobalite-like displacive flexibility in the rare earth zirconate pyrochlore $La_\delta Zr_{1-\delta}O_{2-\delta/2}$, $0.49 < \delta < 0.51$. Journal of Solid State Chemistry, 1999, 142 (2): 393-399.

[52] Chen G, Takenoshita H, Satoh H, et al. Structural analysis of complex oxides $Ln_2MnTa_{1+x}O_{7+delta}$ (Ln=rare earth and yttrium) with pyrochlore-related structures. Journal of Alloys and Compounds, 2004, 374 (1-2): 177-180.

[53] Zou Z G, Ye J H, Arakawa H. Photocatalytic water splitting into H_2 and/or O_2 under UV and visible light irradiation with a semiconductor photocatalyst. International Journal of Hydrogen Energy, 2003, 28 (6): 663-669.

[54] Kim N, Grey C P. O-17 MAS NMR study of the oxygen local environments in the anionic conductors $Y_2 (B_{1-x}B'_x)_2O_7$ (B, B'=Sn, Ti, Zr). Journal of Solid State Chemistry, 2003, 175 (1): 110-115.

[55] Tabira Y, Withers R L, Yamada T, et al. Annular dynamical disorder of the rare earth ions in a $La_2Zr_2O_7$ pyrochlore via single crystal synchrotron X-ray diffraction. Zeitschrift Fur Kristallographie, 2001, 216 (2): 92-98.

[56] Farmer J Matt. Structural and Crystal Chemical Properties of Rare-Earth Double Phosphates and Rare-Earth Titanate Pyrochlores. Baylor University, 2004.

[57] Shimamura K, Arima T, Idemitsu K, et al. Thermophysical properties of rare-earth-stabilized zirconia and zirconate pyrochlores as surrogates for actinide-doped zirconia. International Journal of Thermophysics, 2007, 28 (3): 1074-1084.

[58] Wang J D, Xie Y H, Zhang Z F, et al. Protonic conduction in Ca^{2+}-doped $La_2M_2O_7$ (M=Ce, Zr) with its application to ammonia synthesis electrochemically. Materials Research Bulletin, 2005, 40 (8): 1294-1302.

[59] Ikeda S, Fubuki M, Takahara Y K, et al. Photocatalytic activity of hydrothermally synthesized tantalate pyrochlores for overall water splitting. Applied Catalysis A: General, 2006, 300 (2): 186-190.

[60] Yao W F, Wang H, Xu X H, et al. Photocatalytic property of bismuth titanate $Bi_2Ti_2O_7$. Applied Catalysis A: General, 2004, 259 (1): 29-33.

[61] Wuensch B J, Eberman K W, Heremans C, et al. Connection between oxygen-ion conductivity of pyrochlore fuel-cell materials and structural change with composition and temperature. Solid State Ionics, 2000, 129 (1-4): 111-133.

[62] Nag A, Dasgupta P, Jana Y M, et al. A study on crystal field effect and single ion anisotropy in pyrochlore europium titanate ($Eu_2Ti_2O_7$). Journal of Alloys and Compounds, 2004, 384 (1-2): 6-11.

[63] Quilliam J A, Ross K A, Del Maestro A G, et al. Evidence for gapped spin-wave excitations in the frustrated $Gd_2Sn_2O_7$ pyrochlore antiferromagnet from low-temperature specific heat measurements. Physical Review Letters, 2007, 99 (9): 097201.

[64] 谢亚红, 刘瑞泉, 李志杰, 等. Ca、Ce 双掺杂烧绿石型复合氧化物的合成及离子导电性能研究. 无机化学学报, 2004, 20 (5): 551-554.

[65] Coles G S V, Bond S E, Williams G. Metal stannates and their role as potential gas-sensing elements. Journal of Materials Chemistry, 1994, 4 (1): 23-27.

[66] Sharma N, Rao G V S, Chowdari B V R. Anodic properties of tin oxides with pyrochlore structure for lithium ion batteries. Journal of Power Sources, 2006, 159 (1): 340-344.

[67] Park S, Hwang H J, Moon J. Catalytic combustion of methane over rare earth stannate pyrochlore. Catalysis Letters, 2003, 87 (3-4): 219-223.

[68] Geisler T, PomL P, Stephan T, et al. Experimental observation of an interface-controlled pseudomorphic replacement reaction in a natural crystalline pyrochlore. American Mineralogist, 2005, 90 (10): 1683-1687.

[69] Matteucci F, Cruciani G, Dondi M, et al. Crystal structural and optical properties of Cr-doped $Y_2Ti_2O_7$ and $Y_2Sn_2O_7$ pyrochlores. Acta Materialia, 2007, 55 (7): 2229-2238.

[70] Moreno K J, Fuentes A F, Garcia-Barriocanal J, et al. Mechanochemical synthesis and ionic conductivity in the $Gd_2(Sn_{1-y}Zr_y)_2O_7$ ($0 \leqslant y \leqslant 1$) solid solution. Journal of Solid State Chemistry, 2006, 179 (1): 323-330.

[71] Bondah-Jagalu V, Bramwell S T. Magnetic susceptibility study of the heavy rare-earth stannate pyrochlores. Canadian Journal of Physics, 2001, 79 (11-12): 1381-1385.

[72] Sosin S S, Prozorova L A, Bonville P, et al. Magnetic excitations in the geometrically frustrated pyrochlore antiferromagnet $Gd_2Sn_2O_7$ studied by electron spin resonance. Physical Review B, 2009, 79 (1): 014419.

[73] Matsuhira K, Hinatsu Y, Tenya K, et al. Low-temperature magnetic properties of pyrochlore stannates. Journal of The Physical Society of Japan, 2002, 71 (6): 1576-1582.

[74] Stewart J R, Gardner J S, Qiu Y, et al. Collective dynamics in the Heisenberg pyrochlore antiferromagnet $Gd_2Sn_2O_7$. Physical Review B, 2008, 78 (13): 132410.

[75] Glazkov V N, Smirnov A I, Sanchez J P, et al. Electron spin resonance study of the single-ion anisotropy in the pyrochlore antiferromagnet $Gd_2Sn_2O_7$. Journal of Physics-condensed Matter, 2006, 18 (7): 2285-2290.

[76] Rule K C, Ehlers G, Gardner J S, et al. Neutron scattering investigations of the partially ordered pyrochlore $Tb_2Sn_2O_7$. Journal of Physics-condensed Matter, 2009, 21 (48): 486005.

[77] Lumpkin G R, Smith K L, Blackford M G, et al. Ion Irradiation of Ternary Pyrochlore Oxides. Chemistry of Materials, 2009, 21 (13): 2746-2754.

[78] Srivastava A M. On the luminescence of Bi^{3+} in the pyrochlore $Y_2Sn_2O_7$. Materials Research Bulletin, 2002, 37 (4): 745-751.

[79] Srivastava A M. An interpretation of the optical properties of Cr^{4+}-activated pyrochlores, $Y_2Ti_2O_7$ and

$Y_2Sn_2O_7$. Journal of Luminescence，2009，129（9）：1000-1002.

[80] Srivastava A M. Chemical bonding and crystal field splitting of the $Eu^{3+}{}^7F_1$ level in the pyrochlores $Ln_2B_2O_7$（Ln＝La^{3+}，Gd^{3+}，Y^{3+}，Lu^{3+}；B＝Sn^{4+}，Ti^{4+}）. Optical Materials，2009，31（6）：881-885.

[81] 孙宝娟，刘泉林，梁敬魁，等．Y_2O_3-Eu_2O_3-SnO_2 三元系固相线下相关系及其发光性质研究．物理学报，2007，56（12）：7147-7152.

[82] Sun B J，Liu Q L，Liang J K，et al. Subsolidus phase relations in the ternary system SnO_2-TiO_2-Y_2O_3. Journal of Alloys and Compounds，2008，455（1-2）：265-268.

[83] Hosono E，Fujihara S. Fabrication and photoluminescence of chemically stable La_2O_3：Eu^{3+}-$La_2Sn_2O_7$ core-shell-structured nanoparticles. Chemical Communications，2004，（18）：2062-2063.

[84] Hirayama M，Sonoyama N，Yamada A，et al. Relationship between structural characteristics and photoluminescent properties of（$La_{1-x}Eu_x$）$_2M_2O_7$（M＝Zr，Hf，Sn）pyrochlores. Journal of Luminescence，2008，128（11）：1819-1825.

[85] Suzuki M，Watanabe T，Takenaka T，et al. MOCVD growth of epitaxial pyrochlore $Bi_2Ti_2O_7$ thin film. Journal of the European Ceramic Society，2006，26（10-11）：2155-2159.

[86] Saruhan B，Francois P，Fritscher K，et al. EB-PVD processing of pyrochlore-structured $La_2Zr_2O_7$-based TBCs. Surface and Coatings Technology，2004，182（2-3）：175-183.

[87] 王树美．锡酸盐纳米发光材料的鉴别与表征．济南：山东大学，2006.

[88] Wang S M，Zhou G J，Lu M K，et al. Synthesis and characterization of lanthanum stannate nanoparticles. Journal of the American Ceramic Society，2006，89（9）：2956-2959.

[89] Wang S M，Zhou G J，Lu M K，et al. Nanorods of $La_2Sn_2O_7$ synthesized in ethanol solvent. Journal of Alloys and Compounds，2006，424（1-2）：L3-L5.

[90] Wang Shumei，Lu Mengkai，Zhou Guangjun，et al. Synthesis and luminescence properties of $La_{2-x}RE_xSn_2O_7$（RE＝Eu and Dy）phosphor nanoparticles. Materials Science and Engineering B，2006，133（1-3）：231-234.

[91] Wang Shumei，Xiu Zhiliang，Lu Mengkai，et al. Combustion synthesis and luminescent properties of Dy^{3+}-doped $La_2Sn_2O_7$ nanocrystals. Materials Science and Engineering B，2007，143（1-3）：90-93.

[92] 马忠乾，史启明，杨宏秀，等．用共沉淀法合成烧绿石型氧化物 $Y_2Sn_2O_7$ 的过程研究．兰州大学学报（自然科学版），1992，28（4）：52-57.

[93] 赵明忠，马忠乾，巩雄．$La_2Sn_2O_7$：Bi^{3+} 的合成及其发光研究．发光学报，1993，14（3）：282-285.

[94] 董相廷，石志宏，田思莲，等．沉淀法制备 $La_2Sn_2O_7$ 微粉．长春光学精密机械学院学报，2000，23（4）：1-3.

[95] Lopez-Navarrete E，Orera V M，Lazaro F J，et al. Preparation through aerosols of Cr-doped $Y_2Sn_2O_7$（pyrochlore）red-shade pigments and determination of the Cr oxidation state. Journal of the American Ceramic Society，2004，87（11）：2108-2113.

[96] Cheng J，Wang H L，Hao Z P，et al. Catalytic combustion of methane over cobalt doped lanthanum stannate pyrochlore oxide. Catalysis Communications，2008，9（5）：690-695.

[97] Teraoka Y，Torigoshi K，Yamaguchi H，et al. Direct decomposition of nitric oxide over stannate pyrochlore oxides：relationship between solid-state chemistry and catalytic activity. Journal of Molecular Catalysis A：Chemical，2000，155（1-2）：73-80.

[98] ChengHua，Wang Liping，Lu Zhouguang. A general aqueous sol-gel route to $Ln_2Sn_2O_7$ nanocrystals. Nanotechnology，2008，19（2）：025706.

[99] Lu Z G，Wang J W，Tang Y G，et al. Synthesis and photoluminescence of Eu^{3+}-doped $Y_2Sn_2O_7$ nano-

crystals. Journal of Solid State Chemistry, 2004, 177 (9): 3075-3079.

[100] Fujihara S, Tokumo K. Multiband orange-red luminescence of Eu^{3+} ions based on the pyrochlore-structured host crystal. Chemistry of Materials, 2005, 17 (22): 5587-5593.

[101] 史启明, 马忠乾, 杨宏秀, 等. 烧绿石型稀土复合氧化物 $(Y_{1-x}La_x)_2Sn_2O_7$ 的合成及结构研究. 兰州大学学报 (自然科学版), 1990, 26 (4): 173-175.

[102] 孟和. $La_2B_2O_7$ (B=Zr, Ce, Sn) 型复合氧化物的合成及催化性能研究. 呼和浩特: 内蒙古大学, 2006.

[103] Tong Y P, Zhao S B, Wang X, et al. Synthesis and characterization of $Er_2Sn_2O_7$ nanocrystals by salt-assistant combustion method. Journal of Alloys and Compounds, 2009, 479 (1-2): 746-749.

[104] Moon J, Awano M, Maeda K. Hydrothermal synthesis and formation mechanisms of lanthanum tin pyrochlore oxide. Journal of the American Ceramic Society, 2001, 84 (11): 2531-2536.

[105] 丁高松, 朱鲁明, 杨红, 等. 锡酸镧 ($La_2Sn_2O_7$) 花状纳米结构的水热合成及表征. 浙江理工大学学报, 2007, 24 (5): 557-561.

[106] Zhu H L, Yang D R, Zhu L M, et al. Hydrothermal synthesis and photoluminescence properties of $La_{2-x}Eu_xSn_2O_7$ ($x=0\sim2.0$) nanocrystals. Journal of the American Ceramic Society, 2007, 90 (10): 3095-3098.

[107] Zhu H L, Zhu E, Yang H, et al. Hydrothermal synthesis and photoluminescence of $Eu_{2-x}Sm_xSn_2O_7$ ($x=0\sim2.0$) nanophosphors. Journal of Nanoscience and Nanotechnology, 2008, 8 (3): 1427-1431.

[108] Zhu H, Jin D, Zhu L, et al. A general hydrothermal route to synthesis of nanocrystalline lanthanide stannates: $Ln_2Sn_2O_7$ (Ln= Y, La~Yb). Journal of Alloys and Compounds, 2008, 464 (1-2): 508-513.

[109] Jin D L, Yu X J, Yang H, et al. Hydrothermal synthesis and luminescence properties of Yb^{3+} doped rare earth stannates. Journal of Alloys and Compounds, 2009, 474 (1-2): 557-560.

[110] Li K W, Li H L, Zhang H M, et al. Hydrothermal synthesis of Eu^{3+}-doped $Y_2Sn_2O_7$ nanocrystals. Materials Research Bulletin, 2006, 41 (1): 191-197.

[111] Li K W, Wang H, Yan H. Hydrothermal preparation and photocatalytic properties of $Y_2Sn_2O_7$ nano-crystals. Journal of Molecular Catalysis A: Chemical, 2006, 249 (1-2): 65-70.

[112] Li K W, Zhang T T, Wang H, et al. Low-temperature synthesis and structure characterization of the serials $Y_{2-\delta}Bi_\delta Sn_2O_7$ ($\delta=0\sim2.0$) nanocrystals. Journal of Solid State Chemistry, 2006, 179 (4): 1029-1034.

[113] 李坤威. $A_2B_2O_7$ 型纳米复合氧化物的水热合成及其光催化性能研究. 北京: 北京理工大学, 2006.

[114] Alemi A, Kalan R E. Preparation and characterization of neodymium tin oxide pyrochlore nanocrystals by the hydrothermal method. Radiation Effects and Defects In Solids, 2008, 163 (3): 229-236.

[115] Fu Zuoling, Yang Hyun Kyoung, Moon Byung Kee, et al. Synthesis, characterization and luminescence properties of Eu^{3+}-doped $La_2Sn_2O_7$ nanospheres. Current Applied Physics, 2009, 9 (2, Supplement 1): 89-91.

[116] Zhang T T, Li K W, Zeng J, et al. Synthesis and structural characterization of a series of lanthanide stannate pyrochlores. Journal of Physics and Chemistry of Solids, 2008, 69 (11): 2845-2851.

[117] Park S, Song H S, Choi H J, et al. NO decomposition over the electrochemical cell of lanthanum stannate pyrochlore and YSZ composite electrode. Solid State Ionics, 2004, 175 (1-4): 625-629.

[118] Zahir M H, Matsuda K, Katayama S, et al. Hydrothermal synthesis of new compounds with the pyrochlore structure and its application to nitric oxide abatement. Journal of the Ceramic Society of Japan, 2002, 110 (11): 963-969.

[119] Zahir M H, Suzuki T, Fujishiro Y, et al. Hydrothermal synthesis of Sr-Ce-Sn-Mn-O mixed oxidic/stannate pyrochlore and its catalytic performance for NO reduction. Materials Chemistry and Physics, 2009, 116 (1): 273-278.

[120] Burda C, Chen X B, Narayanan R, et al. Chemistry and properties of nanocrystals of different shapes. Chemical Reviews, 2005, 105 (4): 1025-1102.

[121] Zou Y A, Hu Y M, Gu H S, et al. Optical properties of oc tahedral $KTaO_3$ nanocrystalline. Materials Chemistry and Physics, 2009, 115 (1): 151-153.

[122] Davis M E. Ordered porous materials for emerging applications. Nature, 2002, 417 (6891): 813-821.

[123] Sun Y G, Xia Y N. Shape-controlled synthesis of gold and silver nanoparticles. Science, 2002, 298 (5601): 2176-2179.

[124] Lian J, Helean K B, Kennedy B J, et al. Effect of structure and thermodynamic stability on the response of lanthanide stannate-pyrochlores to ion beam irradiation. Journal of Physical Chemistry B, 2006, 110 (5): 2343-2350.

[125] Tezuka K, Hinatsu Y. Electron paramagnetic resonance spectra of Pr^{4+} ions doped in pyrochlore-type compounds $La_2Sn_2O_7$ and $La_2Zr_2O_7$. Journal of Solid State Chemistry, 1999, 143 (1): 140-143.

[126] Hadjarab B, Bouguelia A, Trari M. Synthesis, physical and photo electrochemical characterization of La-doped $SrSnO_3$. Journal of Physics and Chemistry of Solids, 2007, 68 (8): 1491-1499.

[127] Fan H J, Gosele U, Zacharias M. Formation of nanotubes and hollow nanoparticles based on Kirkendall and diffusion processes: A review. Small, 2007, 3 (10): 1660-1671.

[128] Zhao Yong sheng, Fu Hongbing, Peng Aidong, et al. Low-Dimensional Nanomaterials Based on Small Organic Molecules: Preparation and Optoelectronic Properties. Advanced Materials, 2008, 20 (15): 2859-2876.

[129] Jun Y, Choi J, Cheon J. Shape control of semiconductor and metal oxide nanocrystals through non-hydrolytic colloidal routes. Angewandte Chemie-international Edition, 2006, 45 (21): 3414-3439.

[130] Pidol L, Viana B, Galtayries A, et al. Energy levels of lanthanide ions in a $Lu_2Si_2O_7$ host. Physical Review B, 2005, 72 (12): 125110.

[131] Ford P C, Cariati E, Bourassa J. Photoluminescence properties of multinuclear copper (I) compounds. Chemical Reviews, 1999, 99 (12): 3625-3647.

[132] Bunzli J C G, Comby S, Chauvin A S, et al. New opportunities for lanthanide luminescence. Journal of Rare Earths, 2007, 25 (3): 257-274.

[133] Esmaeilzadeh S, Grins J, Larsson A K. An electron and X-ray powder diffraction study of the defect fluorite structure of $Mn_{0.6}Ta_{0.4}O_{1.65}$. Journal of Solid State Chemistry, 1999, 145 (1): 37-49.

[134] Zhang A Y, Lu M K, Yang Z S, et al. Systematic research on $RE_2Zr_2O_7$ (RE=La, Nd, Eu and Y) nanocrystals: preparation, structure and photoluminescence characterization. Solid State Sciences, 2008, 10 (1): 74-81.

[135] Nelson A J, Adams J J, Schaffers K I. Photoemission investigation of the electronic structure of lanthanumcalcium oxoborate. Journal of Applied Physics, 2003, 94 (12): 7493-7495.

[136] Suga S, Imada S, Muro T, et al. La 4d and Mn core absorption magnetic circular dichroism, XPS and inverse photoemission spectroscopy of $La_{1-x}Sr_xMnO_3$. Journal of Electron Spectroscopy and Related Phenomena, 1996, 78: 283-286.

[137] Atuchin V V, Gavrilova T A, Grivel J C, et al. Electronic structure of layered ferroelectric high-k titanate $La_2Ti_2O_7$. Journal of Physics D-applied Physics, 2009, 42 (3): 035305.

[138] Feng Xianjin, Ma Jin, Yang Fan, et al. Structural and optical properties of SnO₂ films grown on α-Al₂O₃ (0 0 0 1) by MOCVD. Journal of Crystal Growth, 2008, 310 (2): 295-298.

[139] Harrison P G, Lloyd N C, Daniell W, et al. Evolution of Microstructure during the Thermal Activation of Copper (Ⅱ) and Chromium (Ⅲ) Doubly Promoted Tin (Ⅳ) Oxide Catalysts: An FT-IR, XRD, TEM, XANES/EXAFS, and XPS Study. Chemistry of Materials, 2000, 12 (10): 3113-3122.

[140] Lin A W C, Armstrong N R, Kuwana T. X-ray photoelectron/Auger electron spectroscopic studies of tin and indium metal foils and oxides. Analytical Chemistry, 1977, 49 (8): 1228-1235.

[141] Shi L, Yuan Y, Liang X F, et al. Microstructure and dielectric properties of La₂O₃ doped amorphous SiO₂ films as gate dielectric material. Applied Surface Science, 2007, 253 (7): 3731-3735.

[142] Liu Zhimin, Wang Jiaqiu, Zhang Jianling, et al. In situ Eu₂O₃ coating on the walls of mesoporous silica SBA-15 in supercritical ethane + ethanol mixture. Microporous and Mesoporous Materials, 2004, 75 (1-2): 101-105.

[143] Orlowski B A, Mickievicius S, Osinniy V, et al. High-energy X-ray photoelectron spectroscopy study of MBE grown (Eu, Gd) Te layers. Nuclear Instruments and Methods in Physics Research Section B-Beam Interactions with Materials and Atoms, 2005, 238 (1-4): 346-352.

[144] Wang X, Yuan F L, Hu P, et al. Self-assembled growth of hollow spheres with oc tahedron-like Co nanocrystals via one-pot solution fabrication. Journal of Physical Chemistry C, 2008, 112 (24): 8773-8778.

[145] Han X G, Jin M S, Kuang Q, et al. Directional Etching Formation of Single-Crystalline Branched Nanostructures: A Case of Six-Horn-like Manganese Oxide. Journal of Physical Chemistry C, 2009, 113 (7): 2867-2872.

[146] Lu C H, Qi L M, Yang J H, et al. One-pot synthesis of oc tahedral Cu₂O nanocages via a catalytic solution route. Advanced Materials, 2005, 17 (21): 2562-2567.

[147] Liang X D, Gao L, Yang S. W, et al. Facile Synthesis and Shape Evolution of Single-Crystal Cuprous Oxide. Advanced Materials, 2009, 21 (20): 2068-2071.

[148] Yang H G, Zeng H C. Self-construction of hollow SnO₂ oc tahedra based on two-dimensional aggregation of nanocrystallites. Angewandte Chemie-international Edition, 2004, 43 (44): 5930-5933.

[149] Xu K. Synthesis and characterization of oc tahedral PbF₂. Materials Letters, 2008, 62 (28): 4322-4324.

[150] Speight J G. Lange's handbook of chemistry. New York: McGraw-Hill, 2005.

[151] Hepler Loren G, Singh P P. Lanthanum: Thermodynamic properties, chemical equilibria, and standard potentials. Thermochimica Acta, 1976, 16 (1): 95-114.

[152] Moon J, Hwang H J, Awano M, et al. Hydrothermal Synthesis and Characterization of Rare Earth Tin Pyrochlore Oxide Catalysts. Ceramic Transactions, 2001, 112: 83-88.

[153] Komareni S, White W B. Hydrothermal reaction of strontium and transuranic simulator elements with clay minerals, zeolites and shales. Clays Clay Miner, 1983, 31 (2): 113-121.

[154] Li X, Miao W, Zhang Q, et al. The electrical and optical properties of IMO. Semiconductor Science and Technology, 2005, 20 (8): 823-828.

[155] Lide David R. CRC Handbook of Chemistry and Physics (87th Edition). Boca Raton: Taylor and Francis, 2007.

[156] 郝润蓉, 方锡义, 钮少冲. 碳硅锗分族. 北京: 科学出版社, 1998.

[157] 易宪武, 黄春辉, 王慰. 钪稀土元素. 北京: 科学出版社, 1998.

[158] Tang Z Y, Kotov N A. One-dimensional assemblies of nanoparticles: Preparation, properties, and promise. Advanced Materials, 2005, 17 (8): 951-962.

[159] Cushing B L, Kolesnichenko V L, O Connor C J. REcent advances in the liquid-phase syntheses of inorganic nanoparticles. Chemical Reviews, 2004, 104 (9): 3893-3946.

[160] Ren Yang, Ma Junfeng, Wang Yonggang, et al. Shape-tailored hydrothermal synthesis of $CdMoO_4$ crystallites on varying pH conditions. Journal of the American Ceramic Society, 2007, 90 (4): 1251-1254.

[161] Xu Shuling, Song Xinyu, Fan Chunhua, et al. Kinetically controlled synthesis of Cu_2O microcrystals with various morphologies by adjusting pH value. Journal of Crystal Growth, 2007, 305 (1): 3-7.

[162] Tang J L, Zhu M K, Hou Y D, et al. Effect of pH value on phase structure, component, and grain morphology of Pb ($Sc_{1/2}Nb_{1/2}$) O_3 powders by precipitation method. Journal of Crystal Growth, 2007, 307 (1): 70-75.

[163] Li Haibin, Liu Guocong, Duan Xuechen. Monoclinic $BiVO_4$ with regular morphologies: Hydrothermal synthesis, characterization and photocatalytic properties. Materials Chemistry and Physics, 2009, 115 (1): 9-13.

[164] Djerdj I, Garnweitner G, Su D S, et al. Morphology-controlled nonaqueous synthesis of anisotropic lanthanum hydroxide nanoparticles. Journal of Solid State Chemistry, 2007, 180 (7): 2154-2165.

[165] Yates S J, Xu P, Wang J, et al. Processing of magnesia-pyrochlore composites for inert matrix materials. Journal of Nuclear Materials, 2007, 362 (2-3): 336-342.

[166] Helean K B, Navrotsky A, Lian J, et al. Thermochemical investigations of zirconolite, pyrochlore and brannerite: Candidate materials for the immobilization of plutonium, in: V M Oversby, L O Werme (Eds.), Kalmar, SWEDEN, 2003: 297-302.

[167] Johnson M B, James D D, Bourque A, et al. Thermal properties of the pyrochlore, $Y_2Ti_2O_7$. Journal of Solid State Chemistry, 2009, 182 (4): 725-729.

[168] Somashekar R, Hall I H, Carr P D. The determination of crystal size and disorder from X-ray diffraction photographs of polymer fibres. 1. The accuracy of determination of Fourier coefficients of the intensity profile of a reflection. Journal of Applied Crystallography, 1989, 22 (4): 363-371.

[169] Hall IH, Somashekar R. The determination of crystal size and disorder from the X-ray diffraction photograph of polymer fibres. 2. Modelling intensity profiles. Journal of Applied Crystallography, 1991, 24 (6): 1051-1059.

[170] 楚广, 刘伟. 自悬浮定向流法制备纳米铝粉的 DSC-TG 和 XPS 分析. 中南大学学报 (自然科学版), 2008, 39 (4): 647-651.

[171] Xia G D, Zhou S M, Zhang J J, et al. Structural and optical properties of YAG: Ce^{3+} phosphors by sol-gel combustion method. Journal of Crystal Growth, 2005, 279 (3-4): 357-362.

[172] Su C, Suarez D L. In situ infrared speciation of adsorbed carbonate on aluminum and iron oxides. Clays and Clay Minerals, 1997, 45 (6): 814-825.

[173] Gupta H C, Brown S, Rani N, et al. A lattice dynamical investigation of the Raman and the infrared frequencies of the cubic $A_2Sn_2O_7$ pyrochlores. International Journal of Inorganic Materials, 2001, 3 (7): 983-986.

[174] Zhang F X, Manoun B, Saxena S K, et al. Structure change of pyrochlore $Sm_2Ti_2O_7$ at high pressures. Applied Physics Letters, 2005, 86 (18): 181906.

[175] Garg N, Pandey K K, Murli C, et al. Decomposition of lanthanum hafnate at high pressures. Physical Review B, 2008, 77 (21): 214105.

[176] Fuentes A F, Boulallya K, Maczka M, et al. Synthesis of disordered pyrochlores, $A_2 Ti_2 O_7$ (A=Y, Gd and Dy), by mechanical milling of constituent oxides. Solid State Sciences, 2005, 7 (4): 343-353.

[177] Zhou Minghua, Yu Jiaguo, Liu Shengwei, et al. Effects of calcination temperatures on photocatalytic activity of SnO_2/TiO_2 composite films prepared by an EPD method. Journal of Hazardous Materials, 2008, 154 (1-3): 1141-1148.

[178] Hoefdraad H E. The charge-transfer absorption band of Eu^{3+} in oxides. Journal of Solid State Chemistry, 1975, 15 (2): 175-177.

[179] Meyssamy H, Riwotzki K, Kornowski A, et al. Wet-chemical synthesis of doped colloidal nanomaterials: Particles and fibers of $LaPO_4$: Eu, $LaPO_4$: Ce, and $LaPO_4$: Ce, Tb. Advanced Materials, 1999, 11 (10): 840-844.

[180] van Pieterson L, REid M F, Wegh R T, et al. $4f^n \rightarrow 4f^{n-1}5d$ transitions of the light lanthanides: Experiment and theory. Physical Review B, 2002, 65 (4): 045113.

[181] Ofelt G S. Intensities of Crystal Spectra of Rare-Earth Ions. The Journal of Chemical Physics, 1962, 37 (3): 511-520.

[182] Judd B. R. Optical Absorption Intensities of Rare-Earth Ions. Physical Review, 1962, 127 (3): 750-761.

[183] Malta O L, Antic-Fidancev E, Lemaitre-Blaise M, et al. The crystal field strength parameter and the maximum splitting of the $^7F_1$ manifold of the Eu^{3+} ion in oxides. Journal of Alloys and Compounds, 1995, 228 (1): 41-44.

[184] Saif M. Luminescence based on energy transfer in silica doped with lanthanide titania ($Gd_2 Ti_2 O_7$: Ln^{3+}) ($Ln^{3+} = Eu^{3+}$ or Dy^{3+}). Journal of Photochemistry and Photobiology A: Chemistry, 2009, 205 (2-3): 145-150.

[185] Zhang A Y, Lu M K, Qiu Z F, et al. Multiband luminescence of Eu^{3+} based on $Y_2 Zr_2 O_7$ nanocrystals. Materials Chemistry and Physics, 2008, 109 (1): 105-108.

[186] Zhang J C, Wang Y H, Zhang Z Y, et al. The concentration quenching characteristics of $^5D_3$-^7F_J and $^5D_4$-^7F_J ($J=0\sim6$) transitions of Tb^{3+} in YBO_3: Tb^{3+} phosphor. Chinese Science Bulletin, 2007, 52 (16): 2297-2300.

[187] Wang S M, Yang Z S, Zhou G J, et al. Combustion synthesis and luminescence characteristic of Eu^{3+}-doped barium stannate nanocrystals. Journal of Materials Science, 2007, 42 (16): 6819-6823.

[188] Braud A, Doualan J L, Moncorge R, et al. Er-defect complexes and isolated Er center spectroscopy in Er-implanted GaN. Materials Science and Engineering: B, 2003, 105 (1-3): 101-105.

[189] Li Yanping, Zhang Jiahua, Zhang Xia, et al. Luminescent Properties in Relation to Controllable Phase and Morphology of $LuBO_3$: Eu^{3+} Nano/Microcrystals Synthesized by Hydrothermal Approach. Chemistry of Materials, 2009, 21 (3): 468-475.

[190] Chen Di, Shen Guozhen, Tang Kaibin, et al. AOT-microemulsions-based formation and evolution of $PbWO_4$ crystals. Journal of Physical Chemistry B, 2004, 108 (31): 11280-11284.

[191] Liu Guocong, Duan Xuechen, Li Haibin, et al. Hydrothermal synthesis, characterization and optical properties of novel fishbone-like $LaVO_4$: Eu^{3+} nanocrystals. Materials Chemistry and Physics, 2009, 115 (1): 165-171.

[192] Joseph L K, Dayas K R, Damodar S, et al. Photoluminescence studies on rare earth titanates prepared by self-propagating high temperature synthesis method. Spectrochimica Acta Part A, 2008, 71 (4): 1281-1285.

[193] Huignard A, Buissette V, Franville A C, et al. Emission processes in YVO_4: Eu nanoparticles. Jour-

nal of Physical Chemistry B, 2003, 107 (28): 6754-6759.

[194] Moon T, Hwang S T, Jung D R, et al. Hydroxyl-quenching effects on the photoluminescence properties of SnO_2: Eu^{3+} nanoparticles. Journal of Physical Chemistry C, 2007, 111 (11): 4164-4167.

[195] Hosomizu Kohei, Oodoi Masaaki, Umeyama Tomokazu, et al. Substituent Effects of Porphyrins on Structures and Photophysical Properties of Amphiphilic Porphyrin Aggregates. Journal of Physical Chemistry B, 2008, 112 (51): 16517-16524.

[196] 刘晃清, 王玲玲, 邹炳锁. 退火温度对 ZrO_2 纳米材料中 Eu^{3+} 离子发光的影响. 物理学报, 2007, 56 (1): 556-560.

[197] Bao A, Tao C Y, Yang H. Luminescent properties of nanoparticles $LaSrAl_3O_7$: RE^{3+} (RE=Eu, Tb) via the citrate sol-gel method. Journal of Materials Science: Materials in Electronics, 2008, 19 (5): 476-481.

[198] Shi Q, Zhang J Y, Cai C, et al. Synthesis and photoluminescent properties of Eu^{3+}-doped $ZnGa_2O_4$ nanophosphors. Materials Science and Engineering B-Advanced Functional Solid-State Materials, 2008, 149 (1): 82-86.

[199] Wang L L, Hou Z Y, Quan Z W, et al. One-Dimensional Ce^{3+}- and/or Tb^{3+}-Doped X_1-Y_2SiO_5 Nanofibers and Microbelts: Electrospinning Preparation and Luminescent Properties. Inorganic Chemistry, 2009, 48 (14): 6731-6739.

[200] Sun Z, Li Y B, Zhang X, et al. Luminescence and Energy Transfer in Water Soluble CeF_3 and CeF_3: Tb^{3+} Nanoparticles. Journal of Nanoscience and Nanotechnology, 2009, 9 (11): 6283-6291.

[201] Rao B V, Nien Y T, Hwang W S, et al. An Investigation on Luminescence and Energy Transfer of Ce^{3+} and Tb^{3+} in $Ca_3Y_2Si_3O_{12}$ Phosphors. Journal of the Electrochemical Society, 2009, 156 (11): 338-341.

[202] Hou Z Y, Wang L L, Lian H Z, et al. Preparation and luminescence properties of Ce^{3+} and/or Tb^{3+} doped $LaPO_4$ nanofibers and microbelts by electrospinning. Journal of Solid State Chemistry, 2009, 182 (4): 698-708.

[203] Patterson A L. The Scherrer formula for X-ray particle size determination. Physical Review, 1939, 56 (10): 978-982.

[204] Jia T, Wang W, Long F, et al. Fabrication, characterization and photocatalytic activity of La-doped ZnO nanowires. Journal of Alloys and Compounds, 2009, 484 (1-2): 410-415.

[205] Wu Nae-Lih, Lee Min-Shuei, Pon Zern-Jin, et al. Effect of calcination atmosphere on TiO_2 photocatalysis in hydrogen production from methanol/water solution. Journal of Photochemistry and Photobiology A: Chemistry, 2004, 163 (1-2): 277-280.

[206] Teterin Y A, Teterin A Y. Structure of X-ray photoelectron spectra of lanthanide compounds. Russian Chemical Reviews, 2002, 71 (5): 347-381.

[207] Padalia B D, Lang W C, Norris P R, et al. X-ray photoelectron core-level studies of the heavy rare-earth metals and their oxides. Proceedings of the Royal Society of London. Series A, Mathematical and Physical Sciences, 1977, 354 (1678): 269-290.

[208] Praline G, Koel B E, Hance R L, et al. X-Ray Photoelectron Study of the Reaction of Oxygen with Cerium. Journal of Electron Spectroscopy and Related Phenomena, 1980, 21 (1): 17-30.

[209] Dauscher A, Hilaire L, LeNormand F, et al. Characterization by XPS and XAS of supported Pt/TiO_2-CeO_2 catalysts. Surface and Interface Analysis, 1990, 16 (1-12): 341-346.

[210] Wang Z L. Transmission electron microscopy of shape-controlled nanocrystals and their assemblies. Journal of Physical Chemistry B, 2000, 104 (6): 1153-1175.

[211] Guo S J, Fang Y X, Dong S J, et al. Templateless, surfactantless, electrochemical route to a cuprous oxide microcrystal: From oc tahedra to monodisperse colloid spheres. Inorganic Chemistry, 2007, 46 (23): 9537-9539.

[212] Zhang Xiaojuan, Cui Zuolin. One-pot growth of Cu_2O concave oc tahedron microcrystal in alkaline solution. Materials Science and Engineering: B, 2009, 162 (2): 82-86.

[213] Tang S C, Meng X K, Lu H B, et al. PVP-assisted sonoelectrochemical growth of silver nanostructures with various shapes. Materials Chemistry and Physics, 2009, 116 (2-3): 464-468.

[214] Liu X M, Gao W L, Miao S B, et al. Versatile fabrication of dendritic cobalt microstructures using CTAB in high alkali media. Journal of Physics and Chemistry of Solids, 2008, 69 (11): 2665-2669.

[215] Xu Y F, Ma D K, Chen X A, et al. Bisurfactant-Controlled Synthesis of Three-Dimensional YBO_3/ Eu^{3+} Architectures with Tunable Wettability. Langmuir, 2009, 25 (12): 7103-7108.

[216] Cao Minhua, Hu Changwen, Peng Ge, et al. Selected-Control Synthesis of PbO_2 and Pb_3O_4 Single-Crystalline Nanorods. Journal of the American Chemical Society, 2003, 125 (17): 4982-4983.

[217] Huo Qisheng, Margolese David I, Ciesla Ulrike, et al. Organization of Organic Molecules with Inorganic Molecular Species into Nanocomposite Biphase Arrays. Chemistry of Materials, 1994, 6 (8): 1176-1191.

[218] Yang Jinyu, Su Yuchang. Novel 3D oc tahedral $La_2Sn_2O_7$: Eu^{3+} microcrystals: hydrothermal synthesis and photoluminescence properties. Materials Letters, 2010, 64 (3): 313-316.

[219] Vegard L. Die Konstitution der Mischkristalle und die Raumfullung der Atome. Zeitschrift fur Physik A Hadrons and Nuclei, 1921, 5 (1): 17-26.

[220] Sultan S M, Hassan Y A M, Ibrahim K E E. Sequential injection technique for automated titration: Spectrophotometric assay of vitamin C in pharmaceutical products using cerium (IV) in sulfuric acid. The Analyst, 1999, 124 (6): 917-921.

[221] Hong Y S, Kim K. New pyrochlore phases in the ternary oxide Tl-Sb-O. Journal of Materials Chemistry, 2001, 11 (5): 1533-1536.

[222] Yang Jun, Zhang Cuimiao, Wang Lili, et al. Hydrothermal synthesis and luminescent properties of $LuBO_3$: Tb^{3+} microflowers. Journal of Solid State Chemistry, 2008, 181 (10): 2672-2680.

[223] Zhang Y, Xu Z Z, Lu C H, et al. Optical studies of Tb^{3+} doped boro-alumina-silicate glass. Journal of Rare Earths, 2007, 25 (S1): 345-349.

[224] Page P, Ghildiyal R, Murthy K V R. Photoluminescence and thermoluminescence properties of $Sr_3Al_2O_6$: Tb^{3+}. Materials Research Bulletin, 2008, 43 (2): 353-360.

[225] Potdevin A, Chadeyron G, Boyer D, et al. Sol-gel elaboration and characterization of YAG: Tb^{3+} powdered phosphors. Journal of Materials Science, 2006, 41 (8): 2201-2209.

[226] 于立新. 稀土掺杂一维纳米发光材料的合成和发光性质. 长春: 中国科学院长春光学精密机械与物理研究所, 2005.

[227] Lai H, Bao A, Yang Y, et al. UV Luminescence Property of YPO_4: RE(RE= Ce^{3+}, Tb^{3+}). Journal of Physical Chemistry C, 2008, 112 (1): 282-286.

[228] Dorenbos P. Crystal field splitting of lanthanide $4f^{n-1}5d$-levels in inorganic compounds. Journal of Alloys and Compounds, 2002, 341 (1-2): 156-159.

[229] Dorenbos P. 5d-level energies of Ce^{3+} and the crystalline environment. I. Fluoride compounds. Physical Review B, 2000, 62 (23): 15640-15649.

[230] Dorenbos P. Relation between Eu^{2+} and Ce^{3+} f $\leftarrow\rightarrow$ d-transition energies in inorganic compounds. Journal of Physics-condensed Matter, 2003, 15 (27): 4797-4807.

[231] Dorenbos P. The 5d level positions of the trivalent lanthanides in inorganic compounds. Journal of Luminescence, 2000, 91 (3-4): 155-176.

[232] Feng T, Shi J L, Jiang D Y. Preparation of transparent Ce: YSAG ceramic and its optical properties. Journal of the European Ceramic Society, 2008, 28 (13): 2539-2543.

[233] Yoshikawa A, Kim K J, Aoki K, et al. Single crystal growth and luminescence properties of CeF_3-CaF_2 solid solution grown by the micro-pulling-down method. IEEE Transactions on Nuclear Science, 2008, 55 (3): 1484-1487.

[234] Li Y Q, Hirosaki N, Xie R J, et al. Yellow-Orange-Emitting $CaAlSiN_3$: Ce^{3+} Phosphor: Structure, Photoluminescence, and Application in White LEDs. Chemistry of Materials, 2008, 20 (21): 6704-6714.

[235] Naik Y P, Mohapatra M, Dahale N D, et al. Synthesis and luminescence investigation of RE^{3+} (Eu^{3+}, Tb^{3+} and Ce^{3+}) -doped lithium silicate (Li_2SiO_3). Journal of Luminescence, 2009, 129 (10): 1225-1229.

[236] Yang H, Kim Y S. Energy transfer-based spectral properties of Tb-, Pr-, or Sm-codoped YAG: Ce nanocrystalline phosphors. Journal of Luminescence, 2008, 128 (10): 1570-1576.

[237] Wang D, Wang Y H. Luminescence properties of $LaPO_4$: Tb^{3+}, Me^{3+} ($Me = Gd$, Bi, Ce) under VUV excitation. Materials Research Bulletin, 2007, 42 (12): 2163-2169.

[238] Turos-Matysiak R, Gryk W, Grinberg M, et al. $Tb^{3+} \rightarrow Ce^{3+}$ energy transfer in Ce^{3+}-doped $Y_{3-x}Tb_xGd_{0.65}Al_5O_{12}$. Journal of Physics-condensed Matter, 2006, 18 (47): 10531-10543.

[239] Wang F, Song H W, Pan G H, et al. Luminescence properties of Ce^{3+} and Tb^{3+} ions codoped strontium borate phosphate phosphors. Journal of Luminescence, 2008, 128 (12): 2013-2018.

[240] Jia P Y, Yu M, Lin J. Sol-gel deposition and luminescent properties of $LaMgAl_{11}O_{19}$: Ce^{3+}/Tb^{3+} phosphor films. Journal of Solid State Chemistry, 2005, 178 (9): 2734-2740.

[241] Yu Lixin, Song Hongwei, Liu Zhongxin, et al. Electronic Transition and Energy Transfer Processes in $LaPO_4$-Ce^{3+}/Tb^{3+} Nanowires. The Journal of Physical Chemistry B, 2005, 109 (23): 11450-11455.

[242] Dexter D L. A Theory of Sensitized Luminescence in Solids. The Journal of Chemical Physics, 1953, 21 (5): 836-850.

[243] Charbonniere L J, Hildebrandt N, Ziessel R. F, et al. Lanthanides to quantum dots resonance energy transfer in time-resolved fluoro-immunoassays and luminescence microscopy. Journal of the American Chemical Society, 2006, 128 (39): 12800-12809.

[244] Jose M T, Lakshmanan A R. Ce^{3+} to Tb^{3+} energy transfer in alkaline earth (Ba, Sr or Ca) sulphate phosphors. Optical Materials, 2004, 24 (4): 651-659.

[245] Forster T H. Transfer mechanisms of electronic excitation energy. Radiation Research Supplement, 1960, 2: 326-339.

[246] Burroughs P, Hamnett A, Orchard A F, et al. Satellite structure in the X-ray photoelectron spectra of some binary and mixed oxides of lanthanum and cerium. Dalton Transactions, 1976, 1976 (17): 1686-1698.

[247] Hu J, Zhao X H, Tang S W, et al. Corrosion protection of aluminum borate whisker reinforced AA6061 composite by cerium oxide-based conversion coating. Surface and Coatings Technology, 2006, 201 (6): 3814-3818.

[248] Wang Shurong, Zhang Jun, Jiang Junqing, et al. Porous ceria hollow microspheres: Synthesis and characterization. Microporous and Mesoporous Materials, 2009, 123 (1-3): 349-353.

[249] Chen Zhi, Gao Qiuming. Enhanced carbon monoxide oxidation activity over gold-ceria

nanocomposites. Applied Catalysis B: Environmental, 2008, 84 (3-4): 790-796.

[250] Li Q, Yam V W W. Redox luminescence switch based on energy transfer in $CePO_4$: Tb^{3+} nanowires. Angewandte Chemie-international Edition, 2007, 46 (19): 3486-3489.

[251] Blume M, Freeman A J, Watson R E. Neutron Magnetic Form Factors and X-Ray Atomic Scattering Factors for Rare-Earth Ions. The Journal of Chemical Physics, 1962, 37 (6): 1245-1253.

[252] Nigam S, Sudarsan V, Vatsa R K, et al. Improved Energy Transfer between Ce^{3+} and Tb^{3+} Ions at the Interface between $Y_2Sn_2O_7$: Ce^{3+}, Tb^{3+} Nanoparticles and Silica. Journal of Physical Chemistry C, 2009, 113 (20): 8750-8755.

[253] Malghan S G, Wang P S, Sivakumar A, et al. Deposition of colloidal sintering-aid particles on silicon nitride. Composite Interfaces, 1993, 1 (3): 193-210.

[254] Uwamino Y, Ishizuka T, Yamatera H. X-ray phtoelectron spectroscopy of rare-earth compounds. Journal of Electron Spectroscopy and Related Phenomena, 1984, 34 (1): 67-78.

[255] Schneider Wolf Dieter, Laubschat Clemens, Nowik Israel, et al. Shake-up excitations and core-hole screening in Eu systems. Physical Review B, 1981, 24 (9): 5422-5425.

[256] Groot Frank de. Multiplet effects in X-ray spectroscopy. Coordination Chemistry Reviews, 2005, 249 (1-2): 31-63.

[257] Douma M, Chtoun E H, Trujillano R, et al. Synthesis and X-ray crystallographic study of new solid solutions with pyrochlore structure $(1-x)$ $A_2Sn_2O_7-x$ MO (A=Eu or Y and M=Mg or Zn). Annales De Chimie-science Des Materiaux, 2009, 34 (1): 21-26.

[258] Montgomery R L. Electronegativities of the rare-earth elements, in: Bureau of Mines, Reno, NV (USA), 1960: 14.

[259] Li Yanhong, Hong Guangyan. Synthesis and luminescence properties of nanocrystalline Gd_2O_3: Eu^{3+} by combustion process. Journal of Luminescence, 2007, 124 (2): 297-301.

[260] Ferrari J L, Pires A M, Davolos M R. The effect of Eu^{3+} concentration on the Y_2O_3 host lattice obtained from citrate precursors. Materials Chemistry and Physics, 2009, 113 (2-3): 587-590.

[261] Moeller Therald, Kremers Howard E. The Basicity Characteristics of Scandium, Yttrium, and the Rare Earth Elements. Chemical Reviews, 1945, 37 (1): 97-159.

[262] Murugesan S, Subramanian V. Robust synthesis of bismuth titanate pyrochlore nanorods and their photocatalytic applications. Chemical Communications, 2009, (34): 5109-5111.

[263] Krueger G C, Miller C W. A study in the mechanics of crystal growth from a supersaturated solution. The Journal of Chemical Physics, 1953, 21 (11): 2018-2023.

[264] Xia Y, Yang P, Sun Y, et al. One-Dimensional Nanostructures: Synthesis, Characterization, and Applications. Advanced Materials, 2003, 15 (5): 353-389.

[265] Liang L F, Xu H F, Su Q, et al. Hydrothermal synthesis of prismatic $NaHoF_4$ microtubes and $NaSmF_4$ nanotubes. Inorganic Chemistry, 2004, 43 (5): 1594-1596.

[266] Williams P A, Leverett P, Sharpe J L, et al. Elsmoreite, cubic $WO_3 \cdot 0.5H_2O$, a new mineral species from Elsmore, New South Wales, Australia. The Canadian Mineralogist, 2005, 43 (3): 1061-1064.

[267] Takamura H, Tuller H L. Ionic conductivity of Gd_2GaSbO_7-$Gd_2Zr_2O_7$ solid solutions with structural disorder. Solid State Ionics, 2000, 134 (1-2): 67-73.

[268] 张进治，铁小匀，米仪琳等. $Gd_2Sn_2O_7$ 的水热合成及光催化活性研究. 稀有金属，2009，33 (1)：71-75.

[269] Sosin S S, Prozorova L A, Smirnov A I, et al. Spin dynamics of the pyrochlore magnets $Gd_2Ti_2O_7$ and $Gd_2Sn_2O_7$ in the paramagnetic state. Physical Review B, 2008, 77 (10): 104427.

[270] Wills A S, Zhitomirsky M E, Canals B, et al. Magnetic ordering in $Gd_2Sn_2O_7$: the archetypal Heisenberg pyrochlore antiferromagnet. Journal of Physics: Condensed Matter, 2006, 18 (3): L37-L42.

[271] Bonville P, Hodges J A, oc io M, et al. Low temperature magnetic properties of geometrically frustrated $Gd_2Sn_2O_7$ and $Gd_2Ti_2O_7$. Journal of Physics-condensed Matter, 2003, 15 (45): 7777-7787.

[272] Mickevicius S, Orlowski B A, Andrulevicius M, et al. X-ray photoelectron spectroscopy study of MBE-grown Gd/EuTe multilayers. Journal of Alloys and Compounds, 2005, 401 (1-2): 150-154.

[273] Szade J, Neumann M. Exchange splitting of photoemission lines in GdF_3 and metallic Gd compounds. Journal of Physics-condensed Matter, 2001, 13 (11): 2717-2725.

[274] Glorieux B, Berjoan R, Matecki M, et al. XPS analyses of lanthanides phosphates. Applied Surface Science, 2007, 253 (6): 3349-3359.

[275] Dai Guorui, Jiang Xilan, Zhang Yushu. Excimer laser deposition and characteristics of tin oxide thin films. Thin Solid Films, 1998, 320 (2): 216-219.

[276] Uvdal K, Engstrom M. Superparamagnetic Gadolinium Oxide Nanoscale Particles and Compositions Comprising Such Particles. United States Patent, US 2008/0003184 A1, Jan. 3, 2008.

[277] Wuensch B J, Eberman K W. Order-disorder phenomena in $A_2B_2O_7$ pyrochlore oxides. Journal of the Minerals Metals and Materials Society, 2000, 52 (7): 19-21.

[278] Zhu Z, Andelman T, Yin M, et al. Synchrotron X-ray scattering of ZnO nanorods: Periodic ordering and lattice size. Journal of Materials Research, 2005, 20 (4): 1033-1041.

[279] Liu Fengmin, Quan Baofu, Chen Lihua, et al. Investigation on SnO_2 nanopowders stored for different time and $BaTiO_3$ modification. Materials Chemistry and Physics, 2004, 87 (2-3): 297-300.

[280] Glerup M, Nielsen O F, Poulsen F W. The structural transformation from the pyrochlore structure, $A_2B_2O_7$, to the fluorite structure, AO_2, studied by Raman spectroscopy and defect chemistry modeling. Journal of Solid State Chemistry, 2001, 160 (1): 25-32.

[281] Mandal B P, Garg Nandini, Sharma S M, et al. Solubility of ThO_2 in $Gd_2Zr_2O_7$ pyrochlore: XRD, SEM and Raman spectroscopic studies. Journal of Nuclear Materials, 2009, 392 (1): 95-99.

[282] Camargo Emerson R, Longo Elson, Leite Edson R, et al. Phase evolution of lead titanate from its amorphous precursor synthesized by the OPM wet-chemical route. Journal of Solid State Chemistry, 2004, 177 (6): 1994-2001.

[283] Jubera V, Chaminade J P, Garcia A, et al. Luminescent properties of Eu^{3+}-activated lithium rare earth borates and oxyborates. Journal of Luminescence, 2003, 101 (1-2): 1-10.

[284] Gardner Jason S, Gingras Michel J P, Greedan John E. Magnetic pyrochlore oxides. Reviews of Modern Physics, 2010, 82 (1): 53-107.

[285] Kong Linggen, Karatchevtseva Inna, Blackford Mark G, et al. Aqueous Chemical Synthesis of $Ln_2Sn_2O_7$ Pyrochlore-Structured Ceramics. Journal of the American Ceramic Society, 2013, 96 (9): 2994-3000.

[286] Yang Jinyu, Su Yuchang, Li Haibin, et al. Hydrothermal synthesis and photoluminescence of Ce^{3+} and Tb^{3+} doped $La_2Sn_2O_7$ nanocrystals. Journal of Alloys and Compounds, 2011, 509 (31): 8008-8012.

[287] Caldiño U, Álvarez E, Speghini A, et al. New greenish-yellow and yellowish-green emitting glass phosphors: Tb^{3+}/Eu^{3+} and $Ce^{3+}/Tb^{3+}/Eu^{3+}$ in zinc phosphate glasses. Journal of Luminescence, 2013, 135: 216-220.

[288] 郑灵芝, 奉冬文, 廖寄乔. $InBO_3$:Tb^{3+}荧光粉的合成及其发光性质. 粉末冶金材料科学与工程, 2007, 12 (1): 49-52.

［289］ Lin Liangwu，Sun Xinyuan，Jiang Yao，et al. Sol-hydrothermal synthesis and optical properties of Eu³⁺，Tb³⁺-codoped one-dimensional strontium germanate full color nano-phosphors. Nanoscale，2013，5（24）：12518-12531.